概率论与数理统计

关劲秋 杨文泉 刘春妍 主编

清华大学出版社

北京

内 容 简 介

本书介绍了概率论与数理统计的基本概念、理论与方法,主要内容包括概率论的基本概念、随机变量及其分布、多维随机变量及其分布、随机变量的数字特征、大数定律及中心极限定理、样本及抽样分布、参数估计、参数假设检验等,每章均配有习题,便于内容的理解和掌握。本书突出概率论与数理统计的基本思想和应用背景,表述从具体问题入手,由浅入深,由易到难,由具体到抽象,易于理解。

本书可作为高等院校工科、理科及经管类专业的公共基础课程教材,也可供其他专业学生选读。

图书在版编目(CIP)数据

概率论与数理统计/关劲秋,杨文泉,刘春妍主编. —北京:清华大学出版社,2023.9
ISBN 978-7-302-64014-1

Ⅰ.①概… Ⅱ.①关… ②杨… ③刘… Ⅲ.①概率论-高等学校-教材 ②数理统计-高等学校-教材 Ⅳ.①O21

中国国家版本馆 CIP 数据核字(2023)第 124844 号

责任编辑:强 溦
封面设计:傅瑞学
责任校对:袁 芳
责任印制:沈 露

出版发行:清华大学出版社
　　　网　　　址:https://www.tup.com.cn,https://www.wqxuetang.com
　　　地　　　址:北京清华大学学研大厦 A 座　　　　　邮　　编:100084
　　　社 总 机:010-83470000　　　　　　　　　　邮　　购:010-62786544
　　　投稿与读者服务:010-62776969,c-service@tup.tsinghua.edu.cn
　　　质量反馈:010-62772015,zhiliang@tup.tsinghua.edu.cn
　　　课件下载:https://www.tup.com.cn,010-83470410
印 装 者:三河市君旺印务有限公司
经　　销:全国新华书店
开　　本:185mm×260mm　　　　印　张:12　　　　字　数:272 千字
版　　次:2023 年 11 月第 1 版　　　　　　印　次:2023 年 11 月第 1 次印刷
定　　价:48.00 元

产品编号:100858-01

前 言

概率论与数理统计是高等院校工科、理科及经管类专业必修的一门公共基础课程。该课程的内容与生活实践和科学试验有着紧密的联系,是人工智能、大数据科学等前沿学科的重要基础,对培养符合现代社会发展的高素质应用型人才方面具有非常重要的作用。党的二十大报告指出,教育、科技、人才是全面建设社会主义现代化国家的基础性、战略性支撑,要坚持以人民为中心发展教育,加快建设高质量教育体系,加强基础学科建设。编者在长期的教学过程中,不断探索、总结,结合教学改革对专业及课程的调整要求,参照理工类和经管类高等院校概率论与数理统计课程的教学要求编写了本书。

本书的编排从教学需求出发,具有以下两个特点。

(1)基本内容完整,由浅入深,由易到难,由具体到抽象,易于理解。每章配有适量的习题,便于内容的理解和掌握。

(2)注重理论联系实际,重在解决实际问题,增加了工业、医药等行业及生活中的具体实例,既便于学生理解,又具有一定的应用性、启发性,有助于解决生活中的实际问题。

本书共八章,第一~五章是概率论部分,为读者的学习提供必要的理论基础;第六~八章是数理统计部分,讲述了参数估计与假设检验。本书具体编写分工如下:关劲秋负责全书统稿,并编写第一、二章;刘春妍负责编写第三~五章;杨文泉负责编写第六~八章;张志旭负责主审。

本书在编写过程中得到了数学系多位教师的大力支持和帮助,参考了有关著作、文献,在此一并表示衷心的感谢。

由于编者水平有限,书中难免有疏漏之处,敬请各位专家和广大读者批评、指正。

编 者

2023 年 8 月

目 录

第一章 概率论的基本概念

在自然界和人类社会实践中,存在并发生着各种各样的有趣现象。其中有一类现象在一定条件下是必然发生的。例如,太阳每天早上从东方升起,傍晚从西方落下;水在标准大气压下温度达到100℃时必然沸腾,温度为0℃以下时必然结冰;同性电荷相互排斥,异性电荷相互吸引,等等。我们把这一类现象称为确定性现象(或必然现象)。确定性现象是可事前预言的,即在一定条件下,其结果总是肯定的。另有一类现象,它是事前不可预言的,即在一定条件下,试验有多种可能的结果,但事先不能确定哪一种结果会发生。例如抛硬币试验,在相同条件下抛一枚硬币,有两种可能结果,即正面朝上或反面朝上,但在每次抛掷之前却无法确定会出现哪种结果。如果在相同条件下重复抛硬币试验,那么经过大量的试验之后,会发现试验的结果呈现出一定的规律性,即正面朝上和反面朝上的次数几乎是相同的。这种在一定的条件下试验时,有多种可能结果,事前不能确定会出现哪种结果,但在大量重复试验或观察中所呈现出的固有规律性,我们称为统计规律性。

这种在个别试验中其结果呈现出不确定性,在大量重复试验中其结果又具有统计规律性的现象,称为随机现象(或偶然现象)。概率论与数理统计是研究和揭示随机现象统计规律性的一门数学学科。

概率论与数理统计的应用十分广泛,几乎渗透所有科学技术领域,工业、农业、国防与国民经济的各个部门都要用到它。例如,人们应用概率统计方法在工业生产中进行质量控制、工业试验设计、产品的抽样检查,使用概率统计方法进行气象预报、水文预报、地震预报及在经济活动中的投资决策和风险评估等。另外,概率统计的理论与方法正在向各基础学科、工程学科、经济学科渗透,产生了各种边缘性的应用学科,如排队论、计量经济学、信息论、控制论、时间序列分析等。

第一节 样本空间、随机事件

一、随机试验

通过试验或观察去研究随机现象,是了解随机现象规律性的最直接、最有效的方法。我们把试验或观察统称为试验。若一个试验具有下列三个特点,则称这一试验为随机试验,简称试验,记作 E。

(1) 重复性:可以在相同条件下重复进行。

(2) 预知性:每次试验的可能结果不止一个,并且事先能明确试验的所有可能结果。

(3) 随机性:进行试验之前不能确定哪一个结果会出现。

若无特别声明,本书所提到的试验都是指随机试验。下面举一些试验的例子。

E_1：抛一枚硬币，观察正面 H 和反面 T 出现的情况；

E_2：将一枚硬币连抛两次，观察正面 H 和反面 T 出现的情况；

E_3：将一枚硬币连抛两次，观察正面 H 出现的次数；

E_4：在某一批产品中任选一件，检验其是否合格；

E_5：在一批电视机中任意抽取一台，测试它的寿命；

E_6：记录某超市一天内进入的顾客人数；

E_7：记录某一地区一昼夜的最高温度和最低温度。

二、样本空间与随机事件

对于一个试验 E，将 E 的所有可能结果组成的集合称为 E 的样本空间，记为 Ω。样本空间的元素，即 E 的每个结果，称为样本点，用 ω 表示。

写出上述试验 $E_1, E_2, \cdots, E_7$ 的样本空间。

Ω_1：$\{H, T\}$；

Ω_2：$\{HH, HT, TH, TT\}$；

Ω_3：$\{0, 1, 2\}$；

Ω_4：$\{合格, 不合格\}$；

Ω_5：$\{t \mid t \geqslant 0\}$；

Ω_6：$\{0, 1, 2, 3, \cdots\}$；

Ω_7：$\{(x, y) \mid T_1 \leqslant x \leqslant y \leqslant T_2\}$，这里 x 表示最低温度，y 表示最高温度，并设这一地区温度不会低于 T_1，也不会高于 T_2。

试验的目的决定试验的样本空间，如试验 E_2 和 E_3 都是将一枚硬币连抛两次，但由于试验的目的不同，因此样本空间 Ω_2 和 Ω_3 也就不相同。

在进行试验时，人们关心的往往是满足某种条件的样本点所组成的集合。例如，在掷一颗骰子的试验中，我们只考察奇数点是否出现，记 $A = \{1, 3, 5\}$，则称 A 为试验的一个随机事件。

一般地，称试验 E 的样本空间 Ω 的子集为 E 的随机事件，简称事件。常用英文字母 $A, B, \cdots$ 表示事件。在每次试验中，当且仅当这一子集中的一个样本点出现时，称这一事件发生。例如，在掷骰子的试验中，若出现了奇数点，则称事件 A 在该次试验中发生；相反，若出现了偶数点，则称在该次试验中事件 A 不发生。

特别地，由一个样本点组成的单点集，称为基本事件。例如，试验 E_1 有两个基本事件 $\{H\}$ 和 $\{T\}$，试验 E_3 有三个基本事件 $\{0\}, \{1\}, \{2\}$。

样本空间 Ω 有两个特殊的子集，一个是 Ω 本身，由于它包含试验的所有可能的结果，所以在每次试验中它总是发生，称为必然事件；另一个子集是空集 $\varnothing$，它不包含任何样本点，因此在每次试验中都不发生，称为不可能事件。

【例 1-1】 掷一颗骰子试验的样本空间为 $\Omega = \{1, 2, 3, 4, 5, 6\}$。

事件 $A = \{出现 1 点\}$，它由 Ω 的单个样本点"1"组成。

事件 $B = \{出现偶数点\}$，它由 Ω 的三个样本点"2,4,6"组成。

事件 $C = \{出现的点数小于 7\}$，它由 Ω 的全部样本点"1,2,3,4,5,6"组成，即 C 是必然事件。

事件 $D=\{$出现的点数大于 $6\}$，样本空间 Ω 中的任一样本点都不在 D 中，因此 D 是空集 $\varnothing$，即 D 是不可能事件。

三、事件之间的关系及其运算

一般来说，事件之间不是绝对孤立存在的，它们之间存在着一定的关系。既然事件可以用集合来表示，那么我们就可以用事件的集合论定义来引入事件间的关系与运算，再根据事件的集合论定义与直观意义的对应关系，给出它们的概率论解释。下面讨论事件之间的关系与运算。

设试验 E 的样本空间为 Ω，而 $A,B,A_k(k=1,2,\cdots)$ 是 Ω 的子集。

(1) 若 $A \subset B$，则称事件 B 包含事件 A，即事件 A 发生必然导致事件 B 发生。A,B 的包含关系如图 1-1 所示。

例如，在 E_5 中，记

$$A=\text{"电视机寿命不超过 8000 小时"}$$
$$B=\text{"电视机寿命不超过 10000 小时"}$$

则 $A \subset B$。

若 $A \subset B$ 且 $B \subset A$，即 $A=B$，则称事件 A 与事件 B 相等。

(2) 事件 $A \cup B=\{x \mid x \in A \text{ 或 } x \in B\}$ 称为事件 A 与事件 B 的和事件。当且仅当 A，B 中至少有一个发生时，事件 $A \cup B$ 发生。图 1-2 给出了这种运算的几何表示。

例如，在 E_2 中，记

$$A=\{\text{两次出现正面}\}=\{HH\}$$
$$B=\{\text{两次出现反面}\}=\{TT\}$$

则 $A \cup B=\{\text{两次出现同一面}\}=\{HH,TT\}$。

类似地，称 $\bigcup\limits_{k=1}^{n} A_k$ 为 n 个事件 $A_1,A_2,\cdots,A_n$ 的和事件；称 $\bigcup\limits_{k=1}^{\infty} A_k$ 为可列个事件 A_1，$A_2,\cdots$ 的和事件。

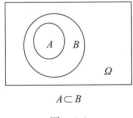

$A \subset B$

图 1-1

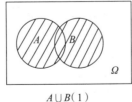

$A \cup B(1)$

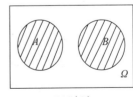

$A \cup B(2)$

图 1-2

(3) 事件 $A \cap B=\{x \mid x \in A \text{ 且 } x \in B\}$ 称为事件 A 与事件 B 的积事件。当且仅当 A,B 同时发生时，事件 $A \cap B$ 发生。$A \cap B$ 也记作 AB。图 1-3 给出了这种运算的几何表示。

例如,在掷一颗骰子的试验中,事件 $A=\{1,3,5\}$,事件 $B=\{3,4\}$,那么 $A\bigcap B=\{3\}$。

类似地,称 $\bigcap\limits_{k=1}^{n}A_k$ 为 n 个事件 $A_1,A_2,\cdots,A_n$ 的积事件;称 $\bigcap\limits_{k=1}^{\infty}A_k$ 为可列个事件 $A_1,$ $A_2,\cdots$ 的积事件。

(4) 事件 $A-B=\{x\mid x\in A\ \text{且}\ x\notin B\}$ 称为事件 A 与事件 B 的差事件。当且仅当 A 发生、B 不发生时事件 $A-B$ 发生。图 1-4 给出了这种运算的几何表示。

例如,在掷一颗骰子的试验中,事件 $A=\{1,3,5\}$,事件 $B=\{3,4\}$,那么 $A-B=\{1,5\}$。

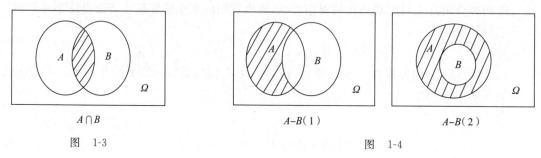

| $A\bigcap B$ | $A-B(1)$ | $A-B(2)$ |

图 1-3　　　　　　　　　　　　　　　图 1-4

(5) 若 $A\bigcap B=\varnothing$,则称事件 A 与事件 B 是互不相容的或互斥的。这是指事件 A 与事件 B 不能同时发生。基本事件是两两互不相容的。图 1-5 给出了这种运算的几何表示。

(6) 若 $A\bigcap B=\varnothing$ 且 $A\bigcup B=\Omega$,则称事件 A 与事件 B 互为对立事件,又称事件 A 与事件 B 互为逆事件。这是指对每次试验而言,事件 A 与事件 B 中必有一个发生,且仅有一个发生。A 的对立事件记作 $\overline{A}$,$\overline{A}=\Omega-A$。图 1-6 给出了这种运算的几何表示。

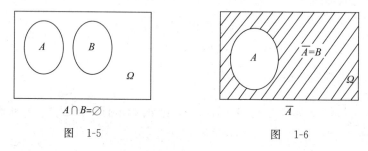

$A\bigcap B=\varnothing$　　　　　　　　$\overline{A}$

图 1-5　　　　　　　　　　　　图 1-6

例如,在掷一颗骰子的试验中,事件 $A=$"出现奇数点"的对立事件 $\overline{A}=$"出现偶数点",事件 $B=$"出现的点数不超过 4"的对立事件 $\overline{B}=\{5,6\}$。

(7) 设 Ω 为试验 E 的样本空间,$A_1,A_2,\cdots,A_n$ 为 E 的一组事件。若

$$A_iA_j=\varnothing,\quad i\neq j,i,j=1,2,\cdots,n$$

$$\bigcup_{i=1}^{n}A_i=A_1+A_2+\cdots+A_n=\Omega$$

则称 $A_1,A_2,\cdots,A_n$ 为样本空间 Ω 的一个划分。

例如,设抛一颗骰子的试验为 E,则样本空间为 $\Omega=\{1,2,3,4,5,6\}$。E 的一组事件 $B_1=\{1,2,3\}$,$B_2=\{4,5\}$,$B_3=\{6\}$ 是 Ω 的一个划分,而事件组 $C_1=\{1,2,3\}$,$C_2=\{4,5\}$,

$C_3 = \{5,6\}$ 不是 Ω 的一个划分。

若 $A_1, A_2, \cdots, A_n$ 是样本空间的一个划分,那么在每次试验中,事件 $A_1, A_2, \cdots, A_n$ 中必有一个且仅有一个发生。

事件运算具有下列基本性质。

(1) 否定律:$\bar{\bar{A}} = A$,$\bar{\Omega} = \varnothing$。

(2) 幂等律:$AA = A$,$A \cup A = A$。

(3) 交换律:$A \cap B = B \cap A$;$A \cup B = B \cup A$。

(4) 结合律:$A \cup (B \cup C) = (A \cup B) \cup C$;$A \cap (B \cap C) = (A \cap B) \cap C$。

(5) 分配律:$A \cup (B \cap C) = (A \cup B) \cap (A \cup C)$;$A \cap (B \cup C) = (A \cap B) \cup (A \cap C)$。

(6) 差积转换律:$A - B = A\bar{B} = A - AB$。

(7) 对偶律(或德・摩根公式):$\overline{A \cup B} = \bar{A} \cap \bar{B}$;$\overline{A \cap B} = \bar{A} \cup \bar{B}$。

【例 1-2】 设 A, B, C 为随机事件,则可表示如下。

"A 与 B 发生,C 不发生"可以表示成 $AB\bar{C}$。

"A, B, C 至少有两个发生"可以表示成 $AB \cup BC \cup AC$。

"A, B, C 恰好发生两个"可以表示成 $AB\bar{C} \cup A\bar{B}C \cup \bar{A}BC$。

"A, B, C 中有不多于一个事件发生"可以表示成 $\bar{A}\bar{B}\bar{C} \cup A\bar{B}\bar{C} \cup \bar{A}B\bar{C} \cup \bar{A}\bar{B}C$。

【例 1-3】 设某工人连续生产了四个零件,$A_i (i = 1, 2, 3, 4)$ 表示他生产的第 i 个零件是正品,试用 A_i 表示下列各事件。

(1) 没有一个是次品。

(2) 至少有一个是次品。

(3) 只有一个是次品。

(4) 至多有一个是次品。

(5) 恰好有三个是次品。

解 (1) $A_1 A_2 A_3 A_4$

(2) $\bar{A}_1 \cup \bar{A}_2 \cup \bar{A}_3 \cup \bar{A}_4 = \overline{A_1 A_2 A_3 A_4}$

(3) $\bar{A}_1 A_2 A_3 A_4 \cup A_1 \bar{A}_2 A_3 A_4 \cup A_1 A_2 \bar{A}_3 A_4 \cup A_1 A_2 A_3 \bar{A}_4$

(4) $\bar{A}_1 A_2 A_3 A_4 \cup A_1 \bar{A}_2 A_3 A_4 \cup A_1 A_2 \bar{A}_3 A_4 \cup A_1 A_2 A_3 \bar{A}_4 \cup A_1 A_2 A_3 A_4$

(5) $\bar{A}_1 \bar{A}_2 \bar{A}_3 A_4 \cup \bar{A}_1 \bar{A}_2 A_3 \bar{A}_4 \cup \bar{A}_1 A_2 \bar{A}_3 \bar{A}_4 \cup A_1 \bar{A}_2 \bar{A}_3 \bar{A}_4$

【例 1-4】 按长度和直径两个指标检验某种圆柱形产品是否为合格品。若设 $A = \{$长度合格$\}$,$B = \{$直径合格$\}$。试用 A, B 的运算表示事件 $C = \{$产品为合格品$\}$,$D = \{$产品为不合格品$\}$。

解 产品为合格品必须是长度和直径两个指标合格,因此

$$C = AB$$

产品为不合格品是指长度和直径两个指标中至少有一个指标不合格,因此

$$D = \bar{A} \cup \bar{B} \quad 或 \quad D = \overline{AB}$$

第二节　随机事件的概率

一、概率的统计定义

除必然事件与不可能事件外,随机事件在一次试验中有可能发生,也有可能不发生。我们常常希望了解某些事件在一次试验中发生的可能性的大小。为此,我们首先引入频率的概念,它描述了事件发生的频繁程度,进而我们再引出表示事件在一次试验中发生的可能性的大小——概率。

定义 1.1　在相同的条件下,进行了 n 次试验,在这 n 次试验中,事件 A 发生的次数 n_A 称为事件 A 在这 n 次试验中发生的频数。比值 $\dfrac{n_A}{n}$ 称为事件 A 在这 n 次试验中发生的频率,记为 $f_n(A)=\dfrac{n_A}{n}$。

由定义 1.1 容易推知,频率具有下述基本性质。

(1) 对于任一事件 A,有 $0 \leqslant f_n(A) \leqslant 1$。

(2) 对于必然事件 Ω,有 $f_n(\Omega)=1$。

(3) 若事件 A,B 互不相容,则

$$f_n(A \cup B)=f_n(A)+f_n(B)$$

一般地,若事件 $A_1,A_2,\cdots,A_k$ 两两互不相容,则

$$f_n(A_1 \cup A_2 \cup \cdots \cup A_k)=f_n(A_1)+f_n(A_2)+\cdots+f_n(A_k)$$

由频率的定义可以看出,频率反映了事件 A 在一次试验中发生的可能性的大小。频率的大小表示 A 发生的频繁程度。频率大,事件 A 发生的可能性就大;频率小,事件 A 发生的可能性就小。那么,用频率来表示 A 在一次试验中发生的可能性的大小是否可行? 先看下面的例子。

【例 1-5】　考虑"抛硬币"这个试验,我们将一枚硬币抛掷 5 次、50 次、500 次,各做 10 遍,得到数据如表 1-1 所示(其中 n_H 表示 H 发生的频数,$f_n(H)$ 表示 H 发生的频率)。这种试验历史上有人做过,得到表 1-2 所示的数据。

表　1-1

试验序号	$n=5$		$n=50$		$n=500$	
	n_H	$f_n(H)$	n_H	$f_n(H)$	n_H	$f_n(H)$
1	2	0.4	22	0.44	251	0.502
2	3	0.6	25	0.50	249	0.498
3	1	0.2	21	0.42	256	0.512

试验序号	$n=5$		$n=50$		$n=500$	
	n_H	$f_n(H)$	n_H	$f_n(H)$	n_H	$f_n(H)$
4	5	1.0	25	0.50	253	0.506
5	1	0.2	24	0.48	251	0.502
6	2	0.4	21	0.42	246	0.492
7	4	0.8	18	0.36	244	0.488
8	2	0.4	24	0.48	258	0.516
9	3	0.6	27	0.54	262	0.524
10	3	0.6	31	0.62	247	0.494

表 1-2

试验者	n	n_H	$f_n(H)$
德·摩根	2 048	1 061	0.518 1
蒲丰	4 040	2 048	0.506 9
皮尔逊	12 000	6 019	0.501 6
皮尔逊	24 000	12 012	0.500 5

从表 1-1 可以看出:一方面,频率具有波动性,由于试验的随机性,即使是进行 n 次试验,$f_n(H)$ 的值也不一定相同;另一方面,频率也具有稳定性,大量的试验证实,随着重复试验次数 n 的增加,频率会逐渐稳定在某个数附近,而发生较大偏离的可能性很小。频率具有稳定性这一事实,说明了刻画事件发生可能性大小的数——概率是客观存在的。

定义 1.2 设事件 A 在 n 次重复试验中发生的频率为 $f_n(A)$,随着试验重复次数 n 的增加,频率 $f_n(A)$ 会稳定在某一常数 p 附近,称常数 p 为事件 A 发生的概率,记作 $P(A)=p$。

由定义 1.2 我们无法计算概率的精确值。在实际问题中,我们不可能通过做大量试验的方法得到概率的准确值,但我们可以从频率的稳定性及频率的性质出发,给出表征事件发生可能性大小的概率的公理化定义。

二、概率的公理化定义

设 E 是随机试验,Ω 是它的样本空间。对于 E 的每一事件 A,将其对应于一个实数,记为 $P(A)$,称为事件 A 的**概率**,如果集合函数 $P(\cdot)$ 满足下列性质:

(1) 非负性,即对任一个事件 A,有 $P(A) \geqslant 0$;

(2) 规范性,即对必然事件 Ω,有 $P(\Omega)=1$;

(3) 可列可加性,设 $A_1, A_2, \cdots$ 是两两互不相容的事件,即 $A_i A_j = \varnothing (i \neq j, i, j = 1, 2, \cdots)$,有

$$P(A_1 \bigcup A_2 \bigcup \cdots) = P(A_1) + P(A_2) + \cdots \tag{1-1}$$

当 $n \to \infty$ 时,频率 $f_n(A)$ 在一定意义下接近于概率 $P(A)$。因此,我们有理由将概率 $P(A)$ 用来表征事件 A 在一次试验中发生的可能性的大小。

由概率的公理化定义,容易推得概率的一些重要性质。

性质 1 $P(\varnothing) = 0$。

证 令 $A_n = \varnothing (n = 1, 2, \cdots)$,则 $\bigcup\limits_{n=1}^{\infty} A_n = \varnothing$,且 $A_i A_j = \varnothing (i \neq j, i, j = 1, 2, \cdots)$。由概率的可列可加性(1-1)得

$$P(\varnothing) = P\left(\bigcup\limits_{n=1}^{\infty} A_n\right) = \sum\limits_{n=1}^{\infty} P(A_n) = \sum\limits_{n=1}^{\infty} P(\varnothing)$$

由概率的非负性知,$P(\varnothing) \geqslant 0$,故由上式知 $P(\varnothing) = 0$。

这个性质说明:不可能事件的概率为 0,但逆命题不一定成立,我们将在第二章加以说明。

性质 2(有限可加性) 若 $A_1, A_2, \cdots, A_n$ 是两两互不相容的事件,则有

$$P(A_1 \bigcup A_2 \bigcup \cdots \bigcup A_n) = P(A_1) + P(A_2) + \cdots + P(A_n) \tag{1-2}$$

证 令 $A_{n+1} = A_{n+2} = \cdots = \varnothing$,即有 $A_i A_j = \varnothing (i \neq j, i, j = 1, 2, \cdots)$。由(1-1)式得

$$P(A_1 \bigcup A_2 \bigcup \cdots \bigcup A_n) = P(A_1 \bigcup A_2 \bigcup \cdots \bigcup A_n \bigcup A_{n+1} \bigcup \cdots)$$

$$= P\left(\bigcup\limits_{k=1}^{\infty} A_k\right) = \sum\limits_{k=1}^{\infty} P(A_k)$$

$$= \sum\limits_{k=1}^{n} P(A_k) + 0 = P(A_1) + P(A_2) + \cdots + P(A_n)$$

(1-2)式得证。

性质 3 设 A, B 是两个事件,若 $A \subset B$,则有

$$P(B - A) = P(B) - P(A) \tag{1-3}$$

$$P(B) \geqslant P(A) \tag{1-4}$$

证 由 $A \subset B$ 知 $B = A \bigcup (B - A)$(参见图 1-1),且 $A(B - A) = \varnothing$,再由概率的有限可加性,即(1-2)式,得

$$P(B) = P(A) + P(B - A)$$

从而得到(1-3)式。又由概率的非负性知 $P(B - A) \geqslant 0$,于是有

$$P(B) \geqslant P(A)$$

性质 4 对于任一事件 A,有 $P(A) \leqslant 1$。

证 因 $A \subset \Omega$,由性质 3 得

$$P(A) \leqslant P(\Omega) = 1$$

性质 5（逆事件的概率） 对于任一事件 A，有 $P(\overline{A}) = 1 - P(A)$。

证 因 $A \cup \overline{A} = \Omega$，且 $A\overline{A} = \varnothing$，由(1-2)式，得

$$1 = P(\Omega) = P(A \cup \overline{A}) = P(A) + P(\overline{A})$$

于是有

$$P(\overline{A}) = 1 - P(A)$$

性质 5 得证。

性质 6（加法公式） 对于任意两个事件 A, B 有

$$P(A \cup B) = P(A) + P(B) - P(AB) \tag{1-5}$$

证 因 $A \cup B = A \cup (B - AB)$（见图 1-2），且 $A(B-AB) = \varnothing$，$AB \subset B$，故由(1-2)式及(1-3)式得

$$P(A \cup B) = P(A) + P(B - AB) = P(A) + P(B) - P(AB)$$

(1-5)式还能推广到多个事件的情况。例如，设 A_1, A_2, A_3 为任意三个事件，则有

$$\begin{aligned} P(A_1 \cup A_2 \cup A_3) = {} & P(A_1) + P(A_2) + P(A_3) - P(A_1 A_2) \\ & - P(A_1 A_3) - P(A_2 A_3) + P(A_1 A_2 A_3) \end{aligned} \tag{1-6}$$

一般地，对于任意 n 个事件 $A_1, A_2, \cdots, A_n$，可以用归纳法证得

$$\begin{aligned} P(A_1 \cup A_2 \cup \cdots \cup A_n) = {} & \sum_{i=1}^{n} P(A_i) - \sum_{1 \leqslant i < j \leqslant n} P(A_i A_j) \\ & + \sum_{1 \leqslant i < j < k \leqslant n} P(A_i A_j A_k) - \cdots \\ & + (-1)^{n-1} P(A_1 A_2 \cdots A_n) \end{aligned} \tag{1-7}$$

【例 1-6】 设 A, B 是两个事件，且 $P(A) = 0.5, P(B) = 0.3, P(AB) = 0.1$，求：

（1）A 发生但 B 不发生的概率；

（2）A 不发生但 B 发生的概率；

（3）至少有一个事件发生的概率；

（4）A, B 都不发生的概率；

（5）至少有一个事件不发生的概率。

解 （1）$P(A\overline{B}) = P(A - AB) = P(A) - P(AB) = 0.4$

（2）$P(\overline{A}B) = P(B - AB) = P(B) - P(AB) = 0.2$

（3）$P(A \cup B) = P(A) + P(B) - P(AB) = 0.5 + 0.3 - 0.1 = 0.7$

（4）$P(\overline{A}\,\overline{B}) = P(\overline{A \cup B}) = 1 - P(A \cup B) = 1 - 0.7 = 0.3$

（5）$P(\overline{A} \cup \overline{B}) = P(\overline{AB}) = 1 - P(AB) = 1 - 0.1 = 0.9$

第三节　古典概型与几何概型

一、古典概型

抛一枚硬币,若此硬币是质地均匀的,可以认为出现正面和反面的可能性相同,即出现正、反面的概率都是 0.5。这一随机试验满足以下两个条件:

(1) 试验的样本空间 Ω 只包含有限个元素,即 $\Omega=\{\omega_1,\omega_2,\cdots,\omega_n\}$;

(2) 试验中每个基本事件发生的可能性相同,即

$$P(\{\omega_1\})=P(\{\omega_2\})=\cdots=(P\{\omega_n\})$$

则称此试验为古典概型或等可能概型。

古典概型是在较早的时候,人们利用研究对象的物理或几何性质所具有的对称性而确定的一种计算概率的方法,它是概率论历史上最先开始研究的情形。

下面我们来讨论古典概型中事件概率的计算公式。

设试验的样本空间为 $\Omega=\{\omega_1,\omega_2,\cdots,\omega_n\}$。由于在试验中,每个基本事件发生的可能性相同,且基本事件是两两互不相容的,于是有

$$\begin{aligned}
1=P(\Omega)&=P(\{\omega_1\}\bigcup\{\omega_2\}\bigcup\cdots\bigcup\{\omega_n\})\\
&=P(\{\omega_1\})+P(\{\omega_2\})+\cdots+(P\{\omega_n\})\\
&=nP(\{\omega_i\})
\end{aligned}$$

所以有

$$P(\{\omega_i\})=\frac{1}{n}, \quad i=1,2,\cdots,n$$

若事件 A 包含 m 个基本事件,即 $A=\{\omega_{i_1}\}\bigcup\{\omega_{i_2}\}\bigcup\cdots\bigcup\{\omega_{i_m}\}$,这里 $i_1,i_2,\cdots,i_m$ 是 $1,2,\cdots,n$ 中某 m 个不同的数,则有

$$P(A)=\frac{m}{n}=\frac{\text{事件 } A \text{ 所含样本点(基本事件)的个数}}{\text{样本空间中所含样本点(基本事件)的个数}} \qquad (1\text{-}8)$$

上式就是古典概型中事件 A 的概率计算公式,称古典概型中事件 A 的概率为古典概率。

上面公式中所确定的概率满足第二节所给概率定义的三个性质。同时也看到,古典概型中,概率的确定与样本点的个数有关,所以在这里的计算中经常用到排列组合。

【例 1-7】 抛两枚质地均匀的硬币,设 H 为正面向上,T 为反面向上,A 表示"一个正面向上,一个反面向上",求 $P(A)$。

解 样本空间 $\Omega=\{HH,HT,TH,TT\}$,$A=\{HT,TH\}$。

Ω 中包含 4 个基本事件,A 中包含 2 个基本事件,由对称性知每个基本事件发生的可能性是相同的,故由(1-8)式,得 $P(A)=\dfrac{2}{4}=0.5$。

在计算古典概率时,我们一般不需将 Ω 中的元素一一列出,只需求出 Ω 中元素的个数及 A 中包含的元素的个数,再由(1-8)式即可求出 A 的概率。

【例1-8】 一个口袋装有 8 只球,其中 5 只白球,3 只黑球。从中任取两只球,计算取出的都是白球的概率。

解 用 A 表示"从袋中任取两只球都是白球",样本空间 Ω 中所包含的元素个数 $n = C_8^2$,A 中包含的元素个数 $m = C_5^2$,由(1-8)式有

$$P(A) = \frac{m}{n} = \frac{C_5^2}{C_8^2} = \frac{5}{14} \approx 0.357$$

【例1-9】 一口袋装有 6 只球,其中 4 只白球,2 只红球。从袋中取球两次,每次随机地取一只。考虑以下两种取球方式。

(1) 第一次取一只球,观察其颜色后放回袋中,搅匀后再取一球,这种取球方式叫作有放回抽取。

(2) 第一次取一只球后不放回袋中,第二次从剩余的球中再取一只球,这种取球方式叫作不放回抽取。

试分别就上面两种情形求:

(1) 取到的两只球都是白球的概率;

(2) 取到的两只球颜色相同的概率;

(3) 取到的两只球中至少有一只是白球的概率。

解 设 A 表示事件"取到的两只球都是白球",B 表示事件"取到的两只球都是红球",C 表示事件"取到的两只球中至少有一只是白球",则 $A \cup B$ 表示事件"取到的两只球颜色相同",而 $C = \bar{B}$。

在袋中依次取两只球,每一种取法为一个基本事件,显然此时样本空间中仅包含有限个元素,且由对称性知每个基本事件发生的可能性相同,因而可利用(1-8)式来计算事件的概率。

(1) 有放回抽取的情形。

第一次从袋中取球有 6 只球可供抽取,第二次也有 6 只球可供抽取。由乘法原理知共有 6×6 种取法,即基本事件总数为 6×6。对于事件 A 而言,由于第一次有 4 只白球可供抽取,第二次也有 4 只白球可供抽取,由乘法原理知共有 4×4 种取法,即 A 中包含 4×4 个元素。同理,B 中包含 2×2 个元素,于是

$$P(A) = \frac{4 \times 4}{6 \times 6} = \frac{4}{9}$$

$$P(B) = \frac{2 \times 2}{6 \times 6} = \frac{1}{9}$$

又由于 $AB = \varnothing$,因此

$$P(A \cup B) = P(A) + P(B) = \frac{5}{9}$$

$$P(C) = P(\bar{B}) = 1 - P(B) = \frac{8}{9}$$

（2）不放回抽取的情形。

第一次从 6 只球中抽取，第二次只能从剩下的 5 只球中抽取，故共有 6×5 种取法。即样本点总数为 6×5。对于事件 A 而言，第一次从 4 只白球中抽取，第二次从剩下的 3 只白球中抽取，故共有 4×3 种取法，即 A 中包含 4×3 个元素。同理，B 中包含 2×1 个元素，于是

$$P(A) = \frac{4 \times 3}{6 \times 5} = \frac{2}{5}$$

$$P(B) = \frac{2 \times 1}{6 \times 5} = \frac{1}{15}$$

又由于 $AB = \varnothing$，因此

$$P(A \cup B) = P(A) + P(B) = \frac{7}{15}$$

$$P(C) = 1 - P(B) = \frac{14}{15}$$

在不放回抽取情形中，一次取一个，一共取 m 次也可看作一次取出 m 个，故本例中也可用组合的方法，得

$$P(A) = \frac{C_4^2}{C_6^2} = \frac{2}{5}, \quad P(B) = \frac{C_2^2}{C_6^2} = \frac{1}{15}$$

一般来说，放回抽取与不放回抽取的概率是不同的，特别在被抽取的对象数目不大时更是如此。当被抽取的对象数目较大时，放回抽取和不放回抽取所计算的概率相差不大。人们在实际工作中常利用这一点，把被抽取对象数目较大时不放回抽样当作放回抽样来处理，这样给分析问题和解决问题带来许多方便。

【例 1-10】 有 n 个人，每个人都以同样的概率 $\frac{1}{N}$ 被分配在 $N(n \leqslant N)$ 间房中的任一间中，求恰好有 n 个房间，每间各住一人的概率。

解 每个人都有 N 种分法，这是可重复排列问题，n 个人共有 N^n 种不同分法。由于没有指定哪几间房，所以首先选出 n 间房，有 C_N^n 种选法。对于其中每一种选法，每间房各住一人共有 $n!$ 种分法，故所求概率为

$$P = \frac{C_N^n n!}{N^n}$$

许多实际问题和本例题具有相同的**数学模型**。例如生日问题，假设每人的生日在一年 365 天中的任一天是等可能的，那么随机选取 $n(n \leqslant 365)$ 个人，他们生日各不相同的概率为

$$P = \frac{C_{365}^n n!}{365^n}$$

因而 n 个人中至少有两个人生日相同的概率为 $1-\dfrac{C_{365}^n n!}{365^n}$。可以算出，在仅有 64 人的班级里，"至少有两人生日相同"的概率达到了 0.997，与 1 相差无几，因此这种情况是很有可能出现的。

【例 1-11】　一批产品共有 100 件，其中 90 件合格品，10 件次品，从这批产品中任取 3 件，求：(1) 其中有一件次品的概率；(2) 其中有次品的概率。

解　设 A 表示"任取 3 件产品，其中有次品"，A_i 表示"任取 3 件产品，其中有 i 件次品"$(i=1,2,3)$。

(1) $P(A_1)=\dfrac{C_{10}^1 C_{90}^2}{C_{100}^3}=0.247\,68$。

(2) 方法 1　$P(A_2)=\dfrac{C_{10}^2 C_{90}^1}{C_{100}^3}=0.025\,04,P(A_3)=\dfrac{C_{10}^3}{C_{100}^3}=0.000\,74,A=A_1\bigcup A_2\bigcup A_3$

且 A_1,A_2,A_3 两两互不相容，于是有

$$P(A)=P(A_1\bigcup A_2\bigcup A_3)=P(A_1)+P(A_2)+P(A_3)=0.273\,46$$

方法 2　$\overline{A}$ 表示"取出的 3 件产品全是合格品"，故

$$P(\overline{A})=\dfrac{C_{90}^3}{C_{100}^3}=0.726\,54$$

由性质 5，有

$$P(A)=1-P(\overline{A})=1-0.726\,54=0.273\,46$$

该例更一般的提法为：一袋中有 n 个球，其中 n_1 个带有号码"1"，n_2 个带有号码"2"，n_k 个带有号码"k"，$n=n_1+n_2+\cdots+n_k$。从此袋中任取 m 个球，求恰有 m_k 个带有号码"k"的概率，其中 $m=m_1+m_2+\cdots+m_k$。

读者可用上例同样的解法，得所求概率为 $P=\dfrac{C_{n_1}^{m_1} C_{n_2}^{m_2}\cdots C_{n_k}^{m_k}}{C_n^m}$。

上式称为超几何概率，许多实际问题都可看作这一模型。

【例 1-12】　一部五卷的文集，按任意次序放在书架上，求自左至右，第一卷不在第一位置且第二、三卷也不在第二、三位置的概率。

解　设 A_1,A_2,A_3 分别表示第一、二、三卷在相应位置上，于是所求概率为

$$P(\overline{A_1}\,\overline{A_2}\,\overline{A_3})=P(\overline{A_1\bigcup A_2\bigcup A_3})=1-P(A_1\bigcup A_2\bigcup A_3)$$
$$=1-[P(A_1)+P(A_2)+P(A_3)-P(A_1A_2)-P(A_2A_3)$$
$$-P(A_1A_3)+P(A_1A_2A_3)]$$

由题意得

$$P(A_1)=P(A_2)=P(A_3)=\dfrac{4!}{5!}$$

$$P(A_1A_2)=P(A_2A_3)=P(A_1A_3)=\dfrac{3!}{5!}$$

$$P(A_1 A_2 A_3) = \frac{2!}{5!}$$

故

$$P(\overline{A}_1 \overline{A}_2 \overline{A}_3) = 1 - \left(3 \times \frac{4!}{5!} - 3 \times \frac{3!}{5!} + \frac{2!}{5!}\right) = 1 - \frac{7}{15} = \frac{8}{15}$$

【例 1-13】 将两封信随机投入 4 个邮筒，求前两个邮筒内没有信的概率及第一个邮筒内只有一封信的概率。

解 因邮筒的容量未限，将两封信随机投入 4 个邮筒，共有 4^2 种投法，即基本事件总数为 4^2。

(1) 设事件 A 表示"前两个邮筒内没有信"，两封信只能放在后两个邮筒，共有 2^2 种放法，故 A 所包含的基本事件数为 2^2，于是

$$P(A) = \frac{2^2}{4^2} = \frac{1}{4} = 0.25$$

(2) 设事件 B 表示"第一个邮筒内只有一封信"，这封信的选法有 2 种，另一封信可投放其余 3 个邮筒，有 3 种投法，故 B 所包含的基本事件数为 $2 \times 3 = 6$，于是

$$P(A) = \frac{6}{4^2} = \frac{3}{8} = 0.375$$

【例 1-14】 12 名新生中有 3 名优秀生，将他们随机地平均分配到 3 个班级，试求：

(1) 每班各分配到一名优秀生的概率；

(2) 3 名优秀生分配到同一个班的概率。

解 12 名新生平均分配到 3 个班的可能分法总数为

$$C_{12}^4 C_8^4 C_4^4 = \frac{12!}{(4!)^3}$$

(1) 设 A 表示"每班各分配到一名优秀生"。3 名优秀生每班分配一名，共有 3! 种分法，而其他 9 名学生平均分配到 3 个班共有 $\frac{9!}{(3!)^3}$ 种分法，由乘法原理，A 包含基本事件数为

$$\frac{3! \; 9!}{(3!)^3} = \frac{9!}{(3!)^2}$$

故有

$$P(A) = \frac{9!}{(3!)^2} \bigg/ \frac{12!}{(4!)^3} = \frac{16}{55}$$

(2) 设 B 表示"3 名优秀生分配到同一个班"。3 名优秀生分配到同一个班共有 3 种分

法,其他 9 名学生分法为 $C_9^1 C_8^4 C_4^4 = \dfrac{9!}{1! \ 4! \ 4!}$。由乘法原理,$B$ 包含基本事件数为

$$\frac{3 \times 9!}{1! \ 4! \ 4!}$$

故有

$$P(B) = \frac{3 \times 9!}{(4!)^2} \Big/ \frac{12!}{(4!)^3} = \frac{3}{55}$$

二、几何概型

古典概型只适用于具有等可能性的有限样本空间,若试验结果无穷多,它显然不适合。为了克服有限的局限性,可将古典概型的计算加以推广。

若随机试验具有以下两个特点,则称为几何概型。

(1) 试验所涉及的样本空间 Ω 是一个几何区域,这个区域的大小可以度量(如长度、面积、体积等),并把 Ω 的度量记作 $n(\Omega)$。

(2) 向区域 Ω 内任意投掷一个点,落在该区域内任一个点处都是等可能的,或者设落在 Ω 中的区域 A 内的可能性与 A 的度量 $m(A)$ 成正比,与区域 A 的位置和形状无关。

不妨也用 A 表示"掷点落在区域 A 内"的事件,那么事件 A 的概率可用下列公式计算:

$$P(A) = \frac{m(A)}{n(\Omega)}$$

称 $P(A)$ 为几何概率。

【例 1-15】 在区间 $(0,1)$ 内任取两个数,求这两个数的乘积小于 $\dfrac{1}{4}$ 的概率。

解 设在 $(0,1)$ 内任取两个数为 x,y,则

$$0 < x < 1, \ 0 < y < 1$$

即样本空间 Ω 是由点 (x,y) 构成的边长为 1 的正方形,其面积为 1。

令 A 表示"两个数的乘积小于 $\dfrac{1}{4}$",则

$$A = \left\{ (x,y) \,\Big|\, 0 < xy < \frac{1}{4}, 0 < x < 1, 0 < y < 1 \right\}$$

事件 A 对应的区域如图 1-7 所示,则所求概率为

$$P(A) = \frac{1 - \displaystyle\int_{\frac{1}{4}}^{1} dx \int_{\frac{1}{4x}}^{1} dy}{1} = \frac{1 - \displaystyle\int_{\frac{1}{4}}^{1} \left(1 - \frac{1}{4x}\right) dx}{1}$$

$$= 1 - \frac{3}{4} + \int_{\frac{1}{4}}^{1} \frac{1}{4x} dx = \frac{1}{4} + \frac{1}{2}\ln 2$$

【例 1-16】 两人相约在某天下午 2:00—3:00 在预定地点见面,先到者要等候 20 分钟,过时则离去。如果每人在这指定的 1 小时内任一时刻到达是等可能的,求相约的两人能会面的概率。

解 不妨设 2:00 为零时,记 x,y 为两人到达预定地点的时刻,那么两人到达时间的一切可能结果落在边长为 60 的正方形内,这个正方形就是样本空间 Ω,而两人能会面的充要条件是 $|x-y| \leqslant 20$,即

$$x-y \leqslant 20 \quad \text{且} \quad y-x \leqslant 20$$

令事件 A 表示"两人能会面",对应的区域如图 1-8 所示,则

$$P(A) = \frac{m(A)}{n(\Omega)} = \frac{60^2 - 40^2}{60^2} = \frac{5}{9}$$

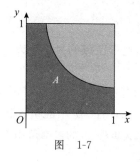

图 1-7

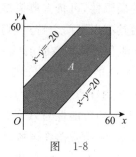

图 1-8

第四节 条件概率

一、条件概率

在许多情况下,我们不仅要计算 $P(A)$,还要计算在某一事件 B 发生的条件下,事件 A 发生的概率,我们把这种概率称为条件概率,记作 $P(A|B)$,先看一个例子。

【例 1-17】 掷两颗骰子,用 A 表示"出现成对的偶数点",B 表示"出现点数之和 $\leqslant 4$",试求:(1) $P(B)$;(2) $P(B|A)$。

解 (1) 事件 B 发生,可能出现的结果是(1,1),(1,2),(1,3),(2,1),(2,2),(3,1),故

$$P(B) = \frac{6}{36} = \frac{1}{6}$$

(2) 事件 A 发生,表示可能出现的结果是(2,2),(4,4),(6,6),其中属于 B 的只有(2,2)这一种情况,于是 $P(B|A) = \frac{1}{3}$。

容易看到,$P(B|A) \neq P(B)$,又 $\dfrac{P(AB)}{P(A)} = \dfrac{\dfrac{1}{36}}{\dfrac{3}{36}} = \dfrac{1}{3} = P(B|A)$。

容易验证,对一般的古典概型,当 $P(A)>0$ 时,上述等式总是成立的。

定义 1.3 设 A,B 是两个事件,且 $P(A)>0$,称

$$P(B|A) = \frac{P(AB)}{P(A)} \tag{1-9}$$

为在事件 A 发生的条件下事件 B 发生的条件概率。

容易验证,条件概率 $P(\cdot|A)$ 符合概率公理化定义中的三个条件。

(1) 非负性:对于每一个事件 B,有 $P(B|A)\geqslant 0$。

(2) 规范性:对于必然事件 Ω,有 $P(\Omega|A)=1$。

(3) 可列可加性:设 $B_1,B_2,\cdots,B_n,\cdots$ 是两两互不相容的事件,有

$$P\left(\bigcup_{i=1}^{\infty} B_i \middle| A\right) = \sum_{i=1}^{\infty} P(B_i|A)$$

条件概率也是一种概率,因此,概率的其他性质对条件概率同样成立。例如,若 $P(A)>0$,对于事件 A 发生下的以下条件概率成立:

(1) $P(\varnothing|A)=0$;

(2) 若事件 $B_1,B_2,\cdots,B_n$ 两两互不相容,则 $P\left(\bigcup_{i=1}^{n} B_i \middle| A\right) = \sum_{i=1}^{n} P(B_i|A)$;

(3) 若 B,C 是两个事件,且 $B \subset C$,则 $P(C-B|A)=P(C|A)-P(B|A)$;

(4) 对于任一事件 B,有 $P(B|A)\leqslant 1$;

(5) 对于任一事件 B,有 $P(\bar{B}|A)=1-P(B|A)$;

(6) 对于任意两事件 B_1,B_2 有 $P(B_1 \cup B_2|A)=P(B_1|A)+P(B_2|A)-P(B_1B_2|A)$。

一般地,对任意有限个事件 $B_1,B_2,\cdots,B_n$,有

$$P\left(\bigcup_{i=1}^{n} B_i \middle| A\right) = \sum_{i=1}^{n} P(B_i|A) - \sum_{1\leqslant i<j\leqslant n} P(B_iB_j|A) + \cdots + (-1)^{n-1} P(B_1B_2\cdots B_n|A)$$

【例 1-18】 从 $0,1,2,\cdots,9$ 十个数中任取一个,设事件 B 表示"取得的数为 3 的倍数",A_1 表示"取得的数为偶数",A_2 表示"取得的数大于 8",A_3 表示"取得的数小于 8",试求 $P(B),P(B|A_1),P(B|A_2),P(B|A_3)$。

解 由题设有

$\Omega=\{0,1,2,3,4,5,6,7,8,9\}$, $B=\{0,3,6,9\}$, $A_1=\{0,2,4,6,8\}$, $A_2=\{9\}$,
$A_3=\{0,1,2,3,4,5,6,7\}$

显然 $P(B)=\dfrac{4}{10}=\dfrac{2}{5}$,再由条件概率的直观意义得

$$P(B|A_1)=\frac{2}{5}, \quad P(B|A_2)=1, \quad P(B|A_3)=\frac{3}{8}$$

在上面的例子中,有 $P(B|A_1)=P(B),P(B|A_2)>P(B),P(B|A_3)<P(B)$,也就是说 $P(B|A)$ 可能等于、大于、小于原概率 $P(B)$。

【**例 1-19**】 某电子元件厂有职工 180 人,其中男职工 100 人,女职工 80 人,男、女职工中非熟练工人分别有 20 人、5 人。现从该厂中任选一名职工,求:

(1) 该职工为非熟练工人的概率是多少?

(2) 若已知被选出的是女职工,她是非熟练工人的概率是多少?

解 设 A 表示"任选一名职工为非熟练工人",B 表示"任选一名职工为女职工"。

(1) $P(A) = \dfrac{25}{180} = \dfrac{5}{36}$。

(2) 在 180 名职工中,女职工中的非熟练工人有 5 名,即 AB 包含基本事件数为 5,即 $P(AB) = \dfrac{5}{180}$,而 $P(B) = \dfrac{80}{180}$,故

$$P(A \mid B) = \frac{P(AB)}{P(B)} = \frac{5/180}{80/180} = \frac{1}{16}$$

当然,$P(A \mid B)$ 也可由条件概率的直观意义来求,即为 $P(A \mid B) = \dfrac{5}{80} = \dfrac{1}{16}$。

下面给出条件概率特有的三个非常实用的公式:乘法公式、全概率公式和贝叶斯(Bayes)公式。在一些复杂的概率计算中,常常用到这些公式。

二、乘法定理

由条件概率的定义(1-9)式,可得下述定理。

定理 1.1(乘法定理) 设 $P(A) > 0$,则有

$$P(AB) = P(B \mid A)P(A) \tag{1-10}$$

上式称为乘法公式。

易知,若 $P(B) > 0$,则有

$$P(AB) = P(A \mid B)P(B) \tag{1-11}$$

(1-10)式可推广到多个事件的积事件的情况。设 A, B, C 为事件,且 $P(AB) > 0$,则有

$$P(ABC) = P(A)P(B \mid A)P(C \mid AB) \tag{1-12}$$

在这里,注意到由假设 $P(AB) > 0$ 可推得 $P(A) \geqslant P(AB) > 0$。

一般地,设 $A_1, A_2, \cdots, A_n$ 为 n 个事件($n \geqslant 2$)且 $P(A_1 A_2 \cdots A_{n-1}) > 0$,则有

$$P(A_1 A_2 \cdots A_n) = P(A_1)P(A_2 \mid A_1) \cdots P(A_{n-1} \mid A_1 A_2 \cdots A_{n-2}) P(A_n \mid A_1 A_2 \cdots A_{n-1}) \tag{1-13}$$

【**例 1-20**】 假设参加比赛的 15 名选手中有 5 名种子选手,现将 15 人随意分成 5 组(每组 3 人)。试求每组各有一名种子选手的概率。

解 设事件 A_i 表示"第 i 组恰好分到一名种子选手"($i = 1, 2, 3, 4, 5$),则由乘法公式得

$$P = P(A_1 A_2 A_3 A_4 A_5) = P(A_1)P(A_2 \mid A_1)P(A_3 \mid A_1 A_2)P(A_4 \mid A_1 A_2 A_3)$$

$$P(A_5 \mid A_1 A_2 A_3 A_4) = \frac{C_5^1 C_{10}^2}{C_{15}^3} \cdot \frac{C_4^1 C_8^2}{C_{12}^3} \cdot \frac{C_3^1 C_6^2}{C_9^3} \cdot \frac{C_2^1 C_4^2}{C_6^3} \cdot 1 = 0.0809$$

【**例 1-21**】 5 人先后抓一个有物之阄,求第 2 人抓到有物之阄的概率。

解 用 A_i 表示"第 i 人抓到有物之阄"$(i=1,2,3,4,5)$,则第 2 人抓到的概率为

$$P(A_2) = P(\overline{A_1} A_2) = P(\overline{A_1}) P(A_2 \mid \overline{A_1}) = \frac{4}{5} \times \frac{1}{4} = 0.2$$

三、全概率公式和贝叶斯公式

全概率公式是概率论中的一个非常重要的公式,这一公式是对事件的某一结果的发生从概率上表达其与事件发生可能性之间的关系。

定理 1.2 设试验 E 的样本空间为 Ω,A 为 E 的事件,$B_1, B_2, \cdots, B_n$ 为 Ω 的一个划分,且 $P(B_i) > 0(i=1,2,\cdots,n)$,则

$$P(A) = \sum_{i=1}^n P(A \mid B_i) P(B_i) \tag{1-14}$$

证 显然

$$A = A\Omega = A(B_1 \bigcup B_2 \bigcup \cdots \bigcup B_n) = AB_1 \bigcup AB_2 \bigcup \cdots \bigcup AB_n$$

由假设 $P(B_i) > 0(i=1,2,\cdots,n)$,且 $(AB_i)(AB_j) = \varnothing(i \neq j, i,j=1,2,\cdots,n)$ 得到

$$\begin{aligned}
P(A) &= P(AB_1) + P(AB_2) + \cdots + P(AB_n) \\
&= P(A \mid B_1) P(B_1) + P(A \mid B_2) P(B_2) + \cdots + P(A \mid B_n) P(B_n) \\
&= \sum_{i=1}^n P(A \mid B_i) P(B_i)
\end{aligned}$$

(1-14)式称为全概率公式。

在很多实际问题中 $P(A)$ 不易直接求得,但却容易找到 Ω 的一个划分 $B_1, B_2, \cdots, B_n$,且 $P(B_i)$ 和 $P(A \mid B_i)$ 或为已知,或容易求得,那么就可以根据(1-14)式求出 $P(A)$。

定理 1.3 设试验 E 的样本空间为 Ω,A 为 E 的事件,$B_1, B_2, \cdots, B_n$ 为 Ω 的一个划分,且 $P(A) > 0, P(B_i) > 0(i=1,2,\cdots,n)$,则

$$P(B_i \mid A) = \frac{P(A \mid B_i) P(B_i)}{\sum_{j=1}^n P(A \mid B_j) P(B_j)}, \quad i=1,2,\cdots,n \tag{1-15}$$

证 由条件概率的定义及全概率公式得

$$P(B_i \mid A) = \frac{P(B_i A)}{P(A)} = \frac{P(A \mid B_i) P(B_i)}{\sum_{j=1}^n P(A \mid B_j) P(B_j)}, \quad i=1,2,\cdots,n$$

(1-15)式称为贝叶斯公式。

特别在(1-14)式和(1-15)式中取 $n=2$,并将 B_1 记为 B,而此时 B_2 记为 $\overline{B}$,那么全概率

公式和贝叶斯公式分别成为

$$P(A)=P(A|B)P(B)+P(A|\bar{B})P(\bar{B}) \tag{1-16}$$

$$P(B|A)=\frac{P(AB)}{P(A)}=\frac{P(A|B)P(B)}{P(A|B)P(B)+P(A|\bar{B})P(\bar{B})} \tag{1-17}$$

这是比较常用的两个公式。

【例 1-22】 三人同时向一架飞机射击。设三人都射不中的概率为 0.09,三人中只有一人射中的概率为 0.36,三人中恰有两人射中的概率为 0.41,三人同时射中的概率为 0.14。又设无人射中时,飞机不会坠毁;只有一人射中时飞机坠毁的概率为 0.2;两人射中时飞机坠毁的概率为 0.6;三人射中时飞机一定坠毁。求三人同时向飞机射击一次飞机便坠毁的概率。

解 用 A 表示"飞机坠毁",B_i 表示"三人中有 i 人射中"$(i=0,1,2,3)$ 显然有 $B_0\bigcup B_1\bigcup B_2\bigcup B_3=\Omega$,$B_iB_j=\varnothing(i\neq j,i,j=0,1,2,3)$。由题设可知

$$P(A|B_0)=0,\quad P(A|B_1)=0.2,\quad P(A|B_2)=0.6,\quad P(A|B_3)=1,$$
$$P(B_0)=0.09,\quad P(B_1)=0.36,\quad P(B_2)=0.41,\quad P(B_3)=0.14$$

由全概率公式可得

$$\begin{aligned}P(A)&=\sum_{i=0}^{3}P(B_i)P(A|B_i)\\&=0.09\times0+0.36\times0.2+0.41\times0.6+0.14\times1\\&=0.458\end{aligned}$$

【例 1-23】 12 个乒乓球中有 9 个新的、3 个旧的。第一次比赛取出了 3 个,用完后放回去,第二次比赛又取出 3 个。求第二次取到的 3 个球中有 2 个新球的概率。

解 用 B_i 表示"第一次取出的 3 个球中有 i 个新球"$(i=0,1,2,3)$,A 表示"第二次取出的 3 个球中有 2 个新球"。则 B_0,B_1,B_2,B_3 是样本空间 Ω 的一个划分,

$$P(B_0)=\frac{C_3^3}{C_{12}^3}=\frac{1}{220},\quad P(B_1)=\frac{C_3^2C_9^1}{C_{12}^3}=\frac{27}{220},$$

$$P(B_2)=\frac{C_3^1C_9^2}{C_{12}^3}=\frac{108}{220}=\frac{27}{55},\quad P(B_3)=\frac{C_9^3}{C_{12}^3}=\frac{84}{220}=\frac{21}{55},$$

$$P(A|B_0)=\frac{C_3^1C_9^2}{C_{12}^3}=\frac{108}{220}=\frac{27}{55},\quad P(A|B_1)=\frac{C_4^1C_8^2}{C_{12}^3}=\frac{112}{220}=\frac{28}{55},$$

$$P(A|B_2)=\frac{C_5^1C_7^2}{C_{12}^3}=\frac{105}{220}=\frac{21}{44},\quad P(A|B_3)=\frac{C_6^1C_6^2}{C_{12}^3}=\frac{90}{220}=\frac{9}{22}$$

由全概率公式得

$$\begin{aligned}P(A)&=\sum_{i=0}^{3}P(B_i)P(A|B_i)\\&=\frac{1}{220}\times\frac{27}{55}+\frac{27}{220}\times\frac{28}{55}+\frac{27}{55}\times\frac{21}{44}+\frac{21}{55}\times\frac{9}{22}\end{aligned}$$

$$=0.455$$

【例1-24】 某厂生产的产品是由三个车间生产的,它们生产的产品所占的比例分别为 15%,80%,5%。而据以往经验表明三个车间生产的次品率分别为0.02,0.01,0.03。若 三个车间的产品充分混合地放在一起,从中取出一件产品发现是次品,问该次品由哪个车 间生产的可能性最大?

解 设 A 表示"取到的是一只次品",B_i 表示"所取到的产品是由 i 车间生产的"($i=$ 1,2,3),易知,B_1,B_2,B_3 是样本空间 Ω 的一个划分,且有

$$P(B_1)=0.15, \quad P(B_2)=0.80, \quad P(B_3)=0.05,$$
$$P(A|B_1)=0.02, \quad P(A|B_2)=0.01, \quad P(A|B_3)=0.03$$

则由全概率公式得

$$P(A)=P(A|B_1)P(B_1)+P(A|B_2)P(B_2)+P(A|B_3)P(B_3)=0.012\,5$$

再由贝叶斯公式得

$$P(B_1|A)=\frac{P(A|B_1)P(B_1)}{P(A)}=\frac{0.02\times0.15}{0.012\,5}=0.24$$

同理得

$$P(B_2|A)=0.64, \quad P(B_3|A)=0.12$$

以上结果表明,这只次品来自2车间的可能性最大。

最后,我们用贝叶斯公式来分析一个耳熟能详的故事。

【例1-25】 伊索寓言中讲了这么一个故事:一个小孩每天上山放羊,有一天他心血来 潮,突然大喊:"狼来了! 狼来了!"山下的村民闻声赶快冲上山来打狼,可是到了山上并没 有看见狼。这个小孩觉得很好玩,第二天放羊时,他又一次大喊:"狼来了! 狼来了!"仍然 有一些村民上了他的当。第三天放羊时,狼真的来了,他赶快大喊:"狼来了! 狼来了!"可 是无论他怎么喊都没有人来帮他了。村民之所以不来,是因为这个孩子的可信度降低了, 下面我们就来分析这个可信度的数量变化。

解 记 A 表示"小孩说谎",B 表示"小孩可信",假设根据村民的平时印象有 $P(B)=$ 0.9,可信的孩子说谎话的可能性 $P(A|B)=0.1$,不可信的孩子说谎话的可能性 $P(A|\bar{B})=0.5$。

那么,根据贝叶斯公式,当小孩说了一次谎话后的可信度 $P(B|A)$ 满足

$$P(B|A)=\frac{P(A|B)P(B)}{P(A|B)P(B)+P(A|\bar{B})P(\bar{B})}=\frac{0.1\times0.9}{0.1\times0.9+0.5\times0.1}\approx0.64$$

上面的结果说明:小孩第一次说谎之后,他的可信度 $P(B)$ 从0.9降到了0.64,即在第 二次说谎前 $P(B)=0.64$。继续用贝叶斯公式,小孩第二次说谎后的可信度 $P(B|A)$ 变为

$$P(B|A)=\frac{P(A|B)P(B)}{P(A|B)P(B)+P(A|\bar{B})P(\bar{B})}=\frac{0.1\times0.64}{0.1\times0.64+0.5\times0.36}\approx0.26$$

可见,两次说谎后,村民对于小孩的信任度从0.9降到了0.26,所以即使狼真的来了,

也没有人帮他了。对每个人来说,诚信是优良品质的体现,如果你的信用卡逾期三次未还款,几年后你贷款买房、买车时就会发现,银行已经不信任你了。

第五节 独 立 性

一、事件的独立性

独立性是概率论中又一个重要概念,利用独立性可以简化概率的计算。两个事件之间的独立性是指一个事件的发生不影响另一个事件的发生。实际问题中独立性的例子很多,先看下面的例子。

【例 1-26】 掷两颗骰子,记 A 为"第一颗骰子的点数为 1",B 为"第二颗骰子的点数为6"。由题意显然有

$$P(B|A)=P(B)=\frac{1}{6}$$

即第一颗骰子的点数对第二颗骰子的点数无影响。

又由 $P(B|A)=\dfrac{P(AB)}{P(A)}$,所以当 $P(A)\neq 0$ 时,有

$$P(AB)=P(A)P(B)$$

由此我们引出两个事件独立性的定义。

定义 1.4 设 A,B 是两个事件,如果满足等式

$$P(AB)=P(A)P(B) \tag{1-18}$$

则称事件 A 与 B 相互独立,简称 A 与 B 独立。

容易知道,若 $P(A)>0,P(B)>0$,则 A,B 相互独立与 A,B 互不相容不能同时成立。

定理 1.4 设 A,B 是两个事件,且 $P(A)>0$,若 A,B 相互独立,则 $P(B|A)=P(B)$;反之亦然。

定理 1.5 若事件 A 与 B 相互独立,则下列各对事件也相互独立:

$$A \text{ 与 } \bar{B}, \quad \bar{A} \text{ 与 } B, \quad \bar{A} \text{ 与 } \bar{B}$$

证 由 $A=A(B\cup\bar{B})=AB\cup A\bar{B}$,得

$$P(A)=P(AB\cup A\bar{B})=P(AB)+P(A\bar{B})=P(A)P(B)+P(A\bar{B})$$

于是有

$$P(A\bar{B})=P(A)[1-P(B)]=P(A)P(\bar{B})$$

这表明 A 与 $\bar{B}$ 相互独立。类似可证 $\bar{A}$ 与 B 相互独立,$\bar{A}$ 与 $\bar{B}$ 相互独立。

下面我们将独立性的概念推广到三个事件的情况。

定义 1.5 设 A,B,C 是三个事件,如果满足等式

$$\begin{cases} P(AB)=P(A)P(B) \\ P(AC)=P(A)P(C) \\ P(BC)=P(B)P(C) \end{cases} \tag{1-19}$$

则称三个事件 A,B,C 两两独立。

一般地,当事件 A,B,C 两两独立时,等式 $P(ABC)=P(A)P(B)P(C)$ 不一定成立。

定义 1.6 设 A,B,C 是三个事件,如果满足等式

$$\begin{cases} P(AB)=P(A)P(B) \\ P(AC)=P(A)P(C) \\ P(BC)=P(B)P(C) \\ P(ABC)=P(A)P(B)P(C) \end{cases} \tag{1-20}$$

则称事件 A,B,C 相互独立。

一般地,设 $A_1,A_2,\cdots,A_n$ 是 $n(n\geqslant 2)$ 个事件,如果对于其中任意 $k(2\leqslant k\leqslant n)$ 个事件的积事件的概率,都等于各事件概率之积,则称事件 $A_1,A_2,\cdots,A_n$ 相互独立。

由定义,可以得到以下两个推论。

(1) 若事件 $A_1,A_2,\cdots,A_n(n\geqslant 2)$ 相互独立,则其中任意 $k(2\leqslant k\leqslant n)$ 个事件也是相互独立的。

(2) 若 n 个事件 $A_1,A_2,\cdots,A_n(n\geqslant 2)$ 相互独立,则将 $A_1,A_2,\cdots,A_n$ 中任意多个事件换成它们各自的对立事件,所得的 n 个事件仍相互独立。

【例 1-27】 系统由两个元件组成,且两个元件相互独立地工作。设每个元件正常工作的概率都为 $p=0.9$,试求以下系统正常工作的概率:(1) 串联系统;(2) 并联系统。

解 设 S 表示"串联系统正常工作",T 表示"并联系统正常工作",A_i 表示"第 i 个元件正常工作"$(i=1,2)$。

(1) 对串联系统而言,"系统正常工作"相当于"所有元件正常工作",即 $S=A_1A_2$,所以

$$P(S)=P(A_1A_2)=P(A_1)P(A_2)=p^2=0.81$$

(2) 对并联系统而言,"系统正常工作"相当于"至少一个元件正常工作",即 $T=A_1\bigcup A_2$,所以

$$P(T)=P(A_1\bigcup A_2)=P(A_1)+P(A_2)-P(A_1A_2)$$
$$=p+p-p^2=0.99$$

【例 1-28】 设对某目标进行三次相互独立的射击,各次射击的命中率分别是 0.2, $0.6,0.3$,试求:

(1) 三次射击中恰有一次命中目标的概率;

(2) 在三次射击中至少有一次命中目标的概率。

解 设 A_i 表示"第 i 次射击命中目标"$(i=1,2,3)$,由题意可知 A_1,A_2,A_3 相互独立,且 $P(A_1)=0.2,P(A_2)=0.6,P(A_3)=0.3$。

(1) $P(A_1\overline{A_2}\,\overline{A_3}\bigcup\overline{A_1}A_2\overline{A_3}\bigcup\overline{A_1}\,\overline{A_2}A_3)=P(A_1\overline{A_2}\,\overline{A_3})+P(\overline{A_1}A_2\overline{A_3})+P(\overline{A_1}\,\overline{A_2}A_3)$

$$=P(A_1)P(\overline{A_2})P(\overline{A_3})+P(\overline{A_1})P(A_2)P(\overline{A_3})$$

$$+P(\overline{A}_1)P(\overline{A}_2)P(A_3)$$
$$=0.2\times(1-0.6)\times(1-0.3)+(1-0.2)\times0.6$$
$$\times(1-0.3)+(1-0.2)\times(1-0.6)\times0.3$$
$$=0.488$$

(2) $P(A_1\bigcup A_2\bigcup A_3)=1-P(\overline{A_1\bigcup A_2\bigcup A_3})=1-P(\overline{A}_1\overline{A}_2\overline{A}_3)$
$$=1-P(\overline{A}_1)P(\overline{A}_2)P(\overline{A}_3)$$
$$=1-(1-0.2)\times(1-0.6)\times(1-0.3)=0.776$$

【例 1-29】 有 4 件废品,第一件是油漆受损,第二件有凹痕,第三件有缺口,第四件同时具备以上 3 种缺陷。从其中任意抽取一件,以事件 A,B,C 分别表示"油漆受损""有凹痕""有缺口",判断 A,B,C 是否相互独立。

解 由古典概型的计算公式可得

$$P(A)=P(B)=P(C)=\frac{2}{4}=\frac{1}{2}$$

$$P(AB)=P(AC)=P(BC)=\frac{1}{4}$$

$$P(ABC)=\frac{1}{4}$$

由于
$$P(AB)=P(A)P(B),\ P(AC)=P(A)P(C),\ P(BC)=P(B)P(C)$$
但
$$P(ABC)=\frac{1}{4}\neq\frac{1}{8}=P(A)P(B)P(C)$$

可知,A,B,C 两两独立,但 A,B,C 不是相互独立的。

二、伯努利(Bernoulli)试验

随机现象的规律性要从大量的现象中分析得出。在相同条件下进行重复试验或观察,是一种非常重要的概率模型。

设试验 E 只有两个可能结果:A 及 $\overline{A}$,则称 E 为伯努利试验。设 $P(A)=p(0<p<1)$,此时 $P(\overline{A})=1-p$。将 E 独立重复地进行 n 次,则称这一串重复的独立试验为 n 重伯努利试验。

这里"重复"是指每次试验是在相同条件下进行,在每次试验中 $P(A)=p$ 保持不变;"独立"是指各次试验的结果互不影响。

n 重伯努利试验在实际中有广泛的应用,是研究最多的模型之一。例如,将一枚硬币抛掷一次,观察出现的是正面还是反面,这是一次伯努利试验;若将一枚硬币抛 n 次,就是 n 重伯努利试验。又如抛掷一颗骰子,若 A 表示得到"6 点",则 $\overline{A}$ 表示得到"非 6 点",这是一次伯努利试验;将骰子抛 n 次,就是 n 重伯努利试验。再如,在 N 件产品中有 M 件次品,现从中任取一件,检测其是否是次品,这是一次伯努利试验;如有放回地抽取 n 次,就是 n 重伯努利试验。

对于伯努利试验，我们关心的是 n 次试验中事件 A 恰好发生 $k(0 \leqslant k \leqslant n)$ 次的概率是多少。我们用 $P_n(k)$ 表示 n 重伯努利试验中，事件 A 发生 k 次的概率。

由伯努利概型知，事件 A 在指定的 k 次试验中发生，而在其余 $n-k$ 次试验中不发生的概率为 $p^k(1-p)^{n-k}$。

这种指定的方式共有 C_n^k 种，它们是两两互不相容事件，由独立性可知每一项的概率为 $p^k(1-p)^{n-k}$，再由有限可加性，可得

$$P_n(k) = C_n^k p^k (1-p)^{n-k}, \quad k = 0, 1, 2, \cdots, n$$

这就是 n 重伯努利试验中 A 发生 k 次的概率计算公式。

【例 1-30】 设在 N 件产品中有 M 件次品，现进行 n 次有放回的检查抽样，试求抽得 k 件次品的概率。

解 由条件知，这是有放回抽样，可知每次试验是在相同条件下重复进行，故本题符合 n 重伯努利试验的条件。令 A 表示"抽到一件次品"的事件，则

$$P(A) = p = \frac{M}{N}$$

以 $P_n(k)$ 表示 n 次有放回抽样中，有 k 次出现次品的概率，由伯努利概型计算公式，可知

$$P_n(k) = C_n^k \left(\frac{M}{N}\right)^k \left(1 - \frac{M}{N}\right)^{n-k}, \quad k = 0, 1, 2, \cdots, n$$

【例 1-31】 设某个车间里共有 5 台车床，每台车床使用电力是间歇性的，平均每小时约有 6 分钟使用电力。假设车工们工作是相互独立的，求在同一时刻：

(1) 恰有 2 台车床被使用的概率；

(2) 至少有 3 台车床被使用的概率；

(3) 至多有 3 台车床被使用的概率；

(4) 至少有 1 台车床被使用的概率。

解 设 A 表示"使用电力"，即车床被使用，则

$$P(A) = p = \frac{6}{60} = 0.1$$

$$P(\overline{A}) = 1 - p = 0.9$$

(1) $p_1 = P_5(2) = C_5^2 0.1^2 0.9^3 = 0.072\,9$

(2) $p_2 = P_5(3) + P_5(4) + P_5(5)$
$$= C_5^3 0.1^3 0.9^2 + C_5^4 0.1^4 0.9 + 0.1^5 = 0.008\,56$$

(3) $p_3 = 1 - P_5(4) - P_5(5) = 1 - C_5^4 0.1^4 0.9 - 0.1^5 = 0.999\,54$

(4) $p_4 = 1 - P_5(0) = 1 - 0.9^5 = 0.409\,51$

习　题　一

一、填空题

1. 若 $P(A) = 0.3, P(B) = 0.6$。

(1) 若 A 和 B 相互独立,则 $P(A+B)=$ _____,$P(B-A)=$ _____。

(2) 若 A 和 B 互不相容,则 $P(A+B)=$ _____,$P(B-A)=$ _____。

(3) 若 $A{\subset}B$,则 $P(A+B)=$ _____,$P(B-A)=$ _____。

2. 如果 A 与 B 相互独立,且 $P(A)=P(B)=0.7$,则 $P(\overline{A}\,\overline{B})=$ _____。

3. 在 4 次独立重复试验中,事件 A 至少出现 1 次的概率为 $\dfrac{65}{81}$,则在每次试验中事件 A 出现的概率是 _____。

二、选择题

1. 在下列四个条件中,能使 $P(A-B)=P(A)-P(B)$ 一定成立的是( )。

    A. $A{\subset}B$ B. A,B 独立   C. A,B 互不相容   D. $B{\subset}A$

2. 有 100 张从 1 到 100 号的卡片,从中任取一张,取到卡号是 7 的倍数的概率为( )。

    A. $\dfrac{7}{50}$ B. $\dfrac{7}{100}$ C. $\dfrac{7}{48}$ D. $\dfrac{15}{100}$

3. 设 A 和 B 互不相容,且 $P(A)>0,P(B)>0$,则下列结论中正确的是( )。

    A. $P(B|A)>0$ B. $P(A)=P(A|B)$

    C. $P(A|B)=0$ D. $P(AB)=P(A)P(B)$

4. (2014 年考研题)设随机事件 A 和 B 相互独立,且 $P(B)=0.5$,$P(A-B)=0.3$,则 $P(B-A)=$( )。

    A. 0.1   B. 0.2   C. 0.3   D. 0.4

三、计算题

1. 写出下列随机试验的样本空间 Ω。

(1) 同时掷两颗骰子,记录两颗骰子点数之和。

(2) 连续不断地投篮,直到投中为止。

(3) 一个口袋中有 5 只外形完全相同的球,编号分别为 $1,2,3,4,5$,从中同时取 3 只球。

(4) 电视机的寿命。

2. 设 A,B,C 为三个事件,用 A,B,C 的运算关系表示下列各事件。

(1) A 发生,B 与 C 不发生。

(2) A,B,C 都发生。

(3) A,B,C 都不发生。

(4) A,B,C 中至少有一个发生。

(5) A,B,C 中至少有两个发生。

(6) A,B,C 中不多于两个发生。

3. 化简下列各式。

(1) $(A{\cup}B){\cap}(A{\cup}\overline{B})$。

(2) $(A{\cup}B){\cap}(A{\cup}\overline{B}){\cap}(\overline{A}{\cup}B)$。

(3) $(A{\cup}B){\cap}(B{\cup}C)$。

4. 设 A,B 是两个事件且 $P(A)=0.6,P(B)=0.7$。

(1) 在什么条件下 $P(AB)$ 取到最大值？最大值是多少？

(2) 在什么条件下 $P(AB)$ 取到最小值？最小值是多少？

5. 设 A,B,C 是三个事件，且 $P(A)=P(B)=P(C)=\dfrac{1}{4}$，$P(AB)=P(BC)=0$，$P(AB)=\dfrac{1}{8}$。求 A,B,C 至少有一个发生的概率。

6. 一部五卷文集任意地排列到书架上，求卷号自左向右或自右向左恰好为 $1,2,3,4,5$ 的顺序的概率。

7. 一批产品包括 45 件正品、5 件次品，从中任取 3 件产品，求其中恰好有 1 件次品的概率。

8. 从 $0,1,2,\cdots,9$ 中任取四个不同的数字，计算它们能组成一个四位偶数的概率。

9. 有 10 把钥匙，其中有 3 把能打开门，任取两把，求能打开门的概率。

10. 一袋中装有 $N-1$ 只黑球和 1 只白球，每次从袋中随机抽取 1 只球，并换入 1 只黑球，这样继续下去，问第 k 次取出的是黑球的概率是多少？

11. 已知 $P(\bar{A})=0.3$，$P(B)=0.4$，$P(A\bar{B})=0.5$，求 $P(B\mid A\cup\bar{B})$。

12. 已知 $P(A)=\dfrac{1}{4}$，$P(B\mid A)=\dfrac{1}{3}$，$P(A\mid B)=\dfrac{1}{2}$，求 $P(A\cup B)$。

13. 已知 $P(A)=P(B)=0.4$，$P(A\cup B)=0.5$，试计算 $P(A\mid B)$，$P(A-B)$，$P(A\mid\bar{B})$。

14. 已知在 10 个晶体管中有 2 个次品，在其中取两次，每次随机取 1 个，进行不放回抽样，求下列事件的概率。

(1) 2 个都是正品。

(2) 2 个都是次品。

(3) 1 个是正品，1 个是次品。

(4) 第二次取出的是次品。

15. 两人约定上午 9:00—10:00 在公园会面，求一人要等另一人 0.5 小时以上的概率。

16. 从 $(0,1)$ 中随机地取两个数，求两个数之和小于 $\dfrac{6}{5}$ 的概率。

17. 甲、乙两个体育协会各有排球、足球、篮球队各一支。同类球队进行比赛时协会甲的各队胜协会乙的各队的概率为 $0.8,0.4,0.4$（不可能平局）。若一个协会在三次比赛中至少胜两次就算获胜，两协会获胜的概率各是多少？

18. 一批零件共 100 个，次品率为 10%，每次从中任取一个零件，取后不放回。如果取到一个合格品就不再取下去，求在三次内取到合格品的概率。

19. 甲、乙、丙三个车间加工同一种零件，它们加工的数量分别占零件总数的 10%，60%，30%。已知甲、乙、丙三个车间的次品率分别为 $4\%,5\%,7\%$，现从加工出的零件中任取一件，求取到的是次品的概率。

20. 由医学统计数据分析可知，人群中由患某种病菌引起的疾病的人数占总人数的 0.5%。一种血液化验以 95% 的概率将患有此疾病的人检查出呈阳性，但也以 1% 的概率误将不患此疾病的人检验出呈阳性。现设某人检查出呈阳性反应，他确患有此疾病的概率是多少？

21. 玻璃杯成箱出售，每箱 20 只，假设各箱含 0,1,2 只残次品的概率相应地为 0.8,0.1 和 0.1。一顾客欲买一箱玻璃杯，在购买时，顾客随机地查看 4 只，若无残次品，则买下该箱玻璃杯，否则退回，试求下列事件的概率。

（1）顾客买下该箱玻璃杯。

（2）在顾客买下的一箱玻璃杯中，没有残次品。

22. 对同一目标进行 3 次独立射击，第 1 次、第 2 次、第 3 次射击的命中率分别为 0.4，0.5,0.7。在这 3 次射击中，求下列事件的概率。

（1）恰好有 1 次命中目标。

（2）至少有 1 次命中目标。

23. 设 4 个独立工作的元件 1,2,3,4，它们的可靠性分别为 p_1,p_2,p_3,p_4。按如图 1-9 所示方式连接成系统，求这一系统的可靠性。

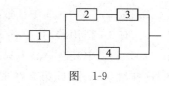

图 1-9

24. 设一枚深水炸弹击沉一艘潜水艇的概率为 $\frac{1}{3}$，击伤的概率为 $\frac{1}{2}$，击不中的概率为 $\frac{1}{6}$，并设击伤两次会导致潜水艇下沉，求施放 4 枚深水炸弹能击沉潜水艇的概率。

25. 设某型号的高射炮，每一门炮发射一发炮弹击中飞机的概率为 0.6，现在若干门炮同时发射，每门炮发射一发炮弹。要以 99% 的把握击中来犯的一架飞机，至少需配置几门高射炮？

26. 根据以往记录的数据分析，某船只运输某种物品损坏的情况共有三种：损坏 2%（记为 A_1），损坏 10%（记为 A_2），损坏 90%（记为 A_3）。已知 $P(A_1)=0.8$，$P(A_2)=0.15$，$P(A_3)=0.05$。现在从已被运输的物品中随机地取 3 件，发现这 3 件都是好的（记为 B）。试求 $P(A_1|B)$。

27. 福彩"3D"彩票是以一个三位自然数为投注号码的彩票，投注者从 000～999 的数字中选择一个三位数进行投注。"3D"通过指定的专用摇奖器摇出一个三位数，构成"3D"彩票的中奖号码。现在有一人坚持一年连续每天（除法定节假日外）单选投注一个号码，共计投注了 250 张彩票，试计算一下他从未中奖的概率。

28. 设电灯泡的耐用时数在 1 000 小时以上的概率为 0.2。若有 3 个灯泡是相互独立使用的，求这 3 个灯泡在使用 1 000 小时以后最多有一个损坏的概率。

第二章　随机变量及其分布

在第一章研究的随机试验中,有些试验的结果可以用数来表示,如抛骰子的试验,样本空间 Ω 的元素全都是数,这给我们的研究和描述带来很多方便。当然,也有很多试验的结果不是数,例如,抛一枚均匀的硬币,其样本空间 $\Omega=\{H,T\}$,这里样本点 H 表示正面向上,T 表示反面向上,结果不是数。但我们可以指定数1与 H 对应,数0与 T 对应,即用变量 X 表示该试验的结果,$X=1$ 表示正面向上,$X=0$ 表示反面向上,这样试验的结果也与数建立起联系。把随机试验的结果数量化,使其更便于进行定量的数学处理,因此引进随机变量的概念。

在这一章中,我们主要讨论一维随机变量及其分布。

第一节　随机变量

定义 2.1　设随机试验的样本空间 $\Omega=\{\omega\}$。$X=X\{\omega\}$ 是定义在样本空间 Ω 上的实值单值函数。称 $X=X\{\omega\}$ 为随机变量。

本书中,我们一般以大写的字母如 $X,Y,Z,W,\cdots$ 表示随机变量,而以小写字母 $x,y,z,w,\cdots$ 表示实数。

【例 2-1】　一射手向靶子进行了一次射击,考察他命中靶的情况,可能结果:$\omega_0=$ "未命中",$\omega_1=$ "命中 1 环",$\cdots$,$\omega_{10}=$ "命中 10 环",样本空间 $\Omega=\{\omega_0,\omega_1,\omega_2,\cdots,\omega_{10}\}$。在 Ω 上定义一个实值单值函数 $X=X\{\omega\}$:当 $\omega=\omega_i$ 时,$X\{\omega\}=i(i=0,1,2,\cdots,10)$,因此,$X\{\omega\}$ 是随机变量。

【例 2-2】　公共汽车站每隔 5 分钟有一辆汽车通过,在考察乘客候车时间的试验中,每位乘客的候车时间可能是 $[0,5)$ 中的任何一个数。若用 X 表示候车时间(单位:分钟),则可引入一个随机变量 $X=X(t)=t(t\in[0,5))$。

随机变量的取值随试验的结果而定,而试验的各个结果的出现有一定的概率,因而随机变量的取值也有一定的概率。例如,在抛硬币的试验中,X 取值 1 记作 $\{X=1\}$,X 取值 0 记作 $\{X=0\}$,分别表示正面向上及反面向上。显然,$P\{X=1\}=\dfrac{1}{2}$,$P\{X=0\}=\dfrac{1}{2}$。

随机变量 X 随着试验结果的不同而取不同的值,由于试验的结果是随机的,因而随机变量 X 的取值也是随机的。这些性质显示了随机变量与普通函数有本质差异。

随机变量是概率论中最重要的概念之一,它的产生是概率论发展史上的重大事件。引入随机变量后,对随机现象统计规律性的研究,就由对事件及其概率的研究转化为对随机变量及其取值规律的研究,就能更加方便地使用微积分等近代数学工具对随机现象进行广泛、深入的研究,使概率论成为一门真正的数学学科。

根据随机变量取值方式的不同对其进行分类,一类是可能取值为有限个或可列无限多个的离散型随机变量,另一类是非离散型随机变量,它又可分为连续型随机变量和既非离散又非连续的混合型随机变量。非离散型随机变量的范围很广,情况复杂,其中最重要且在实际中最常用的是连续型随机变量。本书只讨论离散型随机变量和连续型随机变量。

第二节　离散型随机变量及其分布

设离散型随机变量 X 的所有可能取值为 $x_1, x_2, \cdots$。要掌握一个离散型随机变量 X 的统计规律,不但要知道 X 的所有可能取值,更要知道它取每一个可能值的概率是多少。

定义 2.2 设离散型随机变量 X 的所有可能取值为 $x_k(k=1,2,\cdots)$,X 取各个可能值的概率,即事件 $\{X=x_k\}$ 的概率为

$$P\{X=x_k\}=p_k, \quad k=1,2,\cdots \tag{2-1}$$

称(2-1)式为离散型随机变量 X 的概率分布或分布律。

由概率的定义,离散型随机变量的分布律显然满足以下两个条件:

$$p_k \geqslant 0, \quad k=1,2,\cdots \tag{2-2}$$

$$\sum_{k=1}^{\infty} p_k = 1 \tag{2-3}$$

离散型随机变量的分布律也常用表格的形式来表示:

X	x_1	x_2	$\cdots$	x_n	$\cdots$
p_k	p_1	p_2	$\cdots$	p_n	$\cdots$

此表格直观地表示了随机变量 X 取各个值的概率规律,X 取各个值的概率合起来是1。

知道了离散型随机变量的分布律,也就不难计算随机变量落在某一区间内的概率,因此,分布律全面地描述了离散型随机变量的统计规律。

【例 2-3】 某系统有两台机器相互独立地运转。第一台机器与第二台机器发生故障的概率分别为 0.1 与 0.2。以 X 表示系统中发生故障的机器数,求:

(1) X 的分布律;

(2) $P\{X \leqslant 1\}$。

解 (1) 设 A_i 表示事件"第 i 台机器发生故障"($i=1,2$),则

$$P\{X=0\}=P(\overline{A}_1\overline{A}_2)=0.9 \times 0.8=0.72$$

$$P\{X=1\}=P(A_1\overline{A}_2)+P(\overline{A}_1A_2)=0.1 \times 0.8+0.9 \times 0.2=0.26$$

$$P\{X=2\}=P(A_1A_2)=0.1 \times 0.2=0.02$$

故所求分布律为

X	0	1	2
p_k	0.72	0.26	0.02

(2) $P\{X\leqslant1\}=P\{X=0\}+P\{X=1\}=0.72+0.26=0.98$。

下面介绍三种重要的离散型随机变量的分布。

(一) 两点分布

设随机变量 X 只有两个可能的取值 x_1,x_2，且其分布律为

$$P\{X=x_1\}=p,\quad P\{X=x_2\}=1-p,\quad 0<p<1$$

则称 X 为两点分布。

特别地，如果 X 只取 0,1 两个值，其分布律为

$$P\{X=k\}=p^k(1-p)^{1-k},\quad k=0,1,0<p<1 \tag{2-4}$$

则称 X 服从参数为 p 的 $(0-1)$ 分布。

$(0-1)$ 分布的分布律也可写成

X	0	1
p_k	$1-p$	p

对于只有两种可能结果的随机试验均可用两点分布来描述。例如，检查产品的质量是否合格；对新生婴儿性别进行登记；记录彩票中奖与否；抛硬币观察正、反面情况。

【例 2-4】　袋内有 6 个白球、7 个红球，从中一次性摸出两球，记

$$X=\begin{cases}0, & 两球全是红球 \\ 1, & 两球不全是红球\end{cases}$$

显然，X 服从 $(0-1)$ 分布，其分布律为

X	0	1
p_k	$\dfrac{7}{26}$	$\dfrac{19}{26}$

(二) 二项分布

在 n 重伯努利试验中，每次试验中事件 A 发生的概率为 $p(0<p<1)$。若以随机变量 X 表示 n 次独立重复试验中事件 A 发生的次数，则 X 的可能取值为 $0,1,\cdots,n$，且对每一个可能值 $k(0\leqslant k\leqslant n)$，根据伯努利概型，有

$$P\{X=k\}=C_n^k p^k q^{n-k},\ q=1-p,\quad k=0,1,2,\cdots,n \tag{2-5}$$

这时，称随机变量 X 服从参数为 n,p 的二项分布，记为 $X\sim b(n,p)$。

显然，(2-5)式满足分布律以下两个基本条件。

(1) $P\{X=k\}\geqslant 0(k=0,1,2,\cdots,n)$。

(2) 由二项展开式知

$$\sum_{k=0}^{n}C_n^k p^k (1-p)^{n-k}=[p+(1-q)]^n=(p+q)^n=1$$

这也正是称此分布为二项分布的原因。

当 $n=1$ 时,二项分布转化为两点分布,可记作 $X\sim b(1,p)$,即 $P\{X=k\}=p^k q^{1-k}$ $(k=0,1)$。

【例 2-5】 甲、乙两棋手约定进行 10 局比赛,以赢的局数多者为胜。设在每局中甲赢的概率为 0.6,乙赢的概率为 0.4。如果各局比赛是独立进行的,试问甲胜、乙胜、不分胜负的概率各为多少?

解 设 X 表示 10 局比赛中甲赢的局数,则 $X\sim b(10,0.6)$,所以

$$P\{甲胜\}=P\{X\geqslant 6\}=\sum_{k=6}^{10}C_{10}^k 0.6^k 0.4^{10-k}=0.633\ 0$$

$$P\{乙胜\}=P\{X\leqslant 4\}=\sum_{k=0}^{4}C_{10}^k 0.6^k 0.4^{10-k}=0.166\ 3$$

$$P\{不分胜负\}=P\{X=5\}=C_{10}^5 0.6^5 0.4^5=0.200\ 7$$

可见甲胜的可能性达 63.30%,而乙胜的可能性只有 16.63%,它比不分胜负的可能性 20.07% 还要小。

【例 2-6】 已知某类产品的次品率为 0.2,现从一大批这类产品中随机地抽查 20 件,问恰好有 k 件($k=0,1,2,\cdots,20$)次品的概率是多少?

解 这是不放回抽样。但由于这批产品的总数很大,且抽查的产品的数目相对于产品的总数来说又很小,因而可以当作放回抽样来处理。这样做会有一些误差,但误差不大。我们将检查一件产品是否为次品看作一次试验,检查 20 件产品相当于做 20 重伯努利试验。以 X 记抽出的 20 件产品的次品数,那么,X 是一个随机变量,且有 $X\sim b(20,0.2)$,故所求的概率为

$$P\{X=k\}=C_{20}^k 0.2^k 0.8^{20-k},\quad k=0,1,2,\cdots,20$$

将计算结果列表如下:

k	$P\{X=k\}$	k	$P\{X=k\}$
0	0.012	6	0.109
1	0.058	7	0.055
2	0.137	8	0.022
3	0.205	9	0.007
4	0.218	10	0.002
5	0.175	$\geqslant 11$	<0.001

为了对本题的结果有一个直观了解,我们作出上表的图形,如图 2-1 所示。

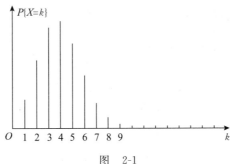

图　2-1

从图 2-1 中可以看出,当 k 增加时,概率 $P\{X=k\}$ 先是随之增加,直至达到最大值(本例题当 $k=4$ 时取到最大值),随后单调减少。一般地,对于固定的 n 及 p,二项分布 $b(n,p)$ 都有类似的性质。

【例 2-7】 某药医治某病的治愈率为 80%,今用该药治病 20 例。试求:

(1) 有患者未被治愈的概率;

(2) 恰有 2 例未被治愈的概率;

(3) 未被治愈的不超过 2 例的概率。

解　在大量的人群中任选 20 人服药治疗,观察各患者是否未被治愈,就相当于做了 20 次独立重复试验,每次试验均考察事件 $A=\{$患者未被治愈$\}$ 是否发生的伯努利概型,因为治愈率为 80%,则未被治愈率为 20%,即 $P(A)=0.2$。这即是 $n=20,p=0.2$ 的伯努利试验。设

$$X=\{20 \text{ 人中未被治愈的人数}\}$$

由(2-5)式得

$$P\{X=k\}=C_{20}^{k}0.2^{k}0.8^{20-k}, \quad k=0,1,2,\cdots,n$$

(1) 有人未被治愈就是至少有 1 人未被治愈,故所求概率为

$$P\{X\geqslant 1\}=\sum_{k=1}^{20}C_{20}^{k}0.2^{k}0.8^{20-k}=1-P\{X=0\}=1-0.8^{20}=0.988\ 5$$

(2) 恰有 2 例未被治愈的概率为

$$P\{X=2\}=C_{20}^{2}0.2^{2}0.8^{18}=0.136\ 9$$

(3) 未被治愈的人不超过 2 人的概率为

$$P\{X\leqslant 2\}=\sum_{k=0}^{2}C_{20}^{k}0.2^{k}0.8^{20-k}=0.011\ 5+0.057\ 6+0.136\ 9=0.206\ 0$$

实际计算上述概率时,还可利用二项分布表(见附录中的附表 2)。此时,只需对 $n=20,p=0.2$,直接查表得

$$P_{1}=P\{X\geqslant 1\}=0.988\ 47$$

$$P_{2}=P\{X=2\}=P\{X\geqslant 2\}-P\{X\geqslant 3\}=0.930\ 82-0.793\ 92=0.136\ 90$$

$$P_{3}=P\{X\leqslant 2\}=1-P\{X\geqslant 3\}=1-0.793\ 92=0.206\ 08$$

（三）泊松分布

设随机变量 X 的可能取值为 $0,1,2,\cdots$，而取各个值的概率为

$$P\{X=k\}=\frac{\lambda^k e^{-\lambda}}{k!}, \quad k=0,1,2,\cdots \tag{2-6}$$

其中，$\lambda>0$ 是常数，则称 X 服从参数为 λ 的泊松分布，记为 $X\sim\pi(\lambda)$。

显然，(2-6)式满足分布律的两个基本性质。

（1）$P\{X=k\}\geqslant0(k=0,1,2,\cdots)$。

（2）$\displaystyle\sum_{k=0}^{\infty}P\{X=k\}=\sum_{k=0}^{\infty}\frac{\lambda^k e^{-\lambda}}{k!}=e^{-\lambda}\sum_{k=0}^{\infty}\frac{\lambda^k}{k!}=e^{-\lambda}e^{\lambda}=1$。

服从泊松分布的随机变量在实际应用中有很多。例如，一批产品中的废品数；某地区居民中活到百岁的人数；某地区一个时间间隔内发生交通事故的次数；某本书一页上的印刷错误数等都近似地服从泊松分布。

下面介绍一个用泊松分布来逼近二项分布的定理。

定理 2.1（泊松定理）　在 n 重伯努利试验中，以 p_n（与试验次数 n 有关）表示每次试验中事件 A 发生的概率，若 $\displaystyle\lim_{n\to\infty}np_n=\lambda$（$\lambda$ 为常数），则对任意确定非负整数 k，有

$$\lim_{n\to\infty}C_n^k p_n^k(1-p_n)^{n-k}=\frac{\lambda^k e^{-\lambda}}{k!}$$

证　记 $np_n=\lambda_n$，有 $p_n=\dfrac{\lambda_n}{n}$，$\displaystyle\lim_{n\to\infty}\lambda_n=\lambda$，则

$$C_n^k p_n^k(1-p_n)^{n-k}=\frac{n(n-1)\cdots(n-k+1)}{k!}\left(\frac{\lambda_n}{n}\right)^k\left(1-\frac{\lambda_n}{n}\right)^{n-k}$$

$$=\frac{\lambda_n^k}{k!}\left[1\cdot\left(1-\frac{1}{n}\right)\cdots\left(1-\frac{k-1}{n}\right)\right]\left(1-\frac{\lambda_n}{n}\right)^n\left(1-\frac{\lambda_n}{n}\right)^{-k}$$

对于任意固定的非负整数 k，当 $n\to\infty$ 时，有

$$1\cdot\left(1-\frac{1}{n}\right)\cdots\left(1-\frac{k-1}{n}\right)\to1, \quad \left(1-\frac{\lambda_n}{n}\right)^n\to e^{-\lambda}, \quad \left(1-\frac{\lambda_n}{n}\right)^{-k}\to1$$

从而

$$\lim_{n\to\infty}C_n^k p_n^k(1-p_n)^{n-k}=\frac{\lambda^k e^{-\lambda}}{k!}$$

泊松定理说明，当 n 很大时，由于 $np_n=\lambda$ 为常数，所以 p_n 必定很小，因此，当 n 很大、p 很小时，有以下近似公式：

$$C_n^k p^k(1-p)^{n-k}\approx\frac{\lambda^k e^{-\lambda}}{k!}, \quad \lambda=np \tag{2-7}$$

【例 2-8】　计算机硬件公司制造某种特殊型号的微型芯片，次品率达 0.1%，各芯片成

为次品相互独立。求在 1 000 只产品中至少有 2 只次品的概率。

解 设以 X 记产品中的次品数，$X \sim b(1\,000, 0.001)$，所求概率为

$$P\{X \geqslant 2\} = 1 - P\{X=0\} - P\{X=1\}$$
$$= 1 - (0.999)^{1\,000} - C_{1\,000}^{1}(0.999)^{999}(0.001)$$
$$= 1 - 0.367\,695\,4 - 0.368\,063\,5 = 0.264\,241\,1$$

利用(2-7)式来计算，当 $n \geqslant 20$，$p \leqslant 0.05$ 时，用 $\dfrac{\lambda^k e^{-\lambda}}{k!}$ 作为 $C_n^k p^k (1-p)^{n-k}$ 的近似值比较合适。$\lambda = 1\,000 \times 0.001 = 1$，直接查附录中的附表 3 可得

$$P\{X \geqslant 2\} = 1 - P\{X < 2\} = 1 - P\{X \leqslant 1\}$$
$$\approx 1 - \sum_{k=0}^{1} \frac{1^k}{k!} e^{-1} \approx 1 - 0.735\,8 = 0.264\,2$$

显然利用(2-7)式的计算来得方便。

【例 2-9】 商店的历史销售记录表明，某种商品每月的销售量服从参数为 $\lambda = 5$ 的泊松分布。为了以 95% 以上的概率保证该商品不脱销，问商店在月底至少应进该商品多少件？

解 设商店每月销售某种商品 X 件，月底的进货量为 n 件，由题意，$X \sim \pi(5)$，且有

$$P\{X \leqslant n\} > 0.95$$

由附录中的附表 3 知

$$P\{X \leqslant 9\} \approx \sum_{k=0}^{9} \frac{5^9}{9!} e^{-5} \approx 0.968\,2 > 0.95$$

所以 $n = 9$ 件，这家商店只要在月底进货该种商品 9 件（假定上个月没有库存），就可以 95% 的概率保证这种商品在下个月内不会脱销。

第三节　随机变量的分布函数

对于离散型随机变量，可用概率分布来全面描述其统计规律性，但对于非离散型随机变量 X，由于其可能取的值不能一一列举出来，故不能像离散型随机变量那样用分布律来描述它。实际上，对于非离散型随机变量，往往要求的是随机变量落在某个区间的概率。为此，我们引入随机变量的分布函数的概念，并进一步研究它的基本性质。

定义 2.3 设 X 是一个随机变量，x 是任意实数，函数

$$F(x) = P\{X \leqslant x\}, \quad -\infty < x < +\infty$$

称为 X 的分布函数，记为 $F(x)$ 或 $F_X(x)$。

分布函数 $F(x)$ 的几何直观解释：若将 X 看成数轴上随机点的坐标，则分布函数 $F(x)$ 在点 x 处的函数值就表示 X 落在区间 $(-\infty, x]$ 内的概率。

分布函数是一个普通的函数,因此我们就可以更充分有效地利用数学工具来研究随机变量。

分布函数 $F(x)$ 具有以下基本性质。

(1) 单调不减性,即对于任意实数 $x_1,x_2(x_1<x_2)$,有

$$0 \leqslant P\{x_1<X \leqslant x_2\} = P\{X \leqslant x_2\} - P\{X \leqslant x_1\} = F(x_2) - F(x_1) \qquad (2-8)$$

(2) 有界性,$0 \leqslant F(x) \leqslant 1$,且

$$F(-\infty) = \lim_{x \to -\infty} F(x) = 0, \quad F(+\infty) = \lim_{x \to +\infty} F(x) = 1$$

(3) 右连续性,即 $F(x+0) = F(x)$。

由性质(1)可得,若已知随机变量 X 的分布函数,就可知 X 落在任一区间 $(x_1,x_2]$ 上的概率,从这个意义上说,分布函数完整地描述了随机变量的统计规律性。

当离散型随机变量 X 的分布函数给定时,一些常用事件的概率可以用 $F(x)$ 来表示:

$$P\{a<X \leqslant b\} = P\{X \leqslant b\} - P\{X \leqslant a\} = F(b) - F(a)$$
$$P\{X>a\} = 1 - P\{X \leqslant a\} = 1 - F(a)$$
$$P\{X=a\} = F(a) - F(a-0)$$

其中,$F(a-0) = \lim_{x \to a-0} F(x)$ 为 $F(x)$ 在 $x=a$ 点的左极限。

【例 2-10】 设随机变量 X 的分布律为

X	-1	0	1
p_k	$\dfrac{1}{4}$	$\dfrac{1}{2}$	$\dfrac{1}{4}$

求 X 的分布函数 $F(x)$,并求 $P\left\{X \leqslant -\dfrac{1}{2}\right\}, P\left\{-\dfrac{1}{2}<X \leqslant \dfrac{1}{2}\right\}, P\{0 \leqslant X \leqslant 1\}$。

解 由概率的有限可加性,可得

$$F(x) = \begin{cases} 0, & x<-1 \\ \dfrac{1}{4}, & -1 \leqslant x<0 \\ \dfrac{1}{4}+\dfrac{1}{2}=\dfrac{3}{4}, & 0 \leqslant x<1 \\ \dfrac{1}{4}+\dfrac{1}{2}+\dfrac{1}{4}=1, & x \geqslant 1 \end{cases}$$

$$P\left\{X \leqslant -\dfrac{1}{2}\right\} = F\left(-\dfrac{1}{2}\right) = \dfrac{1}{4}$$

$$P\left\{-\dfrac{1}{2}<X \leqslant \dfrac{1}{2}\right\} = F\left(\dfrac{1}{2}\right) - F\left(-\dfrac{1}{2}\right) = \dfrac{3}{4} - \dfrac{1}{4} = \dfrac{1}{2}$$

$$P\{0 \leqslant X \leqslant 1\} = F(1) - F(0) + P\{X=0\} = 1 - \dfrac{3}{4} + \dfrac{1}{2} = \dfrac{3}{4}$$

如果离散型随机变量 X 的分布律为

$$P\{X=x_k\}=p_k, \quad k=1,2,\cdots$$

由概率的可列可加性得 X 的分布函数为

$$F(x)=P\{X\leqslant x\}=\sum_{x_k\leqslant x}P\{X=x_k\}$$

即

$$F(x)=\sum_{x_k\leqslant x}p_k \tag{2-9}$$

引入分布函数后,离散型随机变量与非离散型随机变量的分布得到了统一完整的描述。此外,分布函数是一个普通的实值函数,具有良好的分析性质(如单调不减性、有界性、右连续性),这就为利用微积分等数学工具解决概率统计问题奠定了基础。分布函数在随机现象和高等数学之间起到了桥梁和纽带的作用。

第四节　连续型随机变量及其分布

前面通过分布律(或分布函数)描述离散型随机变量的统计规律。而在非离散型随机变量中,最重要的就是连续型随机变量,又知道离散型随机变量与连续型随机变量的取值方式不同,那么,如何描述连续型随机变量的概率分布呢?

定义 2.4　如果对于随机变量 X 的分布函数 $F(x)$,存在非负可积函数 $f(x)$,使对于任意实数 x 有

$$F(x)=\int_{-\infty}^{x}f(t)\mathrm{d}t \tag{2-10}$$

则称 X 为连续型随机变量,$f(x)$ 称为 X 的概率密度函数,简称概率密度。

由定义知道,概率密度 $f(x)$ 具有以下性质。

(1) 非负性,即 $f(x)\geqslant 0$。

(2) 规范性,即 $\int_{-\infty}^{+\infty}f(x)\mathrm{d}x=1$。

(3) 对于任意实数 $x_1,x_2(x_1<x_2)$,有

$$P\{x_1<X\leqslant x_2\}=F(x_2)-F(x_1)=\int_{x_1}^{x_2}f(x)\mathrm{d}x$$

(4) 若 $f(x)$ 在点 x 连续,则有 $F'(x)=f(x)$。

由 $f(x)$ 的性质(2)可知,介于曲线 $y=f(x)$ 与 $x=0$ 之间的面积等于1(见图2-2)。由性质(3)知,X 落在区间 $(x_1,x_2]$ 上的概率 $P\{x_1<X\leqslant x_2\}$ 等于区间 $(x_1,x_2]$ 上曲线 $y=f(x)$ 对应的曲边梯形的面积(见图2-3)。

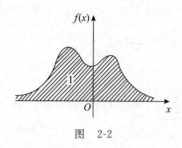

图 2-2

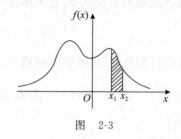

图 2-3

由性质(4)可知,在 $f(x)$ 的连续点 x 处有

$$f(x) = F'(x) = \lim_{\Delta x \to 0^+} \frac{F(x+\Delta x)-F(x)}{\Delta x} = \lim_{\Delta x \to 0^+} \frac{P\{x \leqslant X \leqslant x+\Delta x\}}{\Delta x}$$

这种形式恰与物理学中线密度的定义相类似,这也正是为什么称 $f(x)$ 为概率密度的原因。

需要注意的是,对于连续型随机变量 X 来说,它取任一给定值 x_0 的概率为 0,即

$$P\{X = x_0\} = 0$$

这是因为,对于 $\Delta x > 0$,有

$$\{X = x_0\} \subset \{x_0 - \Delta x < X \leqslant x_0\}$$

故

$$0 \leqslant P\{X = x_0\} \leqslant P\{x_0 - \Delta x < X \leqslant x_0\} = F(x_0) - F(x_0 - \Delta x)$$

由于 $F(x)$ 连续,所以 $\lim\limits_{\Delta x \to 0} F(x_0 - \Delta x) = F(x_0)$,当 $\Delta x \to 0$ 时,由夹逼准则得

$$P\{X = x_0\} = 0$$

由此可见,对连续型随机变量 X,有

(1) $P\{a \leqslant X < b\} = P\{a < X \leqslant b\} = P\{a \leqslant X \leqslant b\} = P\{a < X < b\}$;

(2) 概率为 0 的事件不一定是不可能事件,概率为 1 的事件不一定是必然事件。

【例 2-11】 设随机变量 X 具有概率密度

$$f(x) = \begin{cases} kx, & 0 \leqslant x < 3 \\ 2 - \dfrac{x}{2}, & 3 \leqslant x \leqslant 4 \\ 0, & 其他 \end{cases}$$

试求:(1) 常数 k;(2) X 的分布函数 $F(x)$;(3) $P\left\{1 < X \leqslant \dfrac{7}{2}\right\}$。

解 (1) 由 $\int_{-\infty}^{+\infty} f(x) \mathrm{d}x = 1$,得

$$\int_0^3 kx \, \mathrm{d}x + \int_3^4 \left(2 - \frac{x}{2}\right) \mathrm{d}x = 1$$

解得 $k = \dfrac{1}{6}$，故 X 的概率密度为

$$f(x) = \begin{cases} \dfrac{x}{6}, & 0 \leqslant x < 3 \\[2mm] 2 - \dfrac{x}{2}, & 3 \leqslant x \leqslant 4 \\[2mm] 0, & \text{其他} \end{cases}$$

（2）当 $x < 0$ 时，$F(x) = P\{X \leqslant x\} = \displaystyle\int_{-\infty}^{x} f(t)\,\mathrm{d}t = 0$

当 $0 < x \leqslant 3$ 时，$F(x) = P\{X \leqslant x\} = \displaystyle\int_{-\infty}^{x} f(t)\,\mathrm{d}t$

$$= \int_{-\infty}^{0} f(t)\,\mathrm{d}t + \int_{0}^{x} f(t)\,\mathrm{d}t$$

$$= \int_{0}^{x} \frac{t}{6}\,\mathrm{d}t = \frac{x^2}{12}$$

当 $3 \leqslant x < 4$ 时，$F(x) = P\{X \leqslant x\} = \displaystyle\int_{-\infty}^{x} f(t)\,\mathrm{d}t$

$$= \int_{-\infty}^{0} f(t)\,\mathrm{d}t + \int_{0}^{3} f(t)\,\mathrm{d}t + \int_{3}^{x} f(t)\,\mathrm{d}t$$

$$= \int_{0}^{3} \frac{t}{6}\,\mathrm{d}t + \int_{3}^{x} \left(2 - \frac{t}{2}\right)\mathrm{d}t$$

$$= -\frac{x^2}{4} + 2x - 3$$

当 $x \geqslant 4$ 时，$F(x) = P\{X \leqslant x\} = \displaystyle\int_{-\infty}^{x} f(t)\,\mathrm{d}t$

$$= \int_{-\infty}^{0} f(t)\,\mathrm{d}t + \int_{0}^{3} f(t)\,\mathrm{d}t + \int_{3}^{4} f(t)\,\mathrm{d}t + \int_{4}^{x} f(t)\,\mathrm{d}t$$

$$= \int_{0}^{3} \frac{t}{6}\,\mathrm{d}t + \int_{3}^{4} \left(2 - \frac{t}{2}\right)\mathrm{d}t = 1$$

故

$$F(x) = \begin{cases} 0, & x < 0 \\[2mm] \dfrac{x^2}{12}, & 0 \leqslant x < 3 \\[2mm] -\dfrac{x^2}{4} + 2x - 3, & 3 \leqslant x < 4 \\[2mm] 1, & x \geqslant 4 \end{cases}$$

（3）$P\left\{1 < X \leqslant \dfrac{7}{2}\right\} = F\left(\dfrac{7}{2}\right) - F(1) = \dfrac{41}{48}$

【例 2-12】 设随机变量 X 的分布函数为

$$F(x)=\begin{cases}0, & x<0 \\ Ax^2, & 0\leqslant x<1 \\ 1, & x\geqslant 1\end{cases}$$

求：(1) 常数 A；(2) X 的概率密度。

解 (1) 由于连续型随机变量的分布函数是连续的,故

$$1=F(1)=\lim_{x\to 1^-}F(x)=\lim_{x\to 1^-}Ax^2=A$$

即 $A=1$。于是

$$F(x)=\begin{cases}0, & x<0 \\ x^2, & 0\leqslant x<1 \\ 1, & x\geqslant 1\end{cases}$$

(2) $$f(x)=F'(x)=\begin{cases}2x, & 0<x<1 \\ 0, & \text{其他}\end{cases}$$

下面介绍三种重要的连续型随机变量。

（一）均匀分布

若连续型随机变量 X 具有概率密度

$$f(x)=\begin{cases}\dfrac{1}{b-a}, & a<x<b \\ 0, & \text{其他}\end{cases} \tag{2-11}$$

则称 X 在区间 (a,b) 上服从均匀分布,记为 $X\sim U(a,b)$。

易知 $f(x)\geqslant 0$,且 $\int_{-\infty}^{+\infty}f(x)\mathrm{d}x=1$。

在区间 (a,b) 上服从均匀分布的随机变量 X,落在区间 (a,b) 中的任意等长度的子区间内的可能性是相同的。或者说它落在 (a,b) 的子区间内的概率只依赖于子区间的长度而与子区间的位置无关。事实上,对于任一长度为 l 的子区间 $(c,c+l]$,$a\leqslant c<c+l\leqslant b$,有

$$P\{c<X\leqslant c+l\}=\int_c^{c+l}f(x)\mathrm{d}x=\int_c^{c+l}\frac{1}{b-a}\mathrm{d}x=\frac{l}{b-a}$$

由(2-11)式得 X 的分布函数为

$$F(x)=\begin{cases}0, & x<a \\ \dfrac{x-a}{b-a}, & a\leqslant x<b \\ 1, & x>b\end{cases} \tag{2-12}$$

$f(x)$ 及 $F(x)$ 的图形分别如图 2-4 和图 2-5 所示。

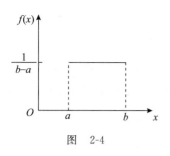

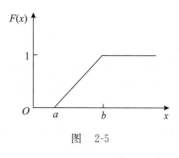

图 2-4   图 2-5

在数值计算中,由于四舍五入,小数点后第一位小数所引起的误差 X,一般可以看作一个在 $[-0.5, 0.5]$ 上服从均匀分布的随机变量。又如在 $[a, b]$ 中随机掷质点,用 X 表示质点的坐标,也可以把 X 看作一个在 $[a, b]$ 上服从均匀分布的随机变量。

【例 2-13】 设随机变量 X 服从 $(0, 10)$ 上的均匀分布,现对 X 进行 4 次独立观测,试求至少有 3 次观测值大于 5 的概率。

解 设随机变量 Y 是 4 次独立观测中观测值大于 5 的次数,则 $Y \sim b(4, p)$,其中 $p = P\{X > 5\}$。由 $X \sim U(0, 10)$,知 X 的概率密度为

$$f(x) = \begin{cases} \dfrac{1}{10}, & 0 < x < 10 \\ 0, & \text{其他} \end{cases}$$

所以

$$p = P\{X > 5\} = \int_5^{10} \frac{1}{10} \mathrm{d}x = \frac{1}{2}$$

于是

$$P\{Y \geqslant 3\} = \mathrm{C}_4^3 p^3 (1-p) + \mathrm{C}_4^4 p^4 = 4 \times \left(\frac{1}{2}\right)^4 + \left(\frac{1}{2}\right)^4 = \frac{5}{16}$$

(二) 指数分布

若连续型随机变量 X 的概率密度为

$$f(x) = \begin{cases} \dfrac{1}{\theta} \mathrm{e}^{-\frac{x}{\theta}}, & x > 0 \\ 0, & \text{其他} \end{cases} \tag{2-13}$$

其中,$\theta > 0$ 为常数,则称 X 服从参数为 θ 的指数分布。

易知 $f(x) \geqslant 0$,且

$$\int_{-\infty}^{+\infty} f(x) \mathrm{d}x = \int_0^{+\infty} \frac{1}{\theta} \mathrm{e}^{-\frac{x}{\theta}} \mathrm{d}x = -\mathrm{e}^{-\frac{x}{\theta}} \Big|_0^{+\infty} = -(0 - 1) = 1$$

由 (2-13) 式容易得到随机变量 X 的分布函数为

$$F(x) = \begin{cases} 1 - e^{-\frac{x}{\theta}}, & x > 0 \\ 0, & \text{其他} \end{cases} \tag{2-14}$$

指数分布通常用来近似地表示各种"寿命"分布。例如,电子元件的寿命、动物的寿命等,电话的通话时间、各种随机服务系统的服务时间等都可认为服从指数分布。

【例 2-14】 已知某种电子元件的寿命 X(单位:h)服从参数为 $\theta = 1\,000$ 的指数分布,求 3 个这样的元件使用 1 000h 至少有一个损坏的概率。

解 由题意,X 的概率密度为

$$f(x) = \begin{cases} \dfrac{1}{1\,000} e^{-\frac{x}{1\,000}}, & x > 0 \\ 0, & \text{其他} \end{cases}$$

于是

$$P\{X > 1\,000\} = \int_{1\,000}^{+\infty} f(x)\,\mathrm{d}x = e^{-1}$$

各元件的寿命是否超过 1 000h 是独立的,因此 3 个元件使用 1 000h 都未损坏的概率为 e^{-3},从而至少有一个损坏的概率为 $1 - e^{-3}$。

指数分布还具有无记忆性,即对于任意 $s, t > 0$,有

$$P\{X > s + t \mid X > s\} = P\{X > t\} \tag{2-15}$$

事实上,根据条件概率的定义,有

$$P\{X > s + t \mid X > s\} = \frac{P\{X > s + t, X > s\}}{P\{X > s\}} = \frac{P\{X > s + t\}}{P\{X > s\}}$$

$$= \frac{1 - F(s + t)}{1 - F(s)} = \frac{e^{-\frac{s+t}{\theta}}}{e^{-\frac{s}{\theta}}} = e^{-\frac{t}{\theta}} = P\{X > t\}$$

假设 X 为某动物的寿命,则(2-15)式意味着,如果该动物的年龄为 s 岁,则它再活 t 年的概率与年龄 s 无关,即对于过去的时间 s 没有记忆。所以,人们常风趣地称指数分布是"永远年轻的"。

(三) 正态分布

若连续型随机变量 X 的概率密度为

$$f(x) = \frac{1}{\sqrt{2\pi}\,\sigma} e^{-\frac{(x-\mu)^2}{2\sigma^2}}, \quad -\infty < x < +\infty \tag{2-16}$$

其中,$\mu, \sigma(\sigma > 0)$ 为常数,则称 X 服从参数为 μ, σ 的正态分布或高斯分布,记为 $X \sim N(\mu, \sigma^2)$。

易知:(1) $f(x) \geqslant 0$;(2) $\displaystyle\int_{-\infty}^{+\infty} f(x)\,\mathrm{d}x = 1$。

此处只证明(2)。根据(2-16)式,令 $\dfrac{x - \mu}{\sigma} = t$,得

$$\int_{-\infty}^{+\infty} \frac{1}{\sqrt{2\pi}\,\sigma} e^{-\frac{(x-\mu)^2}{2\sigma^2}} dx = \frac{1}{\sqrt{2\pi}} \int_{-\infty}^{+\infty} e^{-\frac{t^2}{2}} dt$$

利用广义积分 $\int_0^{+\infty} e^{-x^2} dx = \frac{\sqrt{\pi}}{2}$,有

$$\int_{-\infty}^{+\infty} e^{-\frac{t^2}{2}} dt = \sqrt{2\pi}$$

于是

$$\frac{1}{\sqrt{2\pi}\,\sigma} \int_{-\infty}^{+\infty} e^{-\frac{(x-\mu)^2}{2\sigma^2}} dx = 1$$

参数 μ,σ 的意义将在第四章中说明。

$f(x)$ 的图形如图 2-6 所示,它具有以下性质。

(1) 曲线关于 $x=\mu$ 对称。这表明对于任意 $h>0$ 有 $P\{\mu-h<X\leqslant\mu\}=P\{\mu<X\leqslant\mu+h\}$。

(2) 当 $x=\mu$ 时取到最大值 $f(\mu)=\dfrac{1}{\sqrt{2\pi}\,\sigma}$。$x$ 离 μ 越远,$f(x)$ 的值越小。这表明对于同样长度的区间,当区间离 μ 越远,X 落在这个区间上的概率越小。

(3) 在 $x=\mu\pm\sigma$ 处曲线有拐点,且以 Ox 轴为水平渐近线。

(4) 如果固定 σ,改变 μ 的值,则图形沿 Ox 轴平移,而不改变其形状(见图 2-6),可见正态分布的概率密度曲线 $y=f(x)$ 的位置完全由参数 μ 所确定,μ 称为位置参数;如果固定 μ,改变 σ,由于最大值 $f(\mu)=\dfrac{1}{\sqrt{2\pi}\,\sigma}$,可知当 σ 越小时,图形变得越陡峭(见图 2-7),因而 X 落在 μ 附近的概率越大。

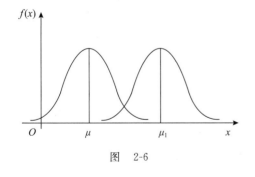

图 2-6

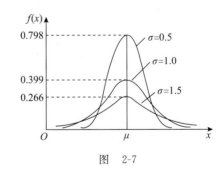

图 2-7

由(2-16)式得 X 的分布函数为(见图 2-8)

$$F(x) = \frac{1}{\sqrt{2\pi}\,\sigma} \int_{-\infty}^{x} e^{-\frac{(t-\mu)^2}{2\sigma^2}} dt, \quad -\infty < x < +\infty \tag{2-17}$$

正态分布是概率论与数理统计中最重要、最常见的分布之一。例如,理论与实践都证

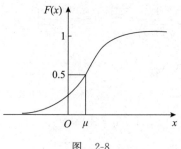

图 2-8

明测量误差 X 服从正态分布 $N(0,\sigma^2)$，σ 的大小反映了测量的精度；射击对中心点的横向偏差与纵向偏差分别服从正态分布；机械制造过程中发生的误差；人的身高；海洋波浪的高度；电子管中的噪声电流和电压等，都相当准确地服从这种"中间大，两头小"的正态分布。正态分布在理论研究和实际应用中都占有十分重要的地位。

特别地，当 $\mu=0$，$\sigma=1$ 时称随机变量 X 服从标准正态分布，记为 $X\sim N(0,1)$，其概率密度和分布函数分别用 $\varphi(x)$ 及 $\Phi(x)$ 表示，即有

$$\varphi(x)=\frac{1}{\sqrt{2\pi}}\mathrm{e}^{-\frac{x^2}{2}}, \quad -\infty<x<+\infty \tag{2-18}$$

$$\Phi(x)=\frac{1}{\sqrt{2\pi}}\int_{-\infty}^{x}\mathrm{e}^{-\frac{t^2}{2}}\mathrm{d}t, \quad -\infty<x<+\infty \tag{2-19}$$

易知

$$\Phi(-x)=1-\Phi(x) \tag{2-20}$$

人们已编制了 $\Phi(x)$ 的函数表，可供查用（见附录中的附表 4）。

一般地，若 $X\sim N(\mu,\sigma^2)$，则 $Z=\dfrac{X-\mu}{\sigma}\sim N(0,1)$。

事实上，$Z=\dfrac{X-\mu}{\sigma}$ 的分布函数为

$$P\{Z\leqslant x\}=P\left\{\frac{X-\mu}{\sigma}\leqslant x\right\}=P\{X\leqslant\mu+\sigma x\}$$

$$=\frac{1}{\sqrt{2\pi}\sigma}\int_{-\infty}^{\mu+\sigma x}\mathrm{e}^{-\frac{(t-\mu)^2}{2\sigma^2}}\mathrm{d}t$$

令 $\dfrac{t-\mu}{\sigma}=u$，得

$$P\{Z\leqslant x\}=\frac{1}{\sqrt{2\pi}}\int_{-\infty}^{x}\mathrm{e}^{-\frac{u^2}{2}}\mathrm{d}u=\Phi(x)$$

由此知 $Z=\dfrac{X-\mu}{\sigma}\sim N(0,1)$。

于是，若 $X\sim N(\mu,\sigma^2)$，则它的分布函数 $F(x)$ 可写成

$$F(x) = P\{X \leqslant x\} = P\left\{\frac{X-\mu}{\sigma} \leqslant \frac{x-\mu}{\sigma}\right\} = \Phi\left(\frac{x-\mu}{\sigma}\right) \tag{2-21}$$

对于任意区间$(x_1, x_2]$,有

$$P\{x_1 < X \leqslant x_2\} = P\left\{\frac{x_1-\mu}{\sigma} < \frac{X-\mu}{\sigma} \leqslant \frac{x_2-\mu}{\sigma}\right\}$$

$$= \Phi\left(\frac{x_2-\mu}{\sigma}\right) - \Phi\left(\frac{x_1-\mu}{\sigma}\right) \tag{2-22}$$

例如,设 $X \sim N(1.5, 4)$,可得

$$P\{-1 \leqslant X \leqslant 2\} = P\left\{\frac{-1-1.5}{2} \leqslant \frac{X-1.5}{2} \leqslant \frac{2-1.5}{2}\right\}$$

$$= \Phi(0.25) - \Phi(-1.25)$$

$$= \Phi(0.25) - [1 - \Phi(1.25)]$$

$$= 0.598\,7 - 1 + 0.894\,4$$

$$= 0.493\,1$$

设 $X \sim N(\mu, \sigma^2)$,则查附录中的附表 4 可得

$$P\{\mu-\sigma < X < \mu+\sigma\} = \Phi(1) - \Phi(-1) = 2\Phi(1) - 1 = 68.26\%$$

$$P\{\mu-2\sigma < X < \mu+2\sigma\} = \Phi(2) - \Phi(-2) = 2\Phi(2) - 1 = 95.44\%$$

$$P\{\mu-3\sigma < X < \mu+3\sigma\} = \Phi(3) - \Phi(-3) = 2\Phi(3) - 1 = 99.74\%$$

我们看到,尽管正态分布的取值范围是$(-\infty, +\infty)$,但它的值落在$(\mu-3\sigma, \mu+3\sigma)$内几乎是肯定的事。这就是人们所说的"$3\sigma$"法则。

【例 2-15】 公共汽车车门的高度是按成年男子与车门碰头的机会不超过 1‰来设计的。设男子身高(单位:cm)服从 $\mu=170, \sigma=6$ 的正态分布,即 $X \sim N(170, 6^2)$,问车门高度应如何确定?

解 设车门高度为 h,由题意知 $P\{X \geqslant h\} \leqslant 0.01$ 或 $P\{X < h\} \geqslant 0.99$,且 $X \sim N(170, 6^2)$,故

$$P\{X < h\} = P\left\{\frac{X-170}{6} < \frac{h-170}{6}\right\} = \Phi\left(\frac{h-170}{6}\right) \geqslant 0.99$$

查附录中的附表 4 得

$$\Phi(2.33) = 0.990\,1 > 0.99$$

故取$\dfrac{h-170}{6} = 2.33$,即 $h = 184$。设计车门高度为 184cm 时,可使成年男子与车门碰头的机会不超过 1‰。

【例 2-16】 电源电压在不超过 200V、200~240V 和超过 240V 这三种情况下,元件损

坏的概率分别为 $0.1,0.01$ 和 0.2。设电源电压 X 服从正态分布 $N(220,25^2)$。求元件损坏的概率。

解 事件 $\{X \leqslant 200\}$，$\{200 < X \leqslant 240\}$，$\{X > 240\}$ 构成样本空间的一个划分。由 $X \sim N(220,25^2)$，可得

$$P\{X \leqslant 200\} = P\left\{\frac{X-220}{25} \leqslant \frac{200-220}{25}\right\} = \Phi(-0.8) = 1 - \Phi(0.8) = 0.211\ 9$$

$$P\{200 < X \leqslant 240\} = P\left\{\frac{200-220}{25} < \frac{X-220}{25} \leqslant \frac{240-220}{25}\right\}$$
$$= \Phi(0.8) - \Phi(-0.8) = 2\Phi(0.8) - 1 = 0.576\ 3$$

$$P\{X > 240\} = P\left\{\frac{X-220}{25} > \frac{240-220}{25}\right\} = 1 - \Phi(0.8) = 0.211\ 9$$

设 A 表示元件损坏，由全概率公式

$$P(A) = P\{X \leqslant 200\}P\{A \mid X \leqslant 200\} + P\{200 < X \leqslant 240\}P\{A \mid 200 < X \leqslant 240\}$$
$$+ P\{X > 240\}P\{A \mid X > 240\}$$
$$= 0.211\ 9 \times 0.1 + 0.576\ 3 \times 0.01 + 0.211\ 9 \times 0.2$$
$$= 0.069\ 333$$

为了便于今后在数理统计中的应用，我们引入上 α 分位点的定义。

设 $X \sim N(0,1)$，若 u_α 满足条件

$$P\{X > u_\alpha\} = \alpha, \quad 0 < \alpha < 1$$

则称点 u_α 为标准正态分布的上 α 分位点（或上侧 α 临界值）（见图 2-9）。

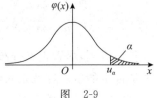

图 2-9

例如，由附录中的附表 5 可得 $u_{0.05} = 1.645$，$u_{0.01} = 2.326$，即 1.645 和 2.326 分别是标准正态分布的上 0.05 分位点和上 0.01 分位点。由标准正态分布密度曲线的对称性可知 $u_{1-\alpha} = -u_\alpha$。

第五节　随机变量函数的分布

在很多实际问题中，人们不仅关心随机变量的分布，也关心随机变量函数的分布。例如，某电影院每场售出的门票数 X 是一个随机变量，如果门票只有一个价格，每张 50 元，则该场票房收入 $Y = 50X$ 就是售出门票的函数。

设 $g(x)$ 是定义在随机变量 X 的所有可能取值 x 构成的集合上的函数，当 X 取值为 x 时，Y 的取值为 $g(x)$，则称随机变量 Y 是随机变量 X 的函数，记作 $Y = g(X)$。

对于随机变量 $Y = g(X)$，本节将讨论如何由已知的 X 的分布求得 Y 的分布。这类问题既普遍又重要，下面分别就离散型随机变量和连续型随机变量两种情况进行讨论。

【例 2-17】 设随机变量 X 具有以下的分布律。

X	-1	0	1
p_k	$\dfrac{1}{4}$	$\dfrac{1}{2}$	$\dfrac{1}{4}$

试求 $Y=X^2$ 的分布律。

解　Y 所有可能取的值为 $0,1$,由

$$P\{Y=0\}=\{X^2=0\}=P\{X=0\}=\frac{1}{2}$$

$$P\{Y=1\}=P\{X^2=1\}=P\{X=-1\}+P\{X=1\}=\frac{1}{4}+\frac{1}{4}=\frac{1}{2}$$

即得 Y 的分布律为

Y	0	1
p_k	$\dfrac{1}{2}$	$\dfrac{1}{2}$

一般地,连续型随机变量的分布函数不一定是连续型随机变量,在此我们重点讨论连续型随机变量的分布函数仍是连续型随机变量的情形。

设连续型随机变量 X 的概率密度函数为 $f_X(x)$,则随机变量 $Y=g(X)$ 的概率密度函数 $f_Y(y)$ 可按下面的分布函数法求得,具体步骤如下。

(1) 根据分布函数的定义求得 Y 的分布函数 $F_Y(y)$,有

$$F_Y(y)=P\{Y\leqslant y\}=P\{g(X)\leqslant y\}=\int_{\{x\,|\,g(x)\leqslant y\}}f_X(x)\mathrm{d}x$$

(2) 对分布函数求导,可得概率密度函数,即 $f_Y(y)=F'_Y(y)$。

【例 2-18】　设随机变量 X 具有概率密度

$$f(x)=\begin{cases}\mathrm{e}^{-x}, & x>0 \\ 0, & \text{其他}\end{cases}$$

求 $Y=X^2$ 的概率密度。

解　设 Y 的分布函数为 $F_Y(y)$,由于 $Y=X^2\geqslant 0$,故当 $y\leqslant 0$ 时,$F_Y(y)=0$。当 $y>0$ 时,有

$$F_Y(y)=P\{Y\leqslant y\}=P\{X^2\leqslant y\}=P\{-\sqrt{y}\leqslant X\leqslant\sqrt{y}\}$$

$$=\int_0^{\sqrt{y}}\mathrm{e}^{-x}\mathrm{d}x=1-\mathrm{e}^{-\sqrt{y}}$$

于是 Y 的概率密度为

$$f_Y(y)=F'_Y(y)=\begin{cases}\dfrac{1}{2\sqrt{y}}\mathrm{e}^{-\sqrt{y}}, & y>0 \\ 0, & \text{其他}\end{cases}$$

【**例 2-19**】 设 $X \sim N(0,1)$，已知 $f_X(x) = \dfrac{1}{\sqrt{2\pi}} e^{-\frac{x^2}{2}}$（$-\infty < x < +\infty$），求 $Y = X^2$ 的概率密度。

解 设 X,Y 的分布函数为 $F_X(x), F_Y(y)$。由 $Y = X^2 \geqslant 0$，故当 $y \leqslant 0$ 时，$F_Y(y) = 0$。当 $y > 0$ 时，有

$$F_Y(y) = P\{Y \leqslant y\} = P\{X^2 \leqslant y\} = P\{-\sqrt{y} \leqslant X \leqslant \sqrt{y}\} = F_X(\sqrt{y}) - F_X(-\sqrt{y})$$

于是有

$$
f_Y(y) = F_Y'(y) =
\begin{cases}
\dfrac{1}{2\sqrt{y}}[f_X(\sqrt{y}) + f_X(-\sqrt{y})], & y > 0 \\[2mm]
0, & \text{其他}
\end{cases}
$$

$$
=
\begin{cases}
\dfrac{1}{2\sqrt{y}}\left(\dfrac{1}{\sqrt{2\pi}} e^{-\frac{y}{2}} + \dfrac{1}{\sqrt{2\pi}} e^{-\frac{y}{2}}\right), & y > 0 \\[2mm]
0, & \text{其他}
\end{cases}
$$

$$
=
\begin{cases}
\dfrac{1}{\sqrt{2\pi}} y^{-\frac{1}{2}} e^{-\frac{y}{2}}, & y > 0 \\[2mm]
0, & \text{其他}
\end{cases}
$$

一般情况下均可由上述方法求出随机变量的函数的分布。对于 $Y = g(X)$，其中 $g(x)$ 是严格单调函数的特殊情况，我们给出下面定理。

定理 2.2 设随机变量 X 具有概率密度 $f_X(x)$（$-\infty < x < +\infty$），函数 $g(x)$ 处处可导且恒有 $g'(x) > 0$（或恒有 $g'(x) < 0$），则 $Y = g(X)$ 是连续型随机变量，其概率密度为

$$
f_Y(y) =
\begin{cases}
f_X[h(y)]|h'(y)|, & \alpha < y < \beta \\
0, & \text{其他}
\end{cases}
\tag{2-23}
$$

其中，$\alpha = \min\{g(-\infty), g(+\infty)\}$，$\beta = \max\{g(-\infty), g(+\infty)\}$，$h(y)$ 是 $g(x)$ 的反函数。

证 我们只证 $g'(x) > 0$ 的情况，此时 $g(x)$ 在 $(-\infty, +\infty)$ 严格单调增加，它的反函数 $h(y)$ 存在，且在 (α, β) 严格单调增加、可导。分别记 X, Y 的分布函数为 $F_X(x), F_Y(y)$。现在先来求 Y 的分布函数 $F_Y(y)$。

因为 $Y = g(X)$ 在 (α, β) 取值，故当 $y \leqslant \alpha$ 时，$F_Y(y) = P\{Y \leqslant y\} = 0$；当 $y \geqslant \beta$ 时，$F_Y(y) = P\{Y \leqslant y\} = 1$。

当 $\alpha < y < \beta$ 时，有

$$F_Y(y) = P\{Y \leqslant y\} = P\{g(X) \leqslant y\} = P\{X \leqslant h(y)\} = F_X[h(y)]$$

将 $F_Y(y)$ 关于 y 求导数，即得 Y 的概率密度

$$
f_Y(y) =
\begin{cases}
f_X[h(y)]h'(y), & \alpha < y < \beta \\
0, & \text{其他}
\end{cases}
\tag{2-24}
$$

对于 $g'(x) < 0$ 的情况可以同样地证明，此时有

$$f_Y(y) = \begin{cases} f_X[h(y)][-h'(y)], & \alpha < y < \beta \\ 0, & \text{其他} \end{cases} \tag{2-25}$$

综合上述两式,定理得证。

【例 2-20】 已知随机变量 $X \sim N(0,1)$,试求 $Y = -X$ 的概率密度。

解 由于 $X \sim N(0,1)$,故

$$f_X(x) = \frac{1}{\sqrt{2\pi}} e^{-\frac{x^2}{2}}, \quad -\infty < x < +\infty$$

函数 $y = -x$ 在 $(-\infty, +\infty)$ 上单调可导,其反函数为 $x = h(y) = -y$,因 $h'(y) = -1$,于是 Y 的概率密度为

$$f_Y(y) = |-1| f_X(-y) = \frac{1}{\sqrt{2\pi}} e^{-\frac{y^2}{2}}, \quad -\infty < y < +\infty$$

习 题 二

一、填空题

1. 设随机变量 X 的分布函数为

$$F(x) = P\{X \leqslant x\} = \begin{cases} 0, & x < -1 \\ 0.3, & -1 \leqslant x < 1 \\ 0.8, & 1 \leqslant x < 3 \\ 1, & x \geqslant 3 \end{cases}$$

则 X 的分布律为

X	-1	1	3
p_k	____	____	____

2. 已知 $X \sim N(2, \sigma^2)$,又 $P\{2 < X < 4\} = 0.3$,求 $P\{X < 0\} = $ _____。

二、选择题

1. 设离散型随机变量 X 的概率分布为

$$P\{X = k\} = ab^k, \quad k = 1, 2, \cdots$$

其中,$a > 0, b > 0$ 为常数,则下列结论中正确的是( )。

  A. b 是大于零的任意实数   B. $b = a + 1$

  C. $b = \dfrac{1}{1+a}$ D. $\dfrac{1}{a-1}$

2. 设 $\varphi(x)$ 为连续型随机变量的概率密度,则下列结论中一定正确的是( )。

  A. $0 \leqslant \varphi(x) \leqslant 1$ B. $\varphi(x)$ 在定义域内单调不减

C. $\int_{-\infty}^{+\infty}\varphi(x)\mathrm{d}x=1$ D. $\lim\limits_{x\to+\infty}\varphi(x)=1$

3. 设随机变量 X 的概率密度为 $f(x)=\begin{cases}x, & 0\leqslant x<1\\ 2-x, & 1\leqslant x\leqslant 2, \\ 0, & 其他\end{cases}$ 则 $P\{0.5<X<3\}=($)。

A. $\dfrac{7}{8}$ B. $\dfrac{1}{8}$

C. $\dfrac{1}{2}$ D. $\dfrac{1}{4}$

4. 设服从 $N(0,1)$ 分布的随机变量 X 的分布函数为 $F(x)$。如果 $F(1)=0.84$,则 $P\{|x|\leqslant 1\}$ 的值是( )。

A. 0.25 B. 0.68

C. 0.13 D. 0.20

5. 正态分布有两个参数 μ 和 σ,( )相应的正态曲线的形状越偏平。

A. μ 越大 B. σ 越大

C. μ 越小 D. σ 越小

三、计算题

1. 有一批产品分一、二、三级,其中一级品是二级品的两倍,三级品是二级品的一半。从这批产品中随机地抽取一个检验质量,用随机变量描述检验的可能结果,写出它的分布律。

2. 盒中装有大小相等的 10 个球,编号分别为 $0,1,2,\cdots,9$。从中任取 1 个,观察号码是"小于 5""等于 5""大于 5"的情况,试定义一个随机变量,求其分布律及分布函数。

3. 已知 X 的分布律为

X	-1	1
p_k	$\dfrac{1}{3}$	$\dfrac{2}{3}$

求 $P\{-1\leqslant x<1\}$。

4. 一批产品包括 10 件正品、3 件次品,有放回地抽取,每次抽取一件,直到取到正品为止。假定每件产品被取到的机会相同,求抽取次数 X 的分布律。

5. 设随机变量 $X\sim b(2,p)$,$Y\sim b(3,p)$,若 $P\{X\geqslant 1\}=\dfrac{5}{9}$,求 $P\{Y\geqslant 1\}$。

6. 某设备由 3 个独立工作的元件构成,该设备在一次试验中每个元件发生故障的概率为 0.1,试求该设备在一次试验中发生故障的元件数的分布律。

7. 设有同类型机器 300 台,各机器的工作相互独立,且发生故障的概率为 0.01。通常一台机器的故障可由一名工人排除,至少要配备多少台维修工人,才能保证当机器发生故障而不能及时排除的概率小于 0.01?

8. 设袋中有标号为 $-1,1,1,2,2,2$ 的 6 个球,从中任取一球,试求下列问题。

(1) 所取得的球的标号数 X 的分布律。

(2) 随机变量 X 的分布函数。

(3) $P\left\{X\leqslant\frac{1}{2}\right\},P\left\{1<X\leqslant\frac{3}{2}\right\},P\left\{1\leqslant X\leqslant\frac{3}{2}\right\}$。

9. 设随机变量 X 服从泊松分布,已知 $P\{X=1\}=2P\{X=2\}$,试求 $P\{X=3\}$。

10. 电话总机每分钟收到呼唤的次数服从参数为 4 的泊松分布。试求下述概率。

(1) 1 分钟恰有 8 次呼唤。

(2) 某 1 分钟的呼唤次数大于 3。

11. 以 X 表示某商店从早晨开始营业起到第一个顾客到达的等待时间(以分钟计),X 的分布函数是 $F(x)=\begin{cases}1-\mathrm{e}^{-0.4x}, & x>0 \\ 0, & \text{其他}\end{cases}$,试求下述概率。

(1) $P\{$至多 3 分钟$\}$。

(2) $P\{$至少 4 分钟$\}$。

(3) $P\{$3 分钟至 4 分钟之间$\}$。

(4) $P\{$至多 3 分钟或至少 4 分钟$\}$。

(5) $P\{$恰好 2.5 分钟$\}$。

12. 设 X 的分布函数为

$$F(x)=\begin{cases}0, & x<0 \\ \dfrac{x}{2}, & 0\leqslant x<1 \\ x-\dfrac{1}{2}, & 1\leqslant x<1.5 \\ 1, & x\geqslant 1.5\end{cases}$$

求 $P\{0.4<X\leqslant1.3\},P\{X>0.5\},P\{1.7<X\leqslant2\}$ 及概率密度 $f(x)$。

13. 设连续型随机变量 X 的概率密度为

$$f(x)=\begin{cases}\dfrac{C}{\sqrt{1-x^2}}, & |x|<1 \\ 0, & \text{其他}\end{cases}$$

试求:(1) 常数 C;(2) X 的分布函数;(3) X 落在 $\left(-\dfrac{1}{2},\dfrac{1}{2}\right)$ 内的概率。

14. 已知随机变量 X 的概率密度为

$$f(x)=\begin{cases}k|x-a|, & c\leqslant x\leqslant d \\ 0, & \text{其他}\end{cases}, \quad a>0,c<a<d$$

求常数 k。

15. 已知随机变量 X 服从 $[0,1]$ 上的均匀分布,求 $P\left\{X^2-\dfrac{3}{4}X+\dfrac{1}{8}\geqslant0\right\}$。

16. 设某元件的寿命(单位:h)的概率密度为

$$f(x) = \begin{cases} \dfrac{1\,000}{x^2}, & x \geqslant 1\,000 \\ 0, & x < 1\,000 \end{cases}$$

一台设备中有 3 个这样的元件,试求下述概率。

(1) 最初 1 500h 内没有一个损坏。

(2) 最初 1 500h 内只有一个损坏。

17. 设 K 在 $(1,6)$ 上服从均匀分布,试求方程 $x^2 + Kx + 1 = 0$ 有实根的概率。

18. 设随机变量 X 的概率密度为

$$f(x) = \begin{cases} 2x, & 0 < x < 1 \\ 0, & \text{其他} \end{cases}$$

以 Y 表示对 X 的三次独立重复观察中事件 $\left\{ X \leqslant \dfrac{1}{2} \right\}$ 出现的次数,试求 $P\{Y=2\}$。

19. 设 $X \sim N(3,2^2)$。

(1) 求 $P\{2 < X \leqslant 5\}, P\{-4 < X \leqslant 10\}, P\{|X| > 2\}, P\{X > 3\}$。

(2) 确定 c 使得 $P\{X > c\} = P\{X \leqslant c\}$。

(3) 设 d 满足 $P\{X > d\} \geqslant 0.9$,问 d 至多为多少?

20. 已知 $X \sim N(2,\sigma^2)$,且 $P\{1 < X < 3\} = 0.682\,6$,求 $P\{|X-1| \leqslant 2\}$。

21. 假设某科统考的学生成绩 X 近似地服从正态分布,即 $X \sim N(70,15^2)$,第 100 名的成绩为 55 分,问第 20 名的成绩为多少分?

22. 设随机变量 $X \sim N(0,1)$,问方程 $t^2 + 2Xt + 4 = 0$ 没有实根的概率是多少?

23. 设随机变量 X 具有以下的分布律。

X	-2	0	2	3
p_k	0.2	0.2	0.3	0.3

试求:(1) $Y = -2X + 1$ 的分布律;(2) $Y = X^2$ 的分布律。

24. 设随机变量 X 在 $(0,1)$ 服从均匀分布。

(1) 求 $Y = e^X$ 的概率密度。

(2) 求 $Y = -2\ln X$ 的概率密度。

25. 已知随机变量 X 的概率密度为 $f(x) = \dfrac{1}{2} e^{-|x|}$ $(-\infty < x < +\infty)$,且 $Y = X^2$,求 Y 的概率密度。

26. 设 X 是在 $[0,1]$ 上取值的连续型随机变量,且 $P\{X \leqslant 0.29\} = 0.75$。如果 $Y = 1 - X$,试决定 k,使得 $P\{Y \leqslant k\} = 0.25$。

27. 设随机变量 X 在 $\left[-\dfrac{\pi}{2}, \dfrac{\pi}{2} \right]$ 上服从均匀分布,求随机变量 $Y = \cos X$ 的概率密度。

第三章　多维随机变量及其分布

在第二章中,我们讨论了一维随机变量,但在有些随机现象中,某些随机试验的结果只用一个随机变量来描述是不够的。例如,要研究儿童的生长发育情况,仅研究其身高或仅研究其体重都是片面的,需把身高和体重作为一个整体来考虑。又如,考虑飞机在飞行过程中的空间位置,需要知道其经度、纬度及地面高度。本章将主要讨论二维随机变量及其分布,再推广到 n 维随机变量的情况。

第一节　二维随机变量

一、二维随机变量的定义及其分布函数

定义 3.1　设 E 是一个随机试验,它的样本空间是 $\Omega=\{\omega\}$,设 $X=X\{\omega\}$ 和 $Y=Y\{\omega\}$ 是定义在 Ω 上的随机变量,由它们构成的一个向量 (X,Y),叫二维随机向量或二维随机变量。

对于二维随机变量 (X,Y),不仅要研究每个分量的性质,而且要研究分量间的关系,因此需要将 (X,Y) 作为一个整体来进行研究。与一维随机变量相似,为了研究二维随机变量,也要引入二维随机变量分布函数。

定义 3.2　设 (X,Y) 是二维随机变量,对于任意实数 x,y,二元函数
$$F(x,y)=P\{(X\leqslant x)\bigcap(Y\leqslant y)\}$$
称为二维随机变量 (X,Y) 的分布函数,或称为随机变量 X 和 Y 的联合分布函数。

一般地,我们把 $P\{(X\leqslant x)\bigcap(Y\leqslant y)\}$ 简记成 $P\{X\leqslant x,Y\leqslant y\}$。

如果将二维随机变量 (X,Y) 看作平面上随机点的坐标,那么,分布函数 $F(x,y)$ 在 (x,y) 处的函数值就是随机点 (X,Y) 落在如图 3-1 所示的、以点 (x,y) 为顶点且位于该点左下方的无穷矩形域内的概率。

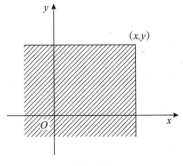

图　3-1

借助于图 3-2,点 (X,Y) 落入任一矩形域 $G=\{(x,y)|x_1<x\leqslant x_2,y_1<y\leqslant y_2\}$ 的概率为

$$P\{x_1<X\leqslant x_2,y_1<Y\leqslant y_2\}$$
$$=F(x_2,y_2)-F(x_2,y_1)-F(x_1,y_2)+F(x_1,y_1) \tag{3-1}$$

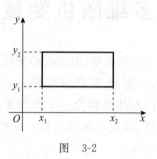

图 3-2

分布函数 $F(x,y)$ 具有以下基本性质。

(1) $F(x,y)$ 是变量 x 和 y 的不减函数,即对于任意固定的 y,当 $x_2>x_1$ 时,$F(x_2,y)\geqslant F(x_1,y)$;对于任意固定的 x,当 $y_2>y_1$ 时,$F(x,y_2)\geqslant F(x,y_1)$。

(2) $0\leqslant F(x,y)\leqslant 1$;对于任意固定的 y,$F(-\infty,y)=\lim\limits_{x\to-\infty}F(x,y)=0$;对于任意固定的 x,$F(x,-\infty)=\lim\limits_{y\to-\infty}F(x,y)=0$;$F(-\infty,-\infty)=\lim\limits_{\substack{x\to-\infty\\y\to-\infty}}F(x,y)=0$,$F(+\infty,+\infty)=\lim\limits_{\substack{x\to+\infty\\y\to+\infty}}F(x,y)=1$。

(3) $F(x+0,y)=F(x,y)$,$F(x,y+0)=F(x,y)$,即 $F(x,y)$ 关于 x 右连续,关于 y 也右连续。

(4) 对于任意 (x_1,y_1),(x_2,y_2),$x_1<x_2,y_1<y_2$,下述不等式成立。

$$F(x_2,y_2)-F(x_2,y_1)-F(x_1,y_2)+F(x_1,y_1)\geqslant 0$$

这一性质由(3-1)式及概率的非负性即可得。

注:满足上述四条性质的二元函数可作为某个二维随机变量的分布函数;满足前三条性质但不满足性质(4)的二元函数一定不是二维随机变量的分布函数,如:

$$F(x,y)=\begin{cases}0,&x+y<0\\1,&x+y\geqslant 0\end{cases}$$

满足性质(1)、(2)、(3),但

$$F(1,1)-F(1,-1)-F(-1,1)+F(-1,-1)=1-1-1+0=-1<0$$

即它不满足性质(4),故 $F(x,y)$ 不能成为某二维随机变量的分布函数。

二、二维离散型随机变量

定义 3.3 若二维随机变量 (X,Y) 可能取的值是有限对或可列无限多对,则称 (X,Y) 是二维离散型随机变量。

设二维离散型随机变量 (X,Y) 所有可能的值为 $(x_i,y_j)(i,j=1,2,\cdots)$。记

$$P\{X=x_i, Y=y_j\} = p_{ij}, \quad i,j=1,2,\cdots \qquad (3\text{-}2)$$

则由概率的定义有：

(1) $p_{ij} \geqslant 0(i,j=1,2,\cdots)$；

(2) $\sum\limits_{i=1}^{\infty}\sum\limits_{j=1}^{\infty} p_{ij} = 1$。

称(3-2)式为二维离散型随机变量(X,Y)的分布律，或称为随机变量 X 和 Y 的联合分布律。联合分布律也可用表格来表示：

Y \ X	x_1	x_2	$\cdots$	x_i	$\cdots$
y_1	p_{11}	p_{21}	$\cdots$	p_{i1}	$\cdots$
y_2	p_{12}	p_{22}	$\cdots$	p_{i2}	$\cdots$
$\vdots$	$\vdots$	$\vdots$	$\vdots$	$\vdots$	$\vdots$
y_j	p_{1j}	p_{2j}	$\cdots$	p_{ij}	$\cdots$
$\vdots$	$\vdots$	$\vdots$	$\vdots$	$\vdots$	$\vdots$

【例 3-1】 袋中有 2 个白球和 3 个黑球，现采用不放回抽样方式从中依次摸出两球，设

$$X=\begin{cases}1, & \text{第一次摸出白球}\\ 0, & \text{第一次摸出黑球}\end{cases}, \quad Y=\begin{cases}1, & \text{第二次摸出白球}\\ 0, & \text{第二次摸出黑球}\end{cases}$$

试求(X,Y)的分布律。

解 (X,Y)可能取到的值只有 4 对：$(0,0),(0,1),(1,0),(1,1)$，利用古典概率的计算公式求得

$$P\{X=0,Y=0\} = \frac{3\times 2}{5\times 4} = \frac{3}{10}$$

$$P\{X=0,Y=1\} = \frac{3\times 2}{5\times 4} = \frac{3}{10}$$

$$P\{X=1,Y=0\} = \frac{3\times 2}{5\times 4} = \frac{3}{10}$$

$$P\{X=1,Y=1\} = \frac{2\times 1}{5\times 4} = \frac{1}{10}$$

故(X,Y)的分布律用表格表示为

Y \ X	0	1
0	$\dfrac{3}{10}$	$\dfrac{3}{10}$
1	$\dfrac{3}{10}$	$\dfrac{1}{10}$

将 (X,Y) 看作一个随机点的坐标,那么离散型随机变量 X 和 Y 的联合分布函数为

$$F(x,y) = \sum_{x_i \leqslant x} \sum_{y_j \leqslant y} p_{ij} \tag{3-3}$$

这里和式是对一切满足 $x_i \leqslant x, y_j \leqslant y$ 的 i,j 来求和的。

三、二维连续型随机变量

定义 3.4 设随机变量 (X,Y) 的分布函数为 $F(x,y)$,如果存在非负可积函数 $f(x,y)$,使得对于任意 x,y 有

$$F(x,y) = \int_{-\infty}^{y} \int_{-\infty}^{x} f(u,v) \mathrm{d}u \mathrm{d}v$$

则称 (X,Y) 是二维连续型随机变量,$f(x,y)$ 为二维随机变量 (X,Y) 的概率密度函数,简称为概率密度,或称为随机变量 X 和 Y 的联合概率密度。

概率密度 $f(x,y)$ 具有以下性质。

(1) $f(x,y) \geqslant 0$。

(2) $\int_{-\infty}^{+\infty} \int_{-\infty}^{+\infty} f(x,y) \mathrm{d}x \mathrm{d}y = 1$。

(3) 若 G 是 xOy 平面上的区域,点 (X,Y) 落在 G 内的概率为

$$P\{(X,Y) \in G\} = \iint\limits_{G} f(x,y) \mathrm{d}x \mathrm{d}y \tag{3-4}$$

(4) 若 $f(x,y)$ 在点 (x,y) 处连续,则有

$$\frac{\partial^2 F(x,y)}{\partial x \partial y} = f(x,y)$$

由性质(3)可知,通过概率密度可获得随机点 (X,Y) 落入任一可积区域 G 内的概率,所以,我们将通过概率密度来掌握二维随机变量的分布规律。性质(4)又告诉我们,可通过对分布函数 $F(x,y)$ 求偏导数得到概率密度。

【例 3-2】 设二维随机变量 (X,Y) 具有概率密度

$$f(x,y) = \begin{cases} Ce^{-(3x+4y)}, & x > 0, y > 0 \\ 0, & \text{其他} \end{cases}$$

求:(1) 常数 C;(2) 分布函数 $F(x,y)$;(3) $P\{0 < X \leqslant 1, 0 < Y \leqslant 2\}$。

解 (1) $1 = \int_{-\infty}^{+\infty} \int_{-\infty}^{+\infty} f(x,y) \mathrm{d}x \mathrm{d}y = \int_{0}^{+\infty} \int_{0}^{+\infty} Ce^{-(3x+4y)} \mathrm{d}x \mathrm{d}y$

$\qquad = C\left(\int_{0}^{+\infty} e^{-3x} \mathrm{d}x\right)\left(\int_{0}^{+\infty} e^{-4y} \mathrm{d}y\right) = \dfrac{C}{12}$

故 $C = 12$。

(2) $F(x,y) = \int_{-\infty}^{y} \int_{-\infty}^{x} f(x,y) \mathrm{d}x \mathrm{d}y$

$$= \begin{cases} \displaystyle\int_0^y \int_0^x 12 e^{-(3x+4y)} \, dx \, dy, & x > 0, y > 0 \\ 0, & \text{其他} \end{cases}$$

$$= \begin{cases} (1 - e^{-3x})(1 - e^{-4y}), & x > 0, y > 0 \\ 0, & \text{其他} \end{cases}$$

(3) $P\{0 < X \leqslant 1, 0 < Y \leqslant 2\} = F(1,2) - F(1,0) - F(0,2) + F(0,0)$
$$= (1 - e^{-3})(1 - e^{-8})$$

四、n 维随机变量

类似地,可定义 $n(n > 2)$ 维随机变量。

定义 3.5　设随机试验 E 的样本空间是 $\Omega = \{\omega\}$,随机变量 $X_1 = X_1\{\omega\}$,$X_2 = X_2\{\omega\}$,$\cdots$,$X_n = X_n\{\omega\}$ 是定义在同一个样本空间 Ω 上的 n 个随机变量,则由它们构成的向量 $(X_1, X_2, \cdots, X_n)$,称为 n 维随机变量或 n 维随机向量。

类似地,可定义 n 维随机变量的分布函数。

定义 3.6　设 $(X_1, X_2, \cdots, X_n)$ 是 n 维随机变量,对任意实数 $x_1, x_2, \cdots, x_n$,称 n 元函数

$$F(x_1, x_2, \cdots, x_n) = P\{X_1 \leqslant x_1, X_2 \leqslant x_2, \cdots, X_n \leqslant x_n\}$$

为 n 维随机变量 $(X_1, X_2, \cdots, X_n)$ 的分布函数或 $X_1, X_2, \cdots, X_n$ 的联合分布函数。它具有类似于二维随机变量的分布函数的性质。

第二节　边缘分布

在二维随机变量 (X,Y) 中,X 和 Y 都为随机变量,各自也有分布函数,记为 $F_X(x)$ 和 $F_Y(y)$,依次称为二维随机变量 (X,Y) 关于 X 和关于 Y 的边缘分布函数。边缘分布函数可由 (X,Y) 的分布函数 $F(x,y)$ 确定。

$$F_X(x) = P\{X \leqslant x\} = P\{X \leqslant x, Y < +\infty\} = F(x, +\infty) \tag{3-5}$$

$$F_Y(y) = P\{Y \leqslant y\} = P\{X < +\infty, Y \leqslant y\} = F(+\infty, y) \tag{3-6}$$

对于离散型随机变量,由(3-3)式和(3-5)式可得

$$F_X(x) = F(x, +\infty) = \sum_{x_i \leqslant x} \sum_{j=1}^{\infty} p_{ij}$$

由分布函数的定义及性质,可知 X 的分布律为

$$P\{X = x_i\} = \sum_{j=1}^{\infty} p_{ij}, \quad i = 1, 2, \cdots \tag{3-7}$$

同理,Y 的分布律为

$$P\{Y = y_j\} = \sum_{i=1}^{\infty} p_{ij}, \quad j = 1, 2, \cdots \tag{3-8}$$

记

$$p_{i\cdot} = \sum_{j=1}^{\infty} p_{ij} = P\{X = x_i\}, \quad i = 1, 2, \cdots$$

$$p_{\cdot j} = \sum_{i=1}^{\infty} p_{ij} = P\{Y = y_j\}, \quad j = 1, 2, \cdots$$

分别称 $p_{i\cdot}(i=1,2,\cdots)$ 和 $p_{\cdot j}(j=1,2,\cdots)$ 为 (X,Y) 关于 X 和关于 Y 的边缘分布律。

注意：记号 $p_{i\cdot}$ 中的"·"表示 $p_{i\cdot}$ 是由 p_{ij} 关于 j 求和后得到的；同样, $p_{\cdot j}$ 是由 p_{ij} 关于 i 求和后得到的。

对于连续型随机变量 (X,Y),设概率密度为 $f(x,y)$,由于

$$F_X(x) = F(x, +\infty) = \int_{-\infty}^{x} \left[\int_{-\infty}^{+\infty} f(x,y) \mathrm{d}y \right] \mathrm{d}x$$

由(2-10)式可知, X 是一个连续型随机变量,其概率密度为

$$f_X(x) = \int_{-\infty}^{+\infty} f(x,y) \mathrm{d}y \tag{3-9}$$

同理, Y 也是一个连续型随机变量,其概率密度为

$$f_Y(y) = \int_{-\infty}^{+\infty} f(x,y) \mathrm{d}x \tag{3-10}$$

分别称 $f_X(x), f_Y(y)$ 为 (X,Y) 关于 X 和关于 Y 的边缘概率密度。

【例 3-3】 从三张分别标有 1,2,3 号的卡片中任意抽取一张,以 X 记其号码,放回之后拿掉三张中号码大于 X 的卡片(如果有),再从剩下的卡片中任意抽取一张,以 Y 记其号码。求 (X,Y) 分布律及边缘分布律。

解 依题意, X 所有可能取值为 1,2,3, Y 的所有可能取值也是 1,2,3。

由乘法公式可知

$$P\{X=i, Y=j\} = P\{X=i\}P\{Y=j \mid X=i\}, \quad i,j = 1,2,3$$

由此得到 X 和 Y 的分布律及边缘分布律如下表所示。

Y＼X	1	2	3	$p_{\cdot j}$
1	$\dfrac{1}{3}$	$\dfrac{1}{6}$	$\dfrac{1}{9}$	$\dfrac{11}{18}$
2	0	$\dfrac{1}{6}$	$\dfrac{1}{9}$	$\dfrac{5}{18}$
3	0	0	$\dfrac{1}{9}$	$\dfrac{1}{9}$
$p_{i\cdot}$	$\dfrac{1}{3}$	$\dfrac{1}{3}$	$\dfrac{1}{3}$	1

在上表中,中间部分是 (X,Y) 的分布律或联合分布律,而边缘部分是 X 和 Y 的边缘分

布律,它们是由联合分布求同一行或同一列的和而得到的,"边缘"二字即从上表外形得到。

关于 X 的边缘分布律为

X	1	2	3
p_k	$\dfrac{1}{3}$	$\dfrac{1}{3}$	$\dfrac{1}{3}$

关于 Y 的边缘分布律为

Y	1	2	3
p_k	$\dfrac{11}{18}$	$\dfrac{5}{18}$	$\dfrac{2}{18}$

【例 3-4】 设二维随机变量 (X,Y) 的概率密度为

$$f(x,y)=\frac{1}{2\pi\sigma_1\sigma_2\sqrt{1-\rho^2}}\exp\left\{\frac{-1}{2(1-\rho^2)}\left[\frac{(x-\mu_1)^2}{\sigma_1^2}-2\rho\frac{(x-\mu_1)(y-\mu_2)}{\sigma_1\sigma_2}+\frac{(y-\mu_2)^2}{\sigma_2^2}\right]\right\}$$

$-\infty<x,y<+\infty$,其中 $\mu_1,\mu_2,\sigma_1,\sigma_2,\rho$ 都是常数,且 $\sigma_1>0,\sigma_2>0,-1<\rho<1$。我们称 (X,Y) 为服从参数为 $\mu_1,\mu_2,\sigma_1,\sigma_2,\rho$ 的二维正态分布,记为 $(X,Y)\sim N(\mu_1,\mu_2,\sigma_1^2,\sigma_2^2,\rho)$。试求二维正态随机变量 (X,Y) 的边缘概率密度。

解 由于

$$\frac{(y-\mu_2)^2}{\sigma_2^2}-2\rho\frac{(x-\mu_1)(y-\mu_2)}{\sigma_1\sigma_2}=\left(\frac{y-\mu_2}{\sigma_2}-\rho\frac{x-\mu_1}{\sigma_1}\right)^2-\rho^2\frac{(x-\mu_1)^2}{\sigma_1^2}$$

于是

$$f_X(x)=\int_{-\infty}^{+\infty}f(x,y)\mathrm{d}y$$

$$=\frac{1}{2\pi\sigma_1\sigma_2\sqrt{1-\rho^2}}\mathrm{e}^{-\frac{(x-\mu_1)^2}{2\sigma_1^2}}\int_{-\infty}^{+\infty}\mathrm{e}^{-\frac{1}{2(1-\rho^2)}\left(\frac{y-\mu_2}{\sigma_2}-\rho\frac{x-\mu_1}{\sigma_1}\right)^2}\mathrm{d}y$$

令 $t=\dfrac{1}{\sqrt{1-\rho^2}}\left(\dfrac{y-\mu_2}{\sigma_2}-\rho\dfrac{x-\mu_1}{\sigma_1}\right)$,则有

$$f_X(x)=\frac{1}{2\pi\sigma_1}\mathrm{e}^{-\frac{(x-\mu_1)^2}{2\sigma_1^2}}\int_{-\infty}^{+\infty}\mathrm{e}^{-\frac{t^2}{2}}\mathrm{d}t$$

即

$$f_X(x)=\frac{1}{\sqrt{2\pi}\sigma_1}\mathrm{e}^{-\frac{(x-\mu_1)^2}{2\sigma_1^2}},\quad -\infty<x<+\infty$$

同理

$$f_Y(y) = \frac{1}{\sqrt{2\pi}\,\sigma_2} \mathrm{e}^{-\frac{(y-\mu_2)^2}{2\sigma_2^2}}, \quad -\infty < y < +\infty$$

我们可以看到,二维正态分布的两个边缘分布都是一维正态分布,且都不依赖于参数 ρ,也就是说,对于给定的 $\mu_1,\mu_2,\sigma_1,\sigma_2$,不同的 ρ 对应不同的二维正态分布,它们的边缘分布却都是一样的。这也表明,仅由边缘分布,一般来说是不能确定联合分布的。

【例 3-5】 设二维连续型随机变量 (X,Y) 的概率密度为

$$f(x,y) = \begin{cases} 1, & 0 < x < 1, |y| < x \\ 0, & \text{其他} \end{cases}$$

试求:(1) 边缘概率密度 $f_X(x),f_Y(y)$;(2) $P\left\{X < \dfrac{1}{2}\right\}$ 及 $P\left\{Y > \dfrac{1}{2}\right\}$。

解 首先确定 $f(x,y)$ 取非零值区域,如图 3-3 所示。

(1) 先求 $f_X(x)$:

当 $x \leqslant 0$ 或 $x \geqslant 1$ 时,有

$$f_X(x) = 0$$

当 $0 < x < 1$ 时,有

$$f_X(x) = \int_{-\infty}^{+\infty} f(x,y)\mathrm{d}y = \int_{-x}^{x} \mathrm{d}y = 2x$$

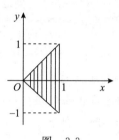

图 3-3

所以关于 X 的边缘概率密度为

$$f_X(x) = \begin{cases} 2x, & 0 < x < 1 \\ 0, & \text{其他} \end{cases}$$

再求 $f_Y(y)$:

当 $y \leqslant -1$ 或 $y \geqslant 1$ 时,有

$$f_Y(y) = 0$$

当 $-1 < y < 0$ 时,有

$$f_Y(y) = \int_{-\infty}^{+\infty} f(x,y)\mathrm{d}x = \int_{-y}^{1} \mathrm{d}x = 1 + y$$

当 $0 < y < 1$ 时,有

$$f_Y(y) = \int_{-\infty}^{+\infty} f(x,y)\mathrm{d}x = \int_{y}^{1} \mathrm{d}x = 1 - y$$

所以关于 Y 的边缘概率密度为

$$f_Y(y) = \begin{cases} 1 + y, & -1 < y < 0 \\ 1 - y, & 0 < y < 1 \\ 0, & \text{其他} \end{cases}$$

$(2)\ P\left\{X<\dfrac{1}{2}\right\}=\int_{-\infty}^{\frac{1}{2}}f_X(x)\mathrm{d}x=\int_0^{\frac{1}{2}}2x\,\mathrm{d}x=\dfrac{1}{4}$

$P\left\{Y>\dfrac{1}{2}\right\}=\int_{\frac{1}{2}}^{+\infty}f_Y(y)\mathrm{d}y=\int_{\frac{1}{2}}^1(1-y)\mathrm{d}y=\dfrac{1}{8}$

第三节 条 件 分 布

仿照条件概率的定义,我们可以定义两个随机变量的条件分布,下面分别讨论离散型和连续型的条件分布。

一、二维离散型随机变量的条件分布

设(X,Y)是二维离散型随机变量,其分布律为

$$P\{X=x_i,Y=y_j\}=p_{ij},\quad i,j=1,2,\cdots$$

(X,Y)关于X和关于Y的边缘分布律分别为

$$P\{X=x_i\}=p_{i\cdot}=\sum_{j=1}^{\infty}p_{ij},\quad i=1,2,\cdots$$

$$P\{Y=y_j\}=p_{\cdot j}=\sum_{i=1}^{\infty}p_{ij},\quad j=1,2,\cdots$$

定义 3.7 设(X,Y)是二维离散型随机变量,对于固定的j,若$P\{Y=y_j\}>0$,则称

$$P\{X=x_i\,|\,Y=y_j\}=\frac{P\{X=x_i,Y=y_j\}}{P\{Y=y_j\}}=\frac{p_{ij}}{p_{\cdot j}},\quad i=1,2,\cdots \tag{3-11}$$

为在$Y=y_j$条件下随机变量X的条件分布律。

同样,对于固定的i,若$P\{X=x_i\}>0$,则称

$$P\{Y=y_j\,|\,X=x_i\}=\frac{P\{X=x_i,Y=y_j\}}{P\{X=x_i\}}=\frac{p_{ij}}{p_{i\cdot}},\quad j=1,2,\cdots \tag{3-12}$$

为在$X=x_i$条件下随机变量Y的条件分布律。

易知上述条件概率具有分布律的性质如下。

(1) $P\{X=x_i\,|\,Y=y_j\}\geqslant0$。

(2) $\displaystyle\sum_{i=1}^{\infty}P\{X=x_i\,|\,Y=y_j\}=\sum_{i=1}^{\infty}\frac{p_{ij}}{p_{\cdot j}}=\frac{1}{p_{\cdot j}}\sum_{i=1}^{\infty}p_{ij}=1$。

【例 3-6】 把两封信随机地投入已经编好号的 3 个邮筒内,设X,Y分别表示投入第 1 个、第 2 个邮筒内信的数目,求:

(1) (X,Y)的分布律及边缘分布律;

(2) 在$Y=0$条件下随机变量X的条件分布律。

解 (1)X,Y各自可能取的值为 0,1,2。由题设,(X,Y)取$(1,2),(2,1),(2,2)$均不

可能,因而相应的概率均为 0。再由古典概率计算公式得

$$P\{X=0,Y=0\}=\frac{1}{3^2}=\frac{1}{9},\quad P\{X=0,Y=1\}=\frac{2}{3^2}=\frac{2}{9}$$

$$P\{X=0,Y=2\}=\frac{1}{3^2}=\frac{1}{9},\quad P\{X=1,Y=1\}=\frac{2}{3^2}=\frac{2}{9}$$

$P\{X=1,Y=0\},P\{X=2,Y=0\}$ 可由对称性求得。计算结果列表如下:

Y \ X	0	1	2	$p_{\cdot j}$
0	$\frac{1}{9}$	$\frac{2}{9}$	$\frac{1}{9}$	$\frac{4}{9}$
1	$\frac{2}{9}$	$\frac{2}{9}$	0	$\frac{4}{9}$
2	$\frac{1}{9}$	0	0	$\frac{1}{9}$
$p_{i\cdot}$	$\frac{4}{9}$	$\frac{4}{9}$	$\frac{1}{9}$	1

关于 X 的边缘分布律为

X	0	1	2
p_k	$\frac{4}{9}$	$\frac{4}{9}$	$\frac{1}{9}$

关于 Y 的边缘分布律为

Y	0	1	2
p_k	$\frac{4}{9}$	$\frac{4}{9}$	$\frac{1}{9}$

(2) 由(3-11)式,在 $Y=0$ 条件下,X 的条件分布律为

$$P\{X=0\,|\,Y=0\}=\frac{P\{X=0,Y=0\}}{P\{Y=0\}}=\frac{\frac{1}{9}}{\frac{4}{9}}=\frac{1}{4}$$

$$P\{X=1\,|\,Y=0\}=\frac{P\{X=1,Y=0\}}{P\{Y=0\}}=\frac{\frac{2}{9}}{\frac{4}{9}}=\frac{1}{2}$$

$$P\{X=2\,|\,Y=0\}=\frac{P\{X=2,Y=0\}}{P\{Y=0\}}=\frac{\frac{1}{9}}{\frac{4}{9}}=\frac{1}{4}$$

或写成

$X=k$	0	1	2
$P\{X=k \mid Y=0\}$	$\dfrac{1}{4}$	$\dfrac{1}{2}$	$\dfrac{1}{4}$

二、二维连续型随机变量的条件分布

定义 3.8 设二维随机变量 (X,Y) 的概率密度为 $f(x,y)$，(X,Y) 关于 Y 的边缘概率密度为 $f_Y(y)$。若对于固定的 y，$f_Y(y)>0$，则称 $\dfrac{f(x,y)}{f_Y(y)}$ 为在 $Y=y$ 的条件下 X 的条件概率密度，记为

$$f_{X \mid Y}(x \mid y)=\frac{f(x,y)}{f_Y(y)} \tag{3-13}$$

称 $\displaystyle\int_{-\infty}^{x} f_{X \mid Y}(x \mid y)\mathrm{d}x = \int_{-\infty}^{x} \frac{f(x,y)}{f_Y(y)}\mathrm{d}x$ 为在 $Y=y$ 的条件下 X 的条件分布函数，记为 $P\{X \leqslant x \mid Y=y\}$ 或 $F_{X \mid Y}(x \mid y)$，即

$$F_{X \mid Y}(x \mid y)=P\{X \leqslant x \mid Y=y\}=\int_{-\infty}^{x} \frac{f(x,y)}{f_Y(y)}\mathrm{d}x \tag{3-14}$$

类似地，可以定义 $f_{Y \mid X}(y \mid x)=\dfrac{f(x,y)}{f_X(x)}$ 和 $F_{Y \mid X}(y \mid x)=\displaystyle\int_{-\infty}^{y} \frac{f(x,y)}{f_X(x)}\mathrm{d}y$。

【例 3-7】 设二维随机变量 (X,Y) 具有概率密度

$$f(x,y)=\begin{cases} \dfrac{6}{(x+y+1)^4}, & x \geqslant 0, y \geqslant 0 \\ 0, & 其他 \end{cases}$$

求：(1) $f_{X \mid Y}(x \mid y)$；(2) $P\{0 \leqslant X \leqslant 1 \mid Y=1\}$。

解 (1) 当 $y \geqslant 0$ 时，有

$$f_Y(y)=\int_{-\infty}^{+\infty} f(x,y)\mathrm{d}x=\int_{0}^{+\infty} \frac{6}{(x+y+1)^4}\mathrm{d}x=\frac{2}{(y+1)^3}$$

于是，当 $x \geqslant 0, y \geqslant 0$ 时，有

$$f_{X \mid Y}(x \mid y)=\frac{\dfrac{6}{(x+y+1)^4}}{\dfrac{2}{(y+1)^3}}=\frac{3(y+1)^3}{(x+y+1)^4}$$

故

$$f_{X \mid Y}(x \mid y)=\begin{cases} \dfrac{3(y+1)^3}{(x+y+1)^4}, & x \geqslant 0 \\ 0, & 其他 \end{cases}$$

（2）因为

$$f_{X|Y}(x|1)=\begin{cases}\dfrac{24}{(x+2)^4}, & x\geqslant 0\\[2mm]0, & \text{其他}\end{cases}$$

所以

$$P\{0\leqslant X\leqslant 1|Y=1\}=\int_0^1 f_{X|Y}(x|1)\mathrm{d}x=\int_0^1\dfrac{24}{(x+2)^4}\mathrm{d}x=\dfrac{19}{27}$$

【例 3-8】 设 G 是平面上的有界区域，其面积为 A。若二维随机变量 (X,Y) 具有概率密度

$$f(x,y)=\begin{cases}\dfrac{1}{A}, & (x,y)\in G\\[2mm]0, & \text{其他}\end{cases}$$

则称 (X,Y) 在 G 上服从均匀分布。现设二维随机变量 (X,Y) 在圆域 $\{(x,y)\,|\,x^2+y^2\leqslant 1\}$ 上服从均匀分布，求条件概率密度 $f_{X|Y}(x|y)$。

解 由题设知随机变量 (X,Y) 具有概率密度

$$f(x,y)=\begin{cases}\dfrac{1}{\pi}, & x^2+y^2\leqslant 1\\[2mm]0, & \text{其他}\end{cases}$$

且关于 Y 的边缘概率密度为

$$f_Y(y)=\int_{-\infty}^{+\infty}f(x,y)\mathrm{d}x=\begin{cases}\dfrac{1}{\pi}\displaystyle\int_{-\sqrt{1-y^2}}^{\sqrt{1-y^2}}\mathrm{d}x=\dfrac{2}{\pi}\sqrt{1-y^2}, & -1\leqslant y\leqslant 1\\[4mm]0, & \text{其他}\end{cases}$$

于是当 $-1<y<1$ 时有

$$f_{X|Y}(x|y)=\begin{cases}\dfrac{\dfrac{1}{\pi}}{\dfrac{2}{\pi}\sqrt{1-y^2}}=\dfrac{1}{2\sqrt{1-y^2}}, & -\sqrt{1-y^2}\leqslant x\leqslant\sqrt{1-y^2}\\[4mm]0, & \text{其他}\end{cases}$$

第四节　相互独立的随机变量

在第一章中我们介绍了随机事件的独立性，本节我们将利用两个事件的独立的概念引出两个随机变量相互独立的概念。

定义 3.9 设 $F(x,y)$ 及 $F_X(x),F_Y(y)$ 分别是二维随机变量 (X,Y) 的分布函数及边缘分布函数。若对于任意实数 x,y，有

$$P\{X \leqslant x, Y \leqslant y\} = P\{X \leqslant x\} P\{Y \leqslant y\} \tag{3-15}$$

即

$$F(x,y) = F_X(x) F_Y(y) \tag{3-16}$$

则称随机变量 X 与 Y 是相互独立的。

设 (X,Y) 是二维连续型随机变量, $f(x,y), f_X(x), f_Y(y)$ 分别为 (X,Y) 的概率密度和边缘概率密度, 则 X 与 Y 相互独立的条件 (3-16) 式等价于

$$f(x,y) = f_X(x) f_Y(y) \tag{3-17}$$

在平面上几乎处处成立。

当 (X,Y) 是二维离散型随机变量时, X 与 Y 相互独立的条件 (3-16) 式等价于

$$P\{X = x_i, Y = y_j\} = P\{X = x_i\} P\{Y = y_j\} \tag{3-18}$$

其中, (x_i, y_j) 是 (X,Y) 的所有可能取的值。在实际应用中使用 (3-17) 式和 (3-18) 式比使用 (3-16) 式方便。

【例 3-9】 设二维随机变量 (X,Y) 服从二维两点分布, 其分布律及边缘分布律如下表所示, 试问 X 与 Y 是否相互独立?

Y \ X	0	1	$p._j$
0	$1-p$	0	$1-p$
1	0	p	p
$p_i.$	$1-p$	p	1

解 $p._1 = 1-p = p_1.$, 而 $p_{11} = 1-p \neq p_1. p._1 = (1-p)^2$, 所以随机变量 X 与 Y 不相互独立。

【例 3-10】 某电子仪器由两个部件构成, 设 X 和 Y 分别表示两部件的寿命 (单位: 10^3h), 已知 X 和 Y 的联合分布函数为

$$F(x,y) = \begin{cases} 1 - e^{-0.5x} - e^{-0.5y} + e^{-(0.5x+0.5y)}, & x \geqslant 0, y \geqslant 0 \\ 0, & \text{其他} \end{cases}$$

问 X 与 Y 是否相互独立?

解 X 与 Y 的边缘分布函数分别为

$$F_X(x) = F(x, +\infty) = \begin{cases} 1 - e^{-0.5x}, & x \geqslant 0 \\ 0, & \text{其他} \end{cases}$$

$$F_Y(y) = F(+\infty, y) = \begin{cases} 1 - e^{-0.5y}, & y \geqslant 0 \\ 0, & \text{其他} \end{cases}$$

从而 $F(x,y) = F_X(x) F_Y(y)$, X 与 Y 相互独立。

【例 3-11】 设 X 和 Y 分别表示两个元件的寿命 (单位: h), 又设 X 与 Y 相互独立, 且

它们的概率密度分别为

$$f_X(x)=\begin{cases}e^{-x}, & x>0\\0, & \text{其他}\end{cases}, \qquad f_Y(y)=\begin{cases}e^{-y}, & y>0\\0, & \text{其他}\end{cases}$$

试求 X 和 Y 的联合概率密度 $f(x,y)$。

解 由(3-17)式知

$$f(x,y)=f_X(x)f_Y(y)=\begin{cases}e^{-(x+y)}, & x>0,y>0\\0, & \text{其他}\end{cases}$$

下面考察二维正态随机变量(X,Y)。它的概率密度为

$$f(x,y)=\frac{1}{2\pi\sigma_1\sigma_2\sqrt{1-\rho^2}}\exp\left\{\frac{-1}{2(1-\rho^2)}\left[\frac{(x-\mu_1)^2}{\sigma_1^2}-2\rho\frac{(x-\mu_1)(y-\mu_2)}{\sigma_1\sigma_2}+\frac{(y-\mu_2)^2}{\sigma_2^2}\right]\right\}$$

由第二节例3-4知道,其边缘概率密度 $f_X(x),f_Y(y)$ 分别为

$$f_X(x)=\frac{1}{\sqrt{2\pi}\sigma_1}e^{-\frac{(x-\mu_1)^2}{2\sigma_1^2}}, \qquad -\infty<x<+\infty$$

$$f_Y(y)=\frac{1}{\sqrt{2\pi}\sigma_2}e^{-\frac{(y-\mu_2)^2}{2\sigma_2^2}}, \qquad -\infty<y<+\infty$$

于是有

$$f_X(x)f_Y(y)=\frac{1}{2\pi\sigma_1\sigma_2}\exp\left\{-\frac{1}{2}\left[\frac{(x-\mu_1)^2}{\sigma_1^2}+\frac{(y-\mu_2)^2}{\sigma_2^2}\right]\right\}$$

可见,当 $\rho=0$ 时,有 $f(x,y)=f_X(x)f_Y(y)$,即 X 和 Y 相互独立。反之,如果 X 和 Y 相互独立,有 $f(x,y)=f_X(x)f_Y(y)$。特别地,令 $x=\mu_1,y=\mu_2$,得到

$$\frac{1}{2\pi\sigma_1\sigma_2\sqrt{1-\rho^2}}=\frac{1}{2\pi\sigma_1\sigma_2}$$

则 $\rho=0$。所以对于二维正态随机变量(X,Y),X 和 Y 相互独立的充要条件是参数 $\rho=0$。

二维随机变量中相互独立的概念可推广到 n 维随机变量的情况。在第一节中,我们介绍过 n 维随机变量$(X_1,X_2,\cdots,X_n)$的分布函数定义为

$$F(x_1,x_2,\cdots,x_n)=P\{X_1\leqslant x_1,X_2\leqslant x_2,\cdots,X_n\leqslant x_n\}$$

其中,$x_1,x_2,\cdots,x_n$ 为任意实数。

若存在非负可积函数 $f(x_1,x_2,\cdots,x_n)$,使对于任意实数 $x_1,x_2,\cdots,x_n$ 有

$$F(x_1,x_2,\cdots,x_n)=\int_{-\infty}^{x_n}\int_{-\infty}^{x_{n-1}}\cdots\int_{-\infty}^{x_1}f(x_1,x_2,\cdots,x_n)\mathrm{d}x_1\mathrm{d}x_2\cdots\mathrm{d}x_n$$

则称$(X_1,X_2,\cdots,X_n)$为 n 维连续型随机变量,$f(x_1,x_2,\cdots,x_n)$为$(X_1,X_2,\cdots,X_n)$的概率密度函数,简称为概率密度。

设 $(X_1,X_2,\cdots,X_n)$ 的分布函数为 $F(x_1,x_2,\cdots,x_n)$，则可确定 $(X_1,X_2,\cdots,X_n)$ 的 $k(1\leqslant k<n)$ 维边缘分布函数。如 $(X_1,X_2,\cdots,X_n)$ 关于 X_1、关于 (X_1,X_2) 的边缘分布函数分别为

$$F_{X_1}(x_1)=F(x_1,+\infty,\cdots,+\infty)$$

$$F_{X_1,X_2}(x_1,x_2)=F(x_1,x_2,+\infty,\cdots,+\infty)$$

又若 n 维连续型随机变量 $(X_1,X_2,\cdots,X_n)$ 的概率密度为 $f(x_1,x_2,\cdots,x_n)$，则 $(X_1,X_2,\cdots,X_n)$ 关于 X_1、关于 (X_1,X_2) 的边缘概率密度分别为

$$f_{X_1}(x_1)=\int_{-\infty}^{+\infty}\int_{-\infty}^{+\infty}\cdots\int_{-\infty}^{+\infty}f(x_1,x_2,\cdots,x_n)\mathrm{d}x_2\mathrm{d}x_3\cdots\mathrm{d}x_n$$

$$f_{X_1,X_2}(x_1,x_2)=\int_{-\infty}^{+\infty}\int_{-\infty}^{+\infty}\cdots\int_{-\infty}^{+\infty}f(x_1,x_2,\cdots,x_n)\mathrm{d}x_3\mathrm{d}x_4\cdots\mathrm{d}x_n$$

若对于所有的 $x_1,x_2,\cdots,x_n$ 有

$$F(x_1,x_2,\cdots,x_n)=F_{X_1}(x_1)F_{X_2}(x_2)\cdots F_{X_n}(x_n)$$

则称 $X_1,X_2,\cdots,X_n$ 是相互独立的。

若对于所有的 $x_1,x_2,\cdots,x_m;y_1,y_2,\cdots,y_n$，有

$$F(x_1,x_2,\cdots,x_m,y_1,y_2,\cdots,y_n)=F_1(x_1,x_2,\cdots,x_m)F_2(y_1,y_2,\cdots,y_n)$$

其中，F_1,F_2,F 依次为随机变量 $(X_1,X_2,\cdots,X_m),(Y_1,Y_2,\cdots,Y_n)$ 和 $(X_1,X_2,\cdots,X_m,Y_1,Y_2,\cdots,Y_n)$ 的分布函数，则称随机变量 $(X_1,X_2,\cdots,X_m)$ 和 $(Y_1,Y_2,\cdots,Y_n)$ 是相互独立的。

下面定理在数理统计中是很有用的。

定理 3.1 设 $(X_1,X_2,\cdots,X_m)$ 和 $(Y_1,Y_2,\cdots,Y_n)$ 相互独立，则 $X_i(i=1,2,\cdots,m)$ 和 $Y_j(j=1,2,\cdots,n)$ 相互独立。又若 h,g 是连续函数，则 $h(X_1,X_2,\cdots,X_m)$ 和 $g(Y_1,Y_2,\cdots,Y_n)$ 相互独立。

第五节 两个随机变量的函数的分布

本节我们将讨论两个随机变量的函数的分布，仅就以下几种特殊情形加以讨论。

一、$Z=X+Y$ 的分布

设 (X,Y) 是二维连续型随机变量，它具有概率密度 $f(x,y)$。则 $Z=X+Y$ 仍为连续型随机变量，其概率密度为

$$f_{X+Y}(z)=\int_{-\infty}^{+\infty}f(z-y,y)\mathrm{d}y \tag{3-19}$$

或

$$f_{X+Y}(z)=\int_{-\infty}^{+\infty}f(x,z-x)\mathrm{d}x \tag{3-20}$$

又若 X 和 Y 相互独立，设 (X,Y) 关于 X,Y 的边缘概率密度分别为 $f_X(x)$，$f_Y(y)$，则 (3-19)式和(3-20)式分别化为

$$f_{X+Y}(z) = \int_{-\infty}^{+\infty} f_X(z-y)f_Y(y)\mathrm{d}y \qquad (3\text{-}21)$$

和

$$f_{X+Y}(z) = \int_{-\infty}^{+\infty} f_X(x)f_Y(z-x)\mathrm{d}x \qquad (3\text{-}22)$$

这两个公式称为 f_X 和 f_Y 的卷积公式，记为 $f_X * f_Y$，即

$$f_X * f_Y = \int_{-\infty}^{+\infty} f_X(z-y)f_Y(y)\mathrm{d}y = \int_{-\infty}^{+\infty} f_X(x)f_Y(z-x)\mathrm{d}x$$

下面推导(3-19)式，先来求 $Z = X+Y$ 的分布函数 $F_Z(z)$，即有

$$F_Z(z) = P\{Z \leqslant z\} = \iint\limits_{x+y \leqslant z} f(x,y)\mathrm{d}x\,\mathrm{d}y$$

这里积分区域 $\{(x,y) \mid x+y \leqslant z\}$ 是直线 $x+y=z$ 及其左下方的半平面(见图 3-4)。将二重积分化成累次积分，得

$$F_Z(z) = \int_{-\infty}^{+\infty}\left[\int_{-\infty}^{z-y} f(x,y)\mathrm{d}x\right]\mathrm{d}y$$

固定 z 和 y 对积分 $\int_{-\infty}^{z-y} f(x,y)\mathrm{d}x$ 作变量变换，令 $x=u-y$，得

$$\int_{-\infty}^{z-y} f(x,y)\mathrm{d}x = \int_{-\infty}^{z} f(u-y,y)\mathrm{d}u$$

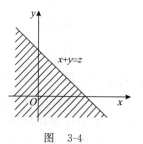

图 3-4

于是

$$F_Z(z) = \int_{-\infty}^{+\infty}\left[\int_{-\infty}^{z} f(u-y,y)\mathrm{d}u\right]\mathrm{d}y = \int_{-\infty}^{z}\left[\int_{-\infty}^{+\infty} f(u-y,y)\mathrm{d}y\right]\mathrm{d}u$$

由概率密度的定义即得(3-19)式。类似可证得(3-20)式。

【例 3-12】 设 X 和 Y 是两个相互独立的随机变量。它们都服从 $N(0,1)$ 分布，其概率密度为

$$f_X(x) = \frac{1}{\sqrt{2\pi}}\mathrm{e}^{-\frac{x^2}{2}}, \quad -\infty < x < +\infty$$

$$f_Y(y) = \frac{1}{\sqrt{2\pi}}\mathrm{e}^{-\frac{y^2}{2}}, \quad -\infty < y < +\infty$$

求 $Z = X+Y$ 的概率密度。

解 由(3-22)式有

$$f_Z(z) = \int_{-\infty}^{+\infty} f_X(x)f_Y(z-x)\mathrm{d}x$$

$$= \frac{1}{2\pi}\int_{-\infty}^{+\infty} e^{-\frac{x^2}{2}} \cdot e^{-\frac{(z-x)^2}{2}}\,dx = \frac{1}{2\pi}e^{-\frac{z^2}{4}}\int_{-\infty}^{+\infty} e^{-(x-\frac{z}{2})^2}\,dx$$

令 $t=x-\dfrac{z}{2}$，得

$$f_Z(z) = \frac{1}{2\pi}e^{-\frac{z^2}{4}}\int_{-\infty}^{+\infty} e^{-t^2}\,dt = \frac{1}{2\pi}e^{-\frac{z^2}{4}}\sqrt{\pi} = \frac{1}{2\sqrt{\pi}}e^{-\frac{z^2}{4}}$$

即 Z 服从 $N(0,2)$ 分布。

一般地，若 X 与 Y 相互独立，且 $X \sim N(\mu_1,\sigma_1^2)$，$Y \sim N(\mu_2,\sigma_2^2)$。则 $Z=X+Y$ 仍然服从正态分布，且有 $Z \sim N(\mu_1+\mu_2,\sigma_1^2+\sigma_2^2)$。这个结论可推广到 n 个独立正态随机变量之和的情况，即 $X_i \sim N(\mu_i,\sigma_i^2)(i=1,2,\cdots,n)$，且它们相互独立，则它们的和 $Z=X_1+X_2+\cdots+X_n$ 仍然服从正态分布，且有

$$Z \sim N(\mu_1+\mu_2+\cdots+\mu_n,\sigma_1^2+\sigma_2^2+\cdots+\sigma_n^2)$$

更一般地，可以证明有限个相互独立的正态随机变量的线性组合仍然服从正态分布。

二、$Z=XY$ 的分布

设 (X,Y) 的概率密度为 $f(x,y)$，则 $Z=XY$ 的概率密度为

$$f_{XY}(z) = \int_{-\infty}^{+\infty} \frac{1}{|x|} f\left(x,\frac{z}{x}\right)dx$$

特别地，当 X 和 Y 相互独立时，有

$$f_{XY}(z) = \int_{-\infty}^{+\infty} \frac{1}{|x|} f_X(x) f_Y\left(\frac{z}{x}\right)dx$$

【例 3-13】 设二维随机变量 (X,Y) 在矩形域 $G=\{(x,y)\,|\,0 \leqslant x \leqslant 2,0 \leqslant y \leqslant 1\}$ 上服从均匀分布，试求边长为 X 和 Y 的矩形面积 $S=XY$ 概率密度 $f_S(s)$。

解 由题设可知 (X,Y) 的概率密度为

$$f(x,y)=\begin{cases} \dfrac{1}{2}, & (x,y)\in G \\ 0, & \text{其他} \end{cases}$$

令 $F_S(s)$ 为 S 的分布函数，则

$$F_S(s)=P\{S \leqslant s\}=\iint\limits_{xy \leqslant s} f(x,y)\,dx\,dy$$

显然，当 $s \leqslant 0$ 时，$F(s)=0$；当 $s \geqslant 2$ 时，$F(s)=1$；当 $0<s<2$ 时（见图 3-5），有

$$F_S(s)=\iint\limits_{xy \leqslant s} f(x,y)\,dx\,dy=1-\frac{1}{2}\int_s^2\left(\int_{\frac{s}{x}}^1 dy\right)dx$$

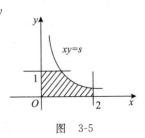

图 3-5

$$= \frac{s}{2}(1 + \ln 2 - \ln s)$$

于是

$$F(s) = \begin{cases} 0, & s \leqslant 0 \\ \dfrac{s}{2}(1 + \ln 2 - \ln s), & 0 < s < 2 \\ 1, & s \geqslant 2 \end{cases}$$

故 S 的概率密度为

$$f_S(s) = F'(s) = \begin{cases} \dfrac{1}{2}(\ln 2 - \ln s), & 0 < s < 2 \\ 0, & \text{其他} \end{cases}$$

三、$M = \max\{X,Y\}$ 及 $N = \min\{X,Y\}$ 的分布

设 X,Y 是两个相互独立的随机变量,它们的分布函数分别为 $F_X(x)$ 和 $F_Y(y)$。现在来求 $M = \max\{X,Y\}$ 及 $N = \min\{X,Y\}$ 的分布函数。

对随机变量 $M = \max\{X,Y\}$,有

$$P\{M \leqslant z\} = P\{X \leqslant z, Y \leqslant z\}$$

因为 X 和 Y 相互独立,所以得到 $M = \max\{X,Y\}$ 的分布函数为

$$F_{\max}(z) = P\{M \leqslant z\} = P\{X \leqslant z, Y \leqslant z\} = P\{X \leqslant z\}P\{Y \leqslant z\}$$

即

$$F_{\max}(z) = F_X(z)F_Y(z) \tag{3-23}$$

类似地,可得 $N = \min\{X,Y\}$ 的分布函数为

$$\begin{aligned} F_{\min}(z) &= P\{N \leqslant z\} = 1 - P\{N > z\} \\ &= 1 - P\{X > z, Y > z\} = 1 - P\{X > z\}P\{Y > z\} \end{aligned}$$

即

$$F_{\min}(z) = 1 - [1 - F_X(z)][1 - F_Y(z)] \tag{3-24}$$

上述结果可推广到 n 个相互独立的随机变量的情况。设 $X_1, X_2, \cdots, X_n$ 是 n 个相互独立的随机变量。它们的分布函数分别为 $F_{X_i}(x_i)(i = 1, 2, \cdots, n)$,则 $M = \max\{X_1, X_2, \cdots, X_n\}$ 及 $N = \min\{X_1, X_2, \cdots, X_n\}$ 的分布函数分别为

$$F_{\max}(z) = F_{X_1}(z)F_{X_2}(z) \cdots F_{X_n}(z)$$

$$F_{\min}(z) = 1 - [1 - F_{X_1}(z)][1 - F_{X_2}(z)] \cdots [1 - F_{X_n}(z)]$$

特别地,当 $X_1, X_2, \cdots, X_n$ 相互独立且具有相同分布函数 $F(\cdot)$ 时,有

$$F_{max}(z) = [F(z)]^n$$
$$F_{min}(z) = 1 - [1 - F(z)]^n$$

【例 3-14】 设系统 L 由两个相互独立的子系统 L_1, L_2 连接而成,连接的方式分别为 (1) 串联,(2) 并联。设 L_1, L_2 的寿命分别为 X, Y,已知它们的概率密度分别为

$$f_X(x) = \begin{cases} \alpha e^{-\alpha x}, & x > 0 \\ 0, & x \leqslant 0 \end{cases}, \qquad f_Y(y) = \begin{cases} \beta e^{-\beta x}, & y > 0 \\ 0, & y \leqslant 0 \end{cases}$$

其中,$\alpha > 0, \beta > 0$,且 $\alpha \neq \beta$。试分别就以上两种连接方式写出 L 的寿命 Z 的概率密度。

解 (1) 串联情况。

由于当 L_1, L_2 中有一个损坏时,系统 L 就停止工作,所以 L 的寿命为 $Z = \min\{X, Y\}$。X, Y 的分布函数分别为

$$F_X(x) = \begin{cases} 1 - e^{-\alpha x}, & x > 0 \\ 0, & x \leqslant 0 \end{cases}, \qquad F_Y(y) = \begin{cases} 1 - e^{-\beta x}, & y > 0 \\ 0, & y \leqslant 0 \end{cases}$$

由(3-24)式得 $Z = \min\{X, Y\}$ 分布函数为

$$F_{min}(z) = \begin{cases} 1 - e^{-(\alpha + \beta)z}, & z > 0 \\ 0, & z \leqslant 0 \end{cases}$$

于是 $Z = \min\{X, Y\}$ 的概率密度为

$$f_{min}(z) = \begin{cases} (\alpha + \beta) e^{-(\alpha + \beta)z}, & z > 0 \\ 0, & z \leqslant 0 \end{cases}$$

(2) 并联情况。

由于当且仅当 L_1, L_2 都损坏时,系统 L 才停止工作,所以 L 的寿命 Z 为 $Z = \max\{X, Y\}$,按 (3-23)式得 $Z = \max\{X, Y\}$ 的分布函数为

$$F_{max}(z) = F_X(z) F_Y(z) = \begin{cases} (1 - e^{-\alpha z})(1 - e^{-\beta z}), & z > 0 \\ 0, & z \leqslant 0 \end{cases}$$

于是 $Z = \max\{X, Y\}$ 的概率密度为

$$f_{max}(z) = \begin{cases} \alpha e^{-\alpha z} + \beta e^{-\beta z} - (\alpha + \beta) e^{-(\alpha + \beta)z}, & z > 0 \\ 0, & z \leqslant 0 \end{cases}$$

【例 3-15】 设 X 与 Y 相互独立,它们的分布律分别为

X	1	3
p_k	0.3	0.7

Y	2	4
p_k	0.6	0.4

求 $Z = X + Y, V = \max\{X, Y\}$ 及 $U = \min\{X, Y\}$ 分布律。

解 由于 X 与 Y 相互独立,所以有

$$P\{X = x_i, Y = y_j\} = P\{X = x_i\} P\{Y = y_j\}, \quad i, j = 1, 2$$

(X,Y)的分布律为

Y \ X	1	3
2	0.18	0.42
4	0.12	0.28

从而得

(X,Y)	$(1,2)$	$(1,4)$	$(3,2)$	$(3,4)$
p_{ij}	0.18	0.12	0.42	0.28
$Z=X+Y$	3	5	5	7
$V=\max\{X,Y\}$	2	4	3	4
$U=\min\{X,Y\}$	1	1	2	3

故 Z,V,U 的分布律分别为

Z	3	5	7
p_k	0.18	0.54	0.28

V	2	3	4
p_k	0.18	0.42	0.40

U	1	2	3
p_k	0.30	0.42	0.28

习 题 三

一、填空题

1. 设随机变量(X,Y)取下列数组$(0,0),(-1,1),(-1,2),(1,0)$的概率依次为$\dfrac{1}{2c}$, $\dfrac{1}{c},\dfrac{1}{4c},\dfrac{5}{4c}$,其余处的概率为0,则 $c=$ _____。

2. 设二维随机变量(X,Y)的分布律为

Y \ X	0	1	2
0	$\dfrac{1}{12}$	$\dfrac{1}{6}$	$\dfrac{1}{6}$
1	$\dfrac{1}{12}$	$\dfrac{1}{12}$	0
2	$\dfrac{1}{6}$	$\dfrac{1}{12}$	$\dfrac{1}{6}$

则 $P\{XY=0\}=$ _____。

3. 设随机变量 X 和 Y 相互独立，且 $P\{X \leqslant 1\} = \dfrac{1}{2}$，$P\{Y \leqslant 1\} = \dfrac{1}{3}$，则 $P\{X \leqslant 1, Y \leqslant 1\} =$ _____。

4. 设 $f_X(x) = \begin{cases} 2\mathrm{e}^{-2x}, & x > 0 \\ 0, & \text{其他} \end{cases}$，$f_Y(y) = \begin{cases} 3\mathrm{e}^{-3y}, & y > 0 \\ 0, & \text{其他} \end{cases}$，且 X 和 Y 相互独立，则 (X, Y) 的联合概率密度 $f(x, y) =$ _____。

5. 相互独立的两个随机变量 X, Y 具有同一分布律，且 X 的分布律为

X	0	1
P	$\dfrac{1}{2}$	$\dfrac{1}{2}$

则随机变量 $Z = \max\{X, Y\}$ 的分布律为 _____。

二、选择题

1. 设 (X, Y) 的概率密度 $f(x, y) = \begin{cases} k(x+y), & 0 \leqslant x \leqslant 1, 0 \leqslant y \leqslant 2 \\ 0, & \text{其他} \end{cases}$，则 $k = ($ $)$。

A. 3   B. $\dfrac{1}{3}$ C. $\dfrac{1}{2}$ D. 2

2. 若两个二维随机变量 (X_1, Y_1) 与 (X_2, Y_2) 的边缘概率密度相同，则下列结论正确的是（ ）。

     A. 分布函数相同   B. 概率密度相同

     C. 参数相同   D. 以上都不对

3. 设 (X, Y) 在矩形区域 $D: a \leqslant x \leqslant b, c \leqslant y \leqslant d$ 内服从均匀分布，则下列说法错误的是（ ）。

     A. (X, Y) 是二维连续型随机变量   B. X 服从均匀分布

     C. Y 服从均匀分布   D. X 与 Y 不相互独立

4. 设随机变量 X, Y 相互独立且服从同一分布，$P\{X = -1\} = P\{Y = -1\} = \dfrac{1}{2}$，$P\{X = 1\} = P\{Y = 1\} = \dfrac{1}{2}$，则（ ）。

     A. $P\{X = Y\} = \dfrac{1}{2}$ B. $P\{X = Y\} = 1$

     C. $P\{X + Y = 0\} = \dfrac{1}{4}$ D. $P\{XY = 1\} = \dfrac{1}{4}$

5. 设二维随机变量 (X, Y) 服从正态分布 $N(\mu_1, \mu_2, \sigma_1^2, \sigma_2^2, \rho)$，若 X 与 Y 相互独立，则（ ）。

     A. $\rho \neq 0$ B. $\rho = 1$ C. $\rho = 0$ D. $\rho = -1$

三、计算题

1. 设二维随机变量 (X, Y) 的概率密度为 $f(x, y) = \begin{cases} \dfrac{1}{2}, & 0 \leqslant x \leqslant 2, 0 < y < 1 \\ 0, & \text{其他} \end{cases}$，记

$$U=\begin{cases}0, & X\leqslant Y \\ 1, & X>Y\end{cases}, \qquad V=\begin{cases}0, & X\leqslant 2Y \\ 1, & X>2Y\end{cases}$$

求 U 与 V 的联合分布律。

2. 设二维随机变量 (X,Y) 的等可能值为 $(0,0),(0,1),(1,0),(1,1)$，求 (X,Y) 的联合分布函数。

3. 设二维离散型随机变量 (X,Y) 的分布律为

Y \ X	1	2	3	4
1.5	0.1	0	0.05	0.15
2.5	0.05	0.15	0.05	0
3.5	0.1	0.2	0.05	0.1

试求：(1) $P\{1.2\leqslant X\leqslant 2.2,0<Y<4\}$；(2) $P\{Y<3\}$；(3) $P\{Y<X\}$。

4. 设二维随机变量 (X,Y) 的联合概率密度为

$$f(x,y)=\begin{cases}A(6-x-y), & 0<x<2,2<y<4 \\ 0, & \text{其他}\end{cases}$$

求：(1) 常数 A；(2) $P\{X<1,Y<3\}$；(3) $P\{X<1.5\}$；(4) $P\{X+Y\leqslant 4\}$。

5. 二维随机变量 (X,Y) 的概率密度为

$$f(x,y)=\begin{cases}A(1-\sqrt{x^2+y^2}), & x^2+y^2\leqslant 1 \\ 0, & \text{其他}\end{cases}$$

求：(1) 常数 A；(2) (X,Y) 落在 $x^2+y^2=\dfrac{1}{4}$ 内的概率。

6. 某高校学生会有 8 名委员，其中来自理科的 2 名，来自工科和文科的各 3 名。现从 8 名委员中随机地指定 3 名担任学生会主席。设 X,Y 分别为主席来自理科、工科的人数，求：(1) (X,Y) 的分布律；(2) X 和 Y 的边缘分布律。

7. 设随机变量 X 和 Y 的联合概率密度为

$$f(x,y)=\begin{cases}c, & x^2\leqslant y\leqslant x \\ 0, & \text{其他}\end{cases}$$

求：(1) c 的值；(2) 关于 X 和关于 Y 边缘概率密度。

8. 设二维随机变量 (X,Y) 在以原点为圆心、1 为半径的圆域上服从均匀分布，求 (X,Y) 的联合概率密度及边缘概率密度。

9. 设二维随机变量 (X,Y) 的分布律为

X Y	0	1
0	0.3	0.2
1	0.4	0.1

试求在 $Y=1$ 的条件下, X 的条件分布律。

10. 设随机变量 X 和 Y 的联合概率密度为

$$f(x,y)=\begin{cases} 8xy, & 0\leqslant x\leqslant 1, 0\leqslant y\leqslant x \\ 0, & \text{其他} \end{cases}$$

求：(1) X 的条件概率密度；(2) Y 的条件概率密度。

11. 设条件密度函数为

$$f_{X|Y}(x\mid y)=\begin{cases} \dfrac{3x^2}{y^3}, & 0<x<y<1 \\ 0, & \text{其他} \end{cases}$$

Y 的概率密度函数为

$$f_Y(y)=\begin{cases} 5y^4, & 0<y<1 \\ 0, & \text{其他} \end{cases}$$

求 $P\{X>1/2\}$。

12. 设随机变量 X,Y 相互独立。

(1) 若 X 服从 $(0,1)$ 上的均匀分布, Y 服从参数为 1 的指数分布,求 $Z=X+Y$ 的概率密度。

(2) 若 X 与 Y 分别服从区间 $(0,1)$ 与 $(0,2)$ 上的均匀分布,求 $U=\max\{X,Y\}$ 与 $V=\min\{X,Y\}$ 的概率密度。

13. 设随机变量 (X,Y) 的概率密度为

$$f(x,y)=\begin{cases} be^{-(x+y)}, & 0<x<1, 0<y<+\infty \\ 0, & \text{其他} \end{cases}$$

(1) 试确定常数 b；(2) 求边缘概率密度；(3) 求 $U=\max\{X,Y\}$ 的分布函数。

14. 已知 (X,Y) 的分布律为

X Y	0	1	2
0	0.10	0.25	0.15
1	0.15	0.20	0.15

求：(1) $Z=X+Y$；(2) $Z=XY$；(3) $Z=\max\{X,Y\}$ 的分布律。

15. 设随机变量(X,Y)的概率密度为

$$f(x,y)=\begin{cases} \dfrac{1}{2}(x+y)e^{-(x+y)}, & x>0,y>0 \\ 0, & 其他 \end{cases}$$

(1) 问 X 和 Y 是否相互独立？(2) 求 $Z=X+Y$ 的概率密度。

16. 设 X,Y 是相互独立的随机变量，$X\sim b(n_1,p)$，$Y\sim b(n_2,p)$，证明 $Z=X+Y\sim b(n_1+n_2,p)$。

17. 设某种商品一周的需求量是一个随机变量，其概率密度函数为

$$f(x)=\begin{cases} xe^{-x}, & x>0 \\ 0, & 其他 \end{cases}$$

如果各周的需求量相互独立，求两周需求量的概率密度。

第四章 随机变量的数字特征

前面已经介绍过随机变量的分布,每个随机变量都有一个分布(分布律、概率密度函数或分布函数),这些分布可以全面地描述随机变量取值的统计规律性。但在实际问题或理论研究中,人们还会关心随机变量的某些数字特征,如数学期望(均值)、方差、相关系数、矩等。本章将介绍随机变量的这些数字特征。

第一节 数 学 期 望

我们已经知道离散型随机变量的分布列和连续型随机变量的概率密度函数可以全面地描述随机变量的统计规律,而在许多实际问题中,这样的全面描述有时会让人感到不方便。例如,已知同一品种的母鸡群中,一只母鸡的年产蛋量是一个随机变量,如果要比较两个品种母鸡的年产蛋量,通常只要比较这两个品种的母鸡的年产蛋量的平均值就可以了。平均值大就意味着这个品种的母鸡产蛋量高,如果不比较它们的平均值,而只看它们的分布列,虽然全面,却让人难以迅速作出判断。这样的例子可以有很多:比较不同班级的学习成绩,通常是比较考试中的平均成绩;比较不同地区的粮食收成,一般只要比较平均亩产量等。

【例 4-1】 某年级有 200 名学生,其中 17 岁的有 20 人,18 岁的有 10 人,16 岁的有 170 人,问该年级学生的平均年龄是多少?

解 学生的年龄 X 是一个随机变量,其分布律为

X	16	17	18
p_k	$\dfrac{170}{200}$	$\dfrac{20}{200}$	$\dfrac{10}{200}$

200 名学生的平均年龄为

$$\frac{16\times170+17\times20+18\times10}{200}=16\times\frac{170}{200}+17\times\frac{20}{200}+18\times\frac{10}{200}=16.2(岁)$$

它是 X 的可能取值与对应频率(或概率)的乘积之和,由此引出如下定义。

定义 4.1 设离散型随机变量 X 的分布律为

$$P\{X=x_k\}=p_k,\quad k=1,2,\cdots$$

若级数 $\sum\limits_{k=1}^{\infty}x_kp_k$ 绝对收敛,则称级数 $\sum\limits_{k=1}^{\infty}x_kp_k$ 为随机变量 X 的数学期望,记为 $E(X)$,即

$$E(X) = \sum_{k=1}^{\infty} x_k p_k \qquad\qquad (4\text{-}1)$$

数学期望是随机变量取值关于其概率的加权平均值,它反映了随机变量 X 取值的真正平均,故数学期望也称为均值。下面我们来看几个常见的离散型随机变量分布的数学期望。

【**例 4-2**】 设随机变量 X 服从$(0-1)$分布,即 $P\{X=0\}=1-p, P\{X=1\}=p$,求 $E(X)$。

解 $\qquad\qquad\qquad E(X)=0 \cdot (1-p)+1 \cdot p = p$

【**例 4-3**】 设 $X \sim \pi(\lambda)$,求 $E(X)$。

解 由题设可知,随机变量 X 的分布律为

$$P\{X=k\}=\frac{\lambda^k}{k!}\mathrm{e}^{-\lambda}, \quad \lambda>0, k=0,1,2,\cdots$$

于是 X 的数学期望为

$$E(X)=\sum_{k=0}^{\infty} k\,\frac{\lambda^k \mathrm{e}^{-\lambda}}{k!}=\lambda\,\mathrm{e}^{-\lambda}\sum_{k=1}^{\infty}\frac{\lambda^{k-1}}{(k-1)!}=\lambda\,\mathrm{e}^{-\lambda}\cdot\mathrm{e}^{\lambda}=\lambda$$

【**例 4-4**】 设 $X \sim b(n,p)$,求 $E(X)$。

解 二项分布的分布律为

$$P\{X=k\}=\mathrm{C}_n^k p^k (1-p)^{n-k}, \quad k=0,1,2,\cdots,n$$

于是 X 的数学期望为

$$E(X)=\sum_{k=0}^{n} k \cdot \mathrm{C}_n^k p^k q^{n-k}=np\sum_{k=1}^{n}\mathrm{C}_{n-1}^{k-1} p^{k-1} q^{n-k}$$

令 $k-1=i$,则有

$$np\sum_{i=0}^{n-1}\mathrm{C}_{n-1}^i p^i q^{n-1-i}=np(p+q)^{n-1}=np$$

其中,$q=1-p$。

下面我们来研究连续型随机变量的数学期望。

设 X 是一个连续型随机变量,它的概率密度为 $f(x)$,取分点 $x_0<x_1<\cdots<x_{n+1}$,则随机变量 X 落在 $\Delta x_i = (x_i, x_{i+1})$ 中概率为 $P(X \in \Delta x_i)=\int_{x_i}^{x_{i+1}} f(x)\mathrm{d}x$,当 Δx_i 相当小时,就有 $P(X \in \Delta x_i) \approx f(x_i)\Delta x_i (i=0,1,\cdots,n)$。这时,分布列为 $\begin{pmatrix} x_0 & x_1 & \cdots & x_n \\ f(x_0)\Delta x_0 & f(x_1)\Delta x_1 & \cdots & f(x_n)\Delta x_n \end{pmatrix}$ 的离散型随机变量可以看作 ξ 的一种近似,而这个离散型随机变量的数学期望为

$$\sum_{i=0}^{n} x_i f(x_i)\Delta x_i$$

它近似地表达了连续型随机变量的平均值。分点越密,这种近似越好,由高等数学知上述

和式以 $\int_{-\infty}^{+\infty} xf(x)\mathrm{d}x$ 为极限,因而我们有以下定义。

定义 4.2 设连续型随机变量 X 的概率密度为 $f(x)$,若 $\int_{-\infty}^{+\infty} xf(x)\mathrm{d}x$ 绝对收敛,则称 $\int_{-\infty}^{+\infty} xf(x)\mathrm{d}x$ 的值为 X 的数学期望,记为 $E(X)$,即

$$E(X) = \int_{-\infty}^{+\infty} xf(x)\mathrm{d}x \tag{4-2}$$

下面我们来看几个常见的连续型随机变量分布的数学期望。

【例 4-5】 设随机变量 X 服从参数为 $\theta(\theta>0)$ 的指数分布,求 $E(X)$。

解 由于指数分布的概率密度为

$$f(x) = \begin{cases} \dfrac{1}{\theta}\mathrm{e}^{-\frac{x}{\theta}}, & x>0 \\ 0, & x\leqslant 0 \end{cases}$$

于是 X 的数学期望为

$$\begin{aligned}
E(X) &= \int_{-\infty}^{+\infty} xf(x)\mathrm{d}x = \int_{0}^{+\infty} \frac{1}{\theta}x\,\mathrm{e}^{-\frac{x}{\theta}}\mathrm{d}x \\
&= -x\,\mathrm{e}^{-\frac{x}{\theta}}\Big|_{0}^{+\infty} + \int_{0}^{+\infty} \mathrm{e}^{-\frac{x}{\theta}}\mathrm{d}x \\
&= 0 - \theta\,\mathrm{e}^{-\frac{x}{\theta}}\Big|_{0}^{+\infty} = \theta
\end{aligned}$$

【例 4-6】 设随机变量 $X \sim U(a,b)$,求 $E(X)$。

解 X 的概率密度为

$$f(x) = \begin{cases} \dfrac{1}{b-a}, & a\leqslant x\leqslant b \\ 0, & \text{其他} \end{cases}$$

于是 X 的数学期望为

$$E(X) = \int_{-\infty}^{+\infty} xf(x)\mathrm{d}x = \int_{a}^{b} \frac{x}{b-a}\mathrm{d}x = \frac{a+b}{2}$$

【例 4-7】 设随机变量 $X \sim N(\mu,\sigma^2)$,求 $E(X)$。

解 X 的概率密度为

$$f(x) = \frac{1}{\sqrt{2\pi}\,\sigma}\mathrm{e}^{-\frac{(x-\mu)^2}{2\sigma^2}}, \quad -\infty<x<+\infty$$

于是 X 的数学期望为

$$E(X) = \int_{-\infty}^{+\infty} xf(x)\mathrm{d}x = \frac{1}{\sqrt{2\pi}\,\sigma}\int_{-\infty}^{+\infty} x\,\mathrm{e}^{-\frac{(x-\mu)^2}{2\sigma^2}}\mathrm{d}x$$

令 $t = \dfrac{x-\mu}{\sigma}$，得

$$E(X) = \frac{1}{\sqrt{2\pi}} \int_{-\infty}^{+\infty} (\sigma t + \mu) \mathrm{e}^{-\frac{t^2}{2}} \mathrm{d}t = \frac{\mu}{\sqrt{2\pi}} \int_{-\infty}^{+\infty} \mathrm{e}^{-\frac{t^2}{2}} \mathrm{d}t = \mu$$

随机变量 X 的分布函数 $Y = g(X)$ 也是随机变量。当已知 X 的概率分布时，可根据下列定理，直接利用 X 的分布律或概率密度求出 $Y = g(X)$ 的数学期望 $E[g(X)]$。

定理 4.1 设 Y 是随机变量 X 的函数：$Y = g(X)$（g 是连续函数）。

(1) 如果 X 为离散型随机变量，它的分布律为 $P\{X = x_k\} = p_k (k = 1, 2, \cdots)$，若 $\sum\limits_{k=1}^{\infty} g(x_k) p_k$ 绝对收敛，则有

$$E(Y) = E[g(X)] = \sum_{k=1}^{\infty} g(x_k) P\{X = x_k\} = \sum_{k=1}^{\infty} g(x_k) p_k \tag{4-3}$$

(2) 如果 X 为连续型随机变量，它的概率密度为 $f(x)$，若 $\int_{-\infty}^{+\infty} g(x) f(x) \mathrm{d}x$ 绝对收敛，则有

$$E(Y) = E[g(X)] = \int_{-\infty}^{+\infty} g(x) f(x) \mathrm{d}x \tag{4-4}$$

【**例 4-8**】 已知离散型随机变量 X 的分布律为

X	-1	0	1	2
p_k	0.15	0.2	0.3	0.35

试求 $Y = 2X^2 - 1$ 的数学期望 $E(Y)$。

解 由 (4-3) 式得

$$
\begin{aligned}
E(Y) &= E(2X^2 - 1) \\
&= [2 \times (-1)^2 - 1] \times 0.15 + (2 \times 0^2 - 1) \times 0.2 + (2 \times 1^2 - 1) \times 0.3 + (2 \times 2^2 - 1) \times 0.35 \\
&= 2.7
\end{aligned}
$$

【**例 4-9**】 对某药丸（球状）的直径 X 作近似测量，其值服从区间 $[a, b]$ 上的均匀分布，其概率密度为

$$f(x) = \begin{cases} \dfrac{1}{b-a}, & a \leqslant x \leqslant b \\ 0, & \text{其他} \end{cases}$$

试求药丸体积 X 的数学期望。

解 药丸体积为

$$Y = \frac{4}{3} \pi \left(\frac{X}{2} \right)^3 = \frac{1}{6} \pi X^3$$

由(4-4)式有

$$E(Y) = E\left(\frac{1}{6}\pi X^3\right)$$

$$= \int_{-\infty}^{+\infty} \frac{1}{6}\pi x^3 f(x)\,\mathrm{d}x$$

$$= \int_a^b \frac{1}{6}\pi x^3 \frac{1}{b-a}\,\mathrm{d}x$$

$$= \frac{\pi}{6(b-a)}\int_a^b x^3\,\mathrm{d}x$$

$$= \frac{\pi}{6(b-a)}\frac{x^4}{4}\bigg|_a^b$$

$$= \frac{\pi(b^4-a^4)}{24(b-a)}$$

$$= \frac{\pi}{24}(a+b)(a^2+b^2)$$

【例 4-10】 随机变量 X 的概率密度为

$$f(x) = \begin{cases} \dfrac{3x^3}{4}, & 0<x<2 \\ 0, & \text{其他} \end{cases}$$

设 $Z = \dfrac{1}{X^2}$，求 $E(Z)$。

解 $\quad E(Z) = \int_{-\infty}^{+\infty} \frac{1}{x^2} f(x)\,\mathrm{d}x = \int_0^2 \frac{1}{x^2}\cdot\frac{3x^3}{4}\,\mathrm{d}x = \frac{3}{4}\int_0^2 x\,\mathrm{d}x = \frac{3}{2}$

上述定理还可以推广到两个或两个以上随机变量的函数的情况。

推论 设 Z 是随机变量 X,Y 的函数：$Z=g(X,Y)$（g 是连续函数），若 (X,Y) 是二维连续型随机变量，它的概率密度为 $f(x,y)$，则有

$$E(Z) = E[g(X,Y)] = \int_{-\infty}^{+\infty}\int_{-\infty}^{+\infty} g(x,y)f(x,y)\,\mathrm{d}x\,\mathrm{d}y \tag{4-5}$$

这里设等式右端的积分绝对收敛。

又若 (X,Y) 为二维离散型随机变量，它的分布律为

$$P\{X=x_i,Y=y_j\}=p_{ij}, \quad i,j=1,2,\cdots$$

则有

$$E(Z) = E[g(X,Y)] = \sum_{j=1}^{\infty}\sum_{i=1}^{\infty} g(x_i,y_j)p_{ij} \tag{4-6}$$

这里设上式右端的级数绝对收敛。

数学期望具有以下性质（设以下所提及的数学期望均存在）。

(1) 设 C 是常数，则有 $E(C)=C$。

(2) 设 X 是一个随机变量，C 是常数，则有

$$E(CX)=CE(X)$$

(3) 设 X,Y 是两个随机变量，则有

$$E(X+Y)=E(X)+E(Y)$$

(4) 设 X,Y 是相互独立的随机变量，则有

$$E(XY)=E(X)E(Y)$$

证 (1) 把常数 C 看作只有一个可能取值的随机变量 X，即 $P\{X=C\}=1$，于是有 $E(C)=E(X)=C\times 1=C$。

(2) 设 X 是连续型随机变量，其概率密度为 $f(x)$，由(4-4)式有

$$E(CX)=\int_{-\infty}^{+\infty}Cxf(x)\mathrm{d}x=C\int_{-\infty}^{+\infty}xf(x)\mathrm{d}x=CE(X)$$

(3) 设 (X,Y) 是二维连续型随机变量，其概率密度为 $f(x,y)$，由(4-5)式有

$$\begin{aligned}E(X+Y)&=\int_{-\infty}^{+\infty}\int_{-\infty}^{+\infty}(x+y)f(x,y)\mathrm{d}x\,\mathrm{d}y\\&=\int_{-\infty}^{+\infty}\int_{-\infty}^{+\infty}xf(x,y)\mathrm{d}x\,\mathrm{d}y+\int_{-\infty}^{+\infty}\int_{-\infty}^{+\infty}yf(x,y)\mathrm{d}x\,\mathrm{d}y\\&=E(X)+E(Y)\end{aligned}$$

(4) 设 (X,Y) 是二维连续型随机变量，X,Y 的概率密度分别为 $f_X(x)$，$f_Y(y)$，由于 X 与 Y 相互独立，所以 (X,Y) 的概率密度为

$$f(x,y)=f_X(x)f_Y(y)$$

于是由(4-5)式有

$$\begin{aligned}E(XY)&=\int_{-\infty}^{+\infty}\int_{-\infty}^{+\infty}xyf(x,y)\mathrm{d}x\,\mathrm{d}y\\&=\int_{-\infty}^{+\infty}\int_{-\infty}^{+\infty}xyf_X(x)f_Y(y)\mathrm{d}x\,\mathrm{d}y\\&=\left[\int_{-\infty}^{+\infty}xf_X(x)\mathrm{d}x\right]\left[\int_{-\infty}^{+\infty}yf_Y(y)\mathrm{d}y\right]\\&=E(X)E(Y)\end{aligned}$$

性质(3)和性质(4)均可推广到任意有限个随机变量的情形。性质(2)～性质(4)中对离散型随机变量的证明留给读者。

【例 4-11】 设一电路中电流 I 与电阻 R 是两个相互独立的随机变量，其概率密度分别为

$$g(i)=\begin{cases}2i,&0\leqslant i\leqslant 1\\0,&\text{其他}\end{cases},\quad h(r)=\begin{cases}\dfrac{r^2}{9},&0\leqslant r\leqslant 3\\0,&\text{其他}\end{cases}$$

试求电压 $V=IR$ 的数学期望。

解
$$E(V)=E(IR)=E(I)E(R)$$
$$=\left[\int_{-\infty}^{+\infty}ig(i)\mathrm{d}i\right]\left[\int_{-\infty}^{+\infty}rh(r)\mathrm{d}r\right]$$
$$=\left(\int_0^1 2i^2\mathrm{d}i\right)\left(\int_0^3\frac{r^3}{9}\mathrm{d}r\right)$$
$$=\frac{3}{2}$$

【例 4-12】 设随机变量 X,Y 的概率密度分别为

$$f_X(x)=\begin{cases}2\mathrm{e}^{-2x}, & x>0\\0, & \text{其他}\end{cases}, \quad f_Y(y)=\begin{cases}4\mathrm{e}^{-4y}, & y>0\\0, & \text{其他}\end{cases}$$

试求 $E(X+2Y)$。

解　由题设可知，X 与 Y 都服从指数分布，所以有 $E(X)=\dfrac{1}{2}$，$E(Y)=\dfrac{1}{4}$，于是

$$E(X+2Y)=E(X)+2E(Y)=\frac{1}{2}+2\times\frac{1}{4}=1$$

第二节　方　　差

先看一个例子，有甲、乙两名射手，他们每次射击命中的环数分别用 X,Y 表示，已知 X,Y 的分布律分别为

X	8	9	10
p_k	0.2	0.6	0.2

Y	8	9	10
p_k	0.1	0.8	0.1

试问甲、乙两人谁的技术更好。

先求 X,Y 的均值，有

$$E(X)=8\times0.2+9\times0.6+10\times0.2=9(\text{环})$$
$$E(Y)=8\times0.1+9\times0.8+10\times0.1=9(\text{环})$$

可见，甲、乙每次射击的平均命中环数相等，他们的技术水平差不多，单从数学期望来看很难断定谁的技术更好。于是我们需进一步考虑：在技术水平相同的条件下谁的技术更稳定？如果用命中的环数 X 与它的均值 $E(X)$ 的离差 $|X-E(X)|$ 的均值 $E[|X-E(X)|]$ 来度量，$E[|X-E(X)|]$ 小表明 X 的取值集中于 $E(X)$ 的附近，技术稳定；$E[|X-E(X)|]$ 大表明 X 的取值分散，技术不稳定。为了计算方便，通常用离差 $|X-E(X)|$ 的平方的均值来度量随机变量 X 取值的分散程度，由此，可以求得

$$E\{[X-E(X)]^2\}=(8-9)^2\times0.2+(9-9)^2\times0.6+(10-9)^2\times0.2=0.4$$
$$E\{[Y-E(Y)]^2\}=(8-9)^2\times0.1+(9-9)^2\times0.8+(10-9)^2\times0.1=0.2$$

由上可知,乙的技术更稳定,从而乙的技术更好些。由此,引出方差的定义。

定义 4.3 设 X 为随机变量,若 $E\{[X-E(X)]^2\}$ 存在,则称 $E\{[X-E(X)]^2\}$ 为随机变量 X 的方差,记为 $D(X)$ 或 $\text{Var}(X)$,即

$$D(X)=\text{Var}(X)=E\{[X-E(X)]^2\} \tag{4-7}$$

而称

$$\sigma(X)=\sqrt{D(X)}$$

为随机变量 X 的标准差或均方差。

由定理 4.1,对离散型随机变量 X 有

$$D(X)=\sum_{k=1}^{\infty}[x_k-E(X)]^2 p_k \tag{4-8}$$

其中,$P\{X=x_k\}=p_k(k=1,2,\cdots)$ 是 X 的分布律。

对于连续型随机变量 X 有

$$D(X)=\int_{-\infty}^{+\infty}[x-E(X)]^2 f(x)\mathrm{d}x \tag{4-9}$$

其中,$f(x)$ 是 X 的概率密度。

由方差的定义及数学期望的性质有

$$\begin{aligned}
D(X)&=E\{[X-E(X)]^2\}\\
&=E[X^2-2XE(X)+E^2(X)]\\
&=E(X^2)-2E(X)E(X)+E^2(X)\\
&=E(X^2)-E^2(X)
\end{aligned}$$

随机变量 X 的方差通常按如下公式计算更方便:

$$D(X)=E(X^2)-E^2(X) \tag{4-10}$$

【例 4-13】 设随机变量 X 具有 $(0-1)$ 分布,其分布律为

X	0	1
p_k	$1-p$	p

求 $D(X)$。

解 $E(X)=p,E(X^2)=0^2\cdot(1-p)+1^2\cdot p=p$,由 (4-10) 式有

$$D(X)=E(X^2)-E^2(X)=p-p^2=p(1-p)$$

【例 4-14】 设随机变量 $X\sim\pi(\lambda)$,求 $D(X)$。

解 由 $X\sim\pi(\lambda)$ 知 $E(X)=\lambda$,则

$$\begin{aligned}
E(X^2)&=E[X(X-1)+X]=E[X(X-1)]+E(X)\\
&=\sum_{k=0}^{\infty}k(k-1)\frac{\lambda^k}{k!}\mathrm{e}^{-\lambda}+\lambda=\lambda^2\mathrm{e}^{-\lambda}\sum_{k=2}^{\infty}\frac{\lambda^{k-2}}{(k-2)!}+\lambda\\
&=\lambda^2\mathrm{e}^{-\lambda}\mathrm{e}^{\lambda}+\lambda=\lambda^2+\lambda
\end{aligned}$$

由(4-10)式有

$$D(X) = E(X^2) - E^2(X) = \lambda^2 + \lambda - \lambda^2 = \lambda$$

【例 4-15】 设 $X \sim U(a,b)$，求 $D(X)$。

解 由题设可知 X 的概率密度为

$$f(x) = \begin{cases} \dfrac{1}{b-a}, & a < x < b \\ 0, & \text{其他} \end{cases}$$

并且 $E(X) = \dfrac{a+b}{2}$。由(4-10)式有

$$D(X) = E(X^2) - E^2(X) = \int_a^b \frac{x^2}{b-a} \mathrm{d}x - \left(\frac{a+b}{2}\right)^2 = \frac{(b-a)^2}{12}$$

【例 4-16】 已知连续型随机变量 X 的分布函数为

$$F(x) = \begin{cases} 0, & x \leqslant 0 \\ \dfrac{x}{4}, & 0 < x \leqslant 4 \\ 1, & x > 4 \end{cases}$$

求 $E(X)$ 及 $D(X)$。

解 X 的概率密度为

$$f(x) = \frac{\mathrm{d}F(x)}{\mathrm{d}x} = \begin{cases} \dfrac{1}{4}, & 0 < x < 4 \\ 0, & \text{其他} \end{cases}$$

则 X 服从区间 $(0,4)$ 上的均匀分布，所以

$$E(X) = \frac{0+4}{2} = 2$$

$$D(X) = \frac{(4-0)^2}{12} = \frac{4}{3}$$

【例 4-17】 设随机变量 X 服从参数为 θ 的指数分布，其概率密度为

$$f(x) = \begin{cases} \dfrac{1}{\theta} \mathrm{e}^{-\frac{x}{\theta}}, & x > 0 \\ 0, & x \leqslant 0 \end{cases}$$

其中，$\theta > 0$，求 $D(X)$。

解 由 X 服从参数为 θ 的指数分布，知 $E(X) = \theta$，又

$$E(X^2) = \int_{-\infty}^{+\infty} x^2 f(x) \mathrm{d}x = \int_0^{+\infty} \frac{1}{\theta} x^2 \mathrm{e}^{-\frac{x}{\theta}} \mathrm{d}x$$

$$= -x^2 e^{-\frac{x}{\theta}} \Big|_0^{+\infty} + \int_0^{+\infty} 2x e^{-\frac{x}{\theta}} dx$$

$$= 2\theta^2$$

由(4-10)式有

$$D(X) = E(X^2) - E^2(X) = 2\theta^2 - \theta^2 = \theta^2$$

【例 4-18】 设 $X \sim N(\mu, \sigma^2)$，求 $D(X)$。

解 由题设知 X 的概率密度为

$$f(x) = \frac{1}{\sqrt{2\pi}\,\sigma} e^{-\frac{(x-\mu)^2}{2\sigma^2}}, \quad -\infty < x < +\infty$$

又已知 $E(X) = \mu$，于是 X 的方差为

$$D(X) = \int_{-\infty}^{+\infty} (x-\mu)^2 f(x) dx = \frac{1}{\sqrt{2\pi}\,\sigma} \int_{-\infty}^{+\infty} (x-\mu)^2 e^{-\frac{(x-\mu)^2}{2\sigma^2}} dx$$

令 $t = \dfrac{x-\mu}{\sigma}$，则

$$D(X) = \frac{\sigma^2}{\sqrt{2\pi}} \int_{-\infty}^{+\infty} t^2 e^{-\frac{t^2}{2}} dt = \frac{\sigma^2}{\sqrt{2\pi}} \sqrt{2\pi} = \sigma^2$$

由此可知，正态分布 $N(\mu, \sigma^2)$ 中的参数 σ 恰是服从该分布的随机变量的标准差，于是正态分布由它的数学期望及标准差（或方差）唯一确定。

【例 4-19】 设随机变量 X 的概率密度为

$$f(x) = \begin{cases} 1+x, & -1 \leqslant x \leqslant 0 \\ 1-x, & 0 < x \leqslant 1 \\ 0, & 其他 \end{cases}$$

求 $D(X)$。

解
$$E(X) = \int_{-\infty}^{+\infty} x f(x) dx = \int_{-1}^0 x(1+x) dx + \int_0^1 x(1-x) dx = 0$$

$$E(X^2) = \int_{-\infty}^{+\infty} x^2 f(x) dx = \int_{-1}^0 x^2 (1+x) dx + \int_0^1 x^2 (1-x) dx$$

$$= 2 \int_0^1 x^2 (1-x) dx = \frac{1}{6}$$

于是

$$D(X) = E(X^2) - E^2(X) = \frac{1}{6}$$

方差具有以下性质（设以下所提及的随机变量的方差均存在）。

(1) 设 C 是常数，则 $D(C) = 0$。

(2) 设 X 是随机变量，C 是常数，则有

$$D(CX) = C^2 D(X)$$

（3）设 X, Y 两个随机变量，则有

$$D(X+Y) = D(X) + D(Y) + 2E\{[X-E(X)][Y-E(Y)]\} \qquad (4\text{-}11)$$

特别地，若 X 与 Y 相互独立，则有

$$D(X+Y) = D(X) + D(Y) \qquad (4\text{-}12)$$

这一性质可以推广到任意有限个相互独立的随机变量之和的情况。

（4）$D(X) = 0$ 的充要条件是 X 以概率 1 取常数 $E(X)$，即

$$P\{X = E(X)\} = 1$$

证 （1）$D(C) = E\{[C-E(C)]^2\} = 0$

（2）$D(CX) = E\{[CX-E(CX)]^2\} = C^2 E\{[X-E(X)]^2\} = C^2 D(X)$

（3）$D(X+Y) = E\{[(X+Y)-E(X+Y)]^2\} = E\{[(X-E(X))+(Y-E(Y))]^2\}$

$$= E\{[X-E(X)]^2\} + E\{[Y-E(Y)]^2\} + 2E\{[X-E(X)][Y-E(Y)]\}$$

当 X 与 Y 相互独立时 $X-E(X)$ 与 $Y-E(Y)$ 也相互独立，由数学期望的性质（4），上式右端第三项

$$2E\{[X-E(X)][Y-E(Y)]\} = 2E[X-E(X)]E[Y-E(Y)] = 0$$

于是

$$D(X+Y) = D(X) + D(Y)$$

性质（4）证明从略。

【例 4-20】 设 $X \sim b(n, p)$，求 $D(X)$。

解 由二项分布的定义知，随机变量 X 是 n 重伯努利试验中事件 A 发生的次数，且在每次试验中事件 A 发生的概率为 p。引入随机变量：

$$X_k = \begin{cases} 1, & A \text{ 在第 } k \text{ 次试验发生} \\ 0, & A \text{ 在第 } k \text{ 次试验不发生} \end{cases}, \quad k = 1, 2, \cdots, n$$

易知

$$X = X_1 + X_2 + \cdots + X_n \qquad (4\text{-}13)$$

且 $X_1, X_2, \cdots, X_n$ 相互独立。又知 $X_k (k = 1, 2, \cdots, n)$ 服从同一 $(0-1)$ 分布

X	0	1
p_k	$1-p$	p

那么 $X = X_1 + X_2 + \cdots + X_n$ 服从 $b(n, p)$。所以有

$$D(X_k) = p(1-p), \quad k = 1, 2, \cdots, n, \quad D(X) = \sum_{k=1}^{n} D(X_k) = np(1-p)$$

我们知道,方差反映了随机变量离开数学期望的平均偏离程度。如果随机变量为 X,数学期望为 $E(X)$,方差为 $D(X)$,那么对任意的大于零的常数 ε,事件 $(|X-E(X)|\geqslant\varepsilon)$ 发生的概率 $P[|X-E(X)|\geqslant\varepsilon]$ 应该与 $D(X)$ 有一定的关系。简单地说,$D(X)$ 越大,$P[|X-E(X)|\geqslant\varepsilon]$ 也越大。我们把它写成定理的形式。

定理 4.2 设随机变量 X 具有数学期望 $E(X)=\mu$,方差 $D(X)=\sigma^2$,则对于任意正数 ε,不等式

$$P\{|X-\mu|\geqslant\varepsilon\}\leqslant\frac{\sigma^2}{\varepsilon^2} \tag{4-14}$$

成立。

这一不等式称为切比雪夫不等式。切比雪夫不等式也可写成如下形式:

$$P\{|X-\mu|<\varepsilon\}\geqslant1-\frac{\sigma^2}{\varepsilon^2} \tag{4-15}$$

下面我们只就连续型随机变量的情况来证明。

证 设 X 的概率密度为 $f(x)$,则有

$$
\begin{aligned}
P\{|X-\mu|\geqslant\varepsilon\} &= \int_{|X-\mu|\geqslant\varepsilon} f(x)\mathrm{d}x \\
&\leqslant \int_{|X-\mu|\geqslant\varepsilon} \frac{|x-\mu|^2}{\varepsilon^2} f(x)\mathrm{d}x \\
&\leqslant \frac{1}{\varepsilon^2}\int_{-\infty}^{+\infty}(x-\mu)^2 f(x)\mathrm{d}x = \frac{\sigma^2}{\varepsilon^2}
\end{aligned}
$$

切比雪夫不等式给出了在随机变量的分布未知,而只知 $E(X)$ 和 $D(X)$ 的情况下估计概率 $P\{|X-E(X)|<\varepsilon\}$ 的界限。

【**例 4-21**】 设在每次试验中,事件 A 出现的概率均为 $\frac{3}{4}$,用切比雪夫不等式估计,进行多少次独立重复试验才能使事件 A 出现的频率为 $0.74\sim0.76$ 的概率至少为 0.90?

解 设 X 表示在 n 次独立重复试验中事件 A 发生的次数,则 $X\sim b\left(n,\frac{3}{4}\right)$,$X$ 的期望和方差分别是

$$E(X)=n\cdot\frac{3}{4}=0.75n, \quad D(X)=n\cdot\frac{3}{4}\cdot\frac{1}{4}=0.187\ 5n$$

由切比雪夫不等式,得

$$
\begin{aligned}
P\left\{0.74\leqslant\frac{X}{n}\leqslant0.76\right\} &= P\left\{0.74-0.75\leqslant\frac{X}{n}-0.75\leqslant0.76-0.75\right\} \\
&= P\left\{\left|\frac{X}{n}-0.75\right|\leqslant0.01\right\} = P\{|X-0.75n|\leqslant0.01n\} \\
&\geqslant 1-\frac{0.187\ 5n}{(0.01n)^2} = 1-\frac{1\ 875}{n}
\end{aligned}
$$

由此可知,要使 $P\left\{0.74\leqslant\dfrac{X}{n}\leqslant0.76\right\}\geqslant0.90$,只要 $1-\dfrac{1\,875}{n}\geqslant0.90$ 即可,由该式可解出 $n\geqslant18\,750$,即至少要进行 18 750 次试验才能达到要求。

第三节 协方差及相关系数

本节中我们将讨论描述二维随机变量 (X,Y) 的两个随机变量 X 和 Y 之间相互关系的数字特征。如果随机变量 X 和 Y 相互独立,则

$$E\{[X-E(X)][Y-E(Y)]\}=0$$

这意味着当 $E\{[X-E(X)][Y-E(Y)]\}\neq0$ 时,X 和 Y 不相互独立,而是存在一定的关系。

定义 4.4 量 $E\{[X-E(X)][Y-E(Y)]\}$ 称为随机变量 X 与 Y 的协方差。记为 $\mathrm{Cov}(X,Y)$,即

$$\mathrm{Cov}(X,Y)=E\{[X-E(X)][Y-E(Y)]\}$$

而

$$\rho_{XY}=\frac{\mathrm{Cov}(X,Y)}{\sqrt{D(X)}\sqrt{D(Y)}}$$

称为随机变量 X 与 Y 的相关系数。

协方差具有以下性质。

(1) $\mathrm{Cov}(X,Y)=\mathrm{Cov}(Y,X)$。

(2) $\mathrm{Cov}(X,X)=D(X)$。

(3) $D(X+Y)=D(X)+D(Y)+2\mathrm{Cov}(X,Y)$。

(4) $\mathrm{Cov}(X,Y)=E(XY)-E(X)E(Y)$,通常以此来计算协方差。

(5) $\mathrm{Cov}(aX,bY)=ab\mathrm{Cov}(X,Y)$($a,b$ 是常数)。

(6) $\mathrm{Cov}(X+Y,Z)=\mathrm{Cov}(X,Z)+\mathrm{Cov}(Y,Z)$。

证 (4) $\mathrm{Cov}(X,Y)=E\{[X-E(X)][Y-E(Y)]\}$

$$=E(XY)-E(X)E(Y)-E(Y)E(X)+E(X)E(Y)$$

$$=E(XY)-E(X)E(Y)$$

即

$$\mathrm{Cov}(X,Y)=E(XY)-E(X)E(Y)$$

(6) 由定义知 $\mathrm{Cov}(X,Y)=E\{[X-E(X)]\cdot[Y-E(Y)]\}$,可得

$\mathrm{Cov}(X+Y,Z)=E\{[(X+Y)-E(X+Y)]\cdot[Z-E(Z)]\}$

$$=E\{[X-E(X)+Y-E(Y)]\cdot[Z-E(Z)]\}$$

$$=E\{[X-E(X)]\cdot[Z-E(Z)]\}+E\{[Y-E(Y)]\cdot[Z-E(Z)]\}$$

$$=\mathrm{Cov}(X,Z)+\mathrm{Cov}(Y,Z)$$

【例 4-22】 设(X,Y)的分布律如下表所示,$0<p<1$,求 $\text{Cov}(X,Y)$ 和 ρ_{XY}。

Y \ X	0	1
0	$1-p$	0
1	0	p

解 X 的分布律为 $P\{X=1\}=p$,$P\{X=0\}=1-p$。故
$$E(X)=p,\quad D(X)=p(1-p)$$

同理
$$E(Y)=p,\quad D(Y)=p(1-p)$$

易知
$$E(XY)=p$$

于是有
$$\text{Cov}(X,Y)=E(XY)-E(X)E(Y)=p-p^2=p(1-p)$$
$$\rho_{XY}=\frac{\text{Cov}(X,Y)}{\sqrt{D(X)}\sqrt{D(Y)}}=\frac{p(1-p)}{\sqrt{p(1-p)}\sqrt{p(1-p)}}=1$$

【例 4-23】 设(X,Y)的概率密度为
$$f(x,y)=\begin{cases}x+y,&0<x<1,0<y<1\\0,&\text{其他}\end{cases}$$

求 $\text{Cov}(X,Y)$。

解 由 $f(x,y)$ 求得边缘概率密度
$$f_X(x)=\begin{cases}x+\dfrac{1}{2},&0<x<1\\0,&\text{其他}\end{cases},\quad f_Y(y)=\begin{cases}y+\dfrac{1}{2},&0<y<1\\0,&\text{其他}\end{cases}$$

随机变量 X,Y 及 XY 的数学期望为
$$E(X)=\int_0^1 x\left(x+\frac{1}{2}\right)\mathrm{d}x=\frac{7}{12},\quad E(Y)=\int_0^1 y\left(y+\frac{1}{2}\right)\mathrm{d}y=\frac{7}{12}$$

$$E(XY)=\int_0^1\int_0^1 xy(x+y)\mathrm{d}x\,\mathrm{d}y=\int_0^1\int_0^1 x^2 y\,\mathrm{d}x\,\mathrm{d}y+\int_0^1\int_0^1 xy^2\,\mathrm{d}x\,\mathrm{d}y=\frac{1}{3}$$

所以有
$$\text{Cov}(X,Y)=E(XY)-E(X)E(Y)=\frac{1}{3}-\frac{7}{12}\times\frac{7}{12}=-\frac{1}{144}$$

相关系数具有以下性质。

(1) $|\rho_{XY}|\leqslant 1$。

(2) $|\rho_{XY}|=1$ 的充要条件是存在常数 a,b，使 $P\{Y=aX+b\}=1$。

上述性质表明，相关系数 ρ_{XY} 是刻画 X 与 Y 间线性相关程度的数字特征。一般而言，$|\rho_{XY}|$ 越大，表明 X 与 Y 的线性关系越密切，当 $|\rho_{XY}|=1$ 时，X 与 Y 存在线性关系 $Y=aX+b$ 的概率为 1。于是 ρ_{XY} 是一个表征 X,Y 之间线性关系紧密程度的量。当 $|\rho_{XY}|$ 较大时，我们通常说 X,Y 线性相关的程度较好；当 $|\rho_{XY}|$ 较小时，我们通常说 X,Y 线性相关的程度较差。

定义 4.5　若 X 与 Y 的相关系数 $\rho_{XY}=0$，则称 X 与 Y 不相关。

假设随机变量 X,Y 的相关系数 ρ_{XY} 存在。当 X 与 Y 相互独立时，由数学期望的性质 (4) 及 (4-17) 式知 $\mathrm{Cov}(X,Y)=0$，从而 $\rho_{XY}=0$，即 X 与 Y 不相关。反之，若 X 与 Y 不相关，X 与 Y 却不一定相互独立。上述情况从"不相关"和"相互独立"的含义来看是明显的。这是因为不相关只是就线性关系来说的，而相互独立是就一般关系而言的。

【例 4-24】　设 (X,Y) 的分布律为

Y \ X	-2	-1	1	2	$p_{\cdot j}$
1	0	$\dfrac{1}{4}$	$\dfrac{1}{4}$	0	$\dfrac{1}{2}$
4	$\dfrac{1}{4}$	0	0	$\dfrac{1}{4}$	$\dfrac{1}{2}$
$p_{i\cdot}$	$\dfrac{1}{4}$	$\dfrac{1}{4}$	$\dfrac{1}{4}$	$\dfrac{1}{4}$	1

易知 $E(X)=0,E(Y)=\dfrac{5}{2},E(XY)=0$，于是 $\rho_{XY}=0$，X 与 Y 不相关。这表示 X,Y 不存在线性关系。$P\{X=-2,Y=1\}=0\neq P\{X=-2\}P\{Y=1\}$，知 X 与 Y 不相互独立。事实上，X 与 Y 具有关系：$Y=X^2$，Y 的值完全可由 X 的值确定。

【例 4-25】　设 (X,Y) 服从二维正态分布，它的概率密度为

$$f(x,y)=\frac{1}{2\pi\sigma_1\sigma_2\sqrt{1-\rho^2}}\exp\left\{\frac{-1}{2(1-\rho^2)}\left[\frac{(x-\mu_1)^2}{\sigma_1^2}-2\rho\frac{(x-\mu_1)(y-\mu_2)}{\sigma_1\sigma_2}+\frac{(y-\mu_2)^2}{\sigma_2^2}\right]\right\}$$

$(-\infty<x,y<+\infty)$，求 $\mathrm{Cov}(X,Y)$ 和 ρ_{XY}。

解　(X,Y) 的边缘概率密度为

$$f_X(x)=\frac{1}{\sqrt{2\pi}\sigma_1}\mathrm{e}^{-\frac{(x-\mu_1)^2}{2\sigma_1^2}},\quad -\infty<x<+\infty$$

$$f_Y(y)=\frac{1}{\sqrt{2\pi}\sigma_2}\mathrm{e}^{-\frac{(y-\mu_2)^2}{2\sigma_2^2}},\quad -\infty<y<+\infty$$

易知 $E(X)=\mu_1,E(Y)=\mu_2,D(X)=\sigma_1^2,D(Y)=\sigma_2^2$。而

$$\mathrm{Cov}(X,Y)=\int_{-\infty}^{+\infty}\int_{-\infty}^{+\infty}(x-\mu_1)(y-\mu_2)f(x,y)\mathrm{d}x\mathrm{d}y$$

$$= \frac{1}{2\pi\sigma_1\sigma_2\sqrt{1-\rho^2}} \int_{-\infty}^{+\infty}\int_{-\infty}^{+\infty}(x-\mu_1)(y-\mu_2)$$

$$\times \exp\left[\frac{-1}{2(1-\rho^2)}\left(\frac{y-\mu_2}{\sigma_2}-\rho\frac{x-\mu_1}{\sigma_1}\right)^2 - \frac{(x-\mu_1)^2}{2\sigma_1^2}\right]\mathrm{d}x\,\mathrm{d}y$$

令 $t = \dfrac{1}{\sqrt{1-\rho^2}}\left(\dfrac{y-\mu_2}{\sigma_2}-\rho\dfrac{x-\mu_1}{\sigma_1}\right)$，$u = \dfrac{x-\mu_1}{\sigma_1}$，则有

$$\mathrm{Cov}(X,Y) = \frac{1}{2\pi}\int_{-\infty}^{+\infty}\int_{-\infty}^{+\infty}(\sigma_1\sigma_2\sqrt{1-\rho^2}\,tu + \rho\sigma_1\sigma_2 u^2)\mathrm{e}^{-\frac{u^2+t^2}{2}}\mathrm{d}t\,\mathrm{d}u$$

$$= \frac{\rho\sigma_1\sigma_2}{2\pi}\left(\int_{-\infty}^{+\infty}u^2\mathrm{e}^{-\frac{u^2}{2}}\mathrm{d}u\right)\left(\int_{-\infty}^{+\infty}\mathrm{e}^{-\frac{t^2}{2}}\mathrm{d}t\right) + \frac{\sigma_1\sigma_2\sqrt{1-\rho^2}}{2\pi}\left(\int_{-\infty}^{+\infty}u\mathrm{e}^{-\frac{u^2}{2}}\mathrm{d}u\right)\left(\int_{-\infty}^{+\infty}t\mathrm{e}^{-\frac{t^2}{2}}\mathrm{d}t\right)$$

$$= \frac{\rho\sigma_1\sigma_2}{2\pi}\sqrt{2\pi}\cdot\sqrt{2\pi} = \rho\sigma_1\sigma_2$$

即有

$$\mathrm{Cov}(X,Y) = \rho\sigma_1\sigma_2$$

于是

$$\rho_{XY} = \frac{\mathrm{Cov}(X,Y)}{\sqrt{D(X)}\sqrt{D(Y)}} = \rho$$

这就是说，二维正态随机变量 (X,Y) 的概率密度中的参数 ρ 就是 X 与 Y 的相关系数，因此二维正态随机变量的分布完全可由 X,Y 各自的数学期望、方差以及它们的相关系数确定。

若 (X,Y) 服从二维正态分布，那么 (X,Y) 相互独立的充要条件为 $\rho=0$。因此，对二维正态随机变量 (X,Y) 来说，X 和 Y 不相关与 X 和 Y 相互独立是等价的。

第四节　矩、协方差矩阵

数学期望、方差、协方差是随机变量最常用的数字特征，它们都是特殊的矩。矩是更广泛的数字特征，它在数理统计中有着重要的应用。

定义 4.6　设 X 和 Y 是随机变量，若

$$E(X^k),\quad k=1,2,\cdots$$

存在，称它为 X 的 k 阶原点矩，简称 k 阶矩。

若

$$E\{[X-E(X)]^k\},\quad k=2,3,\cdots$$

存在,称它为 X 的 k 阶中心矩。

若

$$E(X^k Y^l), \quad k,l=1,2,\cdots$$

存在,称它为 X 和 Y 的 $k+l$ 阶混合矩。

若

$$E\{[X-E(X)]^k[Y-E(Y)]^l\}, \quad k,l=1,2,\cdots$$

存在,称它为 X 和 Y 的 $k+l$ 阶混合中心矩。

显然,X 的数学期望 $E(X)$ 是 X 的一阶原点矩,方差 $D(X)$ 是 X 的二阶中心矩,协方差 $\mathrm{Cov}(X,Y)$ 是 X 和 Y 的二阶混合中心矩。

当 X 为离散型随机变量,其分布律为 $P\{X=x_i\}=p_i(i=1,2,\cdots)$,则

$$E(X^k)=\sum_{i=1}^{\infty}x_i^k p_i, \quad k=1,2,\cdots$$

$$E\{[X-E(X)]^k\}=\sum_{i=1}^{\infty}[x_i-E(X)]^k p_i, \quad k=2,3,\cdots$$

当 X 为连续型随机变量,其概率密度为 $f(x)$,则

$$E(X^k)=\int_{-\infty}^{+\infty}x^k f(x)\mathrm{d}x, \quad k=1,2,\cdots$$

$$E\{[X-E(X)]^k\}=\int_{-\infty}^{+\infty}[x-E(X)]^k f(x)\mathrm{d}x, \quad k=2,3,\cdots$$

下面介绍 n 维随机变量的协方差矩阵。

二维随机变量 (X_1,X_2) 有 4 个二阶中心矩(设它们都存在),分别记为

$$c_{11}=E\{[X_1-E(X_1)]^2\}$$
$$c_{12}=E\{[X_1-E(X_1)][X_2-E(X_2)]\}$$
$$c_{21}=E\{[X_2-E(X_2)][X_1-E(X_1)]\}$$
$$c_{22}=E\{[X_2-E(X_2)]^2\}$$

将它们排成矩阵的形式

$$\begin{pmatrix} c_{11} & c_{12} \\ c_{21} & c_{22} \end{pmatrix}$$

称这个矩阵为随机变量 (X_1,X_2) 的协方差矩阵。

设 n 维随机变量 $(X_1,X_2,\cdots,X_n)$ 的二阶混合中心矩

$$c_{ij}=\mathrm{Cov}(X_i,X_j)=E\{[X_i-E(X_i)][X_j-E(X_j)]\}, \quad i,j=1,2,\cdots,n$$

都存在,称矩阵

$$C = \begin{pmatrix} c_{11} & c_{12} & \cdots & c_{1n} \\ c_{21} & c_{22} & \cdots & c_{2n} \\ \vdots & \vdots & & \vdots \\ c_{n1} & c_{n2} & \cdots & c_{nn} \end{pmatrix}$$

为 n 维随机变量 $(X_1, X_2, \cdots, X_n)$ 的协方差矩阵。由于 $c_{ij} = c_{ji} (i \neq j, i, j = 1, 2, \cdots, n)$，所以协方差矩阵是一个对称矩阵。

协方差矩阵给出了 n 维随机变量的全部方差及协方差，在研究 n 维随机变量的统计规律时具有重要作用。

习 题 四

一、填空题

1. 已知 X 服从二项分布 $b(n, p)$，且 $E(X) = 2.4, D(X) = 1.44$，则 $n = $ _____，$p = $ _____。

2. 设随机变量 X_1, X_2 相互独立，且 X_1 服从二项分布 $b(20, 0.7)$，X_2 服从 $\lambda = 3$ 的泊松分布 $\pi(3)$。记 $Y = X_1 - 2X_2 + 2$，则 $E(Y) = $ _____，$D(Y) = $ _____。

3. 若 $D(X) = 25, D(Y) = 36, \rho_{XY} = 0.4$，则 $D(X - Y) = $ _____。

4. 设随机变量 X 的 $E(X) = 75, D(X) = 5$，用切比雪夫不等式估计得 $P\{|X - 75| \geqslant k\} \leqslant 0.05$，则 $k = $ _____。

5. 设随机变量 X 的概率密度为 $f(x) = \dfrac{1}{2} e^{-|x|} (-\infty < x < +\infty)$，则有 $E(X) = $ _____，$D(X) = $ _____。

二、选择题

1. 设有一群人中受某病感染患病的占 20%，现随机从此群人中抽出 50 人，则患病人数的数学期望和方差分别为（   ）。

    A. 25 和 8   B. 10 和 2.8   C. 25 和 64   D. 10 和 8

2. 设 X_1, X_2 是随机变量，其数学期望、方差都存在，C 是常数，下列命题中正确的有（   ）个。

    (1) $E(CX_1 + b) = CE(X_1) + b$ (2) $E(X_1 + X_2) = E(X_1) + E(X_2)$

    (3) $D(CX_1 + b) = C^2 D(X_1) + b$ (4) $D(X_1 + X_2) = D(X_1) + D(X_2)$

    A. 4   B. 3   C. 2   D. 1

3. 设随机变量 X, Y 的相关系数 $\rho_{XY} = 0$，则下列选项错误的是（   ）。

    A. X, Y 必相互独立   B. X, Y 必不相关

    C. 必有 $E(XY) = E(X)E(Y)$ D. 必有 $D(X + Y) = D(X) + D(Y)$

4. (2015 年考研题) 设随机变量 X, Y 不相关，且 $E(X) = 2, E(Y) = 1, D(X) = 3$，则 $E[X(X + Y - 2)] = $（   ）。

    A. -3 B. 3   C. -5 D. 5

5. 设随机变量 $X \sim U[0,6]$，$Y \sim B\left(12, \dfrac{1}{4}\right)$ 且 X,Y 相互独立，根据切比雪夫不等式有 $P(X-3<Y<X+3)($)。

A. $\leqslant 0.25$ B. $\leqslant \dfrac{5}{12}$ C. $\geqslant 0.75$ D. $\geqslant \dfrac{5}{12}$

三、计算题

1. 盒中有 5 个球，其中有 3 个白球、2 个黑球，从中任取两个球，求白球数 X 的数学期望。

2. 甲、乙两台机器一天中出现次品的概率分布分别为

X	0	1	2	3
p_k	0.4	0.3	0.2	0.1

Y	0	1	2	3
p_k	0.3	0.5	0.2	0

若两台机器的日产量相同，哪台机器较好？

3. 设测量圆形物体的半径 R 的分布律为

R	10	11	12	13
p_k	0.1	0.4	0.3	0.2

求 $E(R)$ 及圆面积的数学期望。

4. 一副纸牌共有 N 张，其中有 3 张 A，随机洗牌，然后从顶部开始一张一张地翻牌，直至第 2 张 A 出现为止，求翻过牌数 X 的数学期望。

5. 已知 (X,Y) 的分布律为

Y \ X	-1	1	2
-1	$\dfrac{5}{20}$	$\dfrac{2}{20}$	$\dfrac{6}{20}$
2	$\dfrac{3}{20}$	$\dfrac{3}{20}$	$\dfrac{1}{20}$

求：(1) $E(X)$，$E(Y)$；(2) $E(X-Y)$；(3) $E(XY)$。

6. 某射手每次射击击中目标的概率都是 p，他现在连续向一目标射击，直到第一次击中为止，求射击次数 X 的数学期望。

7. 某射手每次射击击中目标的概率都是 p，他手中有 10 发子弹，准备对一目标连续射击（每次打一发），一旦击中目标或子弹打完，就立刻转移到别的地方，问他在转移前平均射击几次？

8. 设随机变量 X 的概率密度为

$$f(x)=\begin{cases} ax, & 0<x<2 \\ cx+b, & 2\leqslant x\leqslant 4 \\ 0, & \text{其他} \end{cases}$$

且有 $E(X)=2$，$P\{1<X<3\}=\dfrac{3}{4}$，求：(1) 常数 a,b,c；(2) $Y=\mathrm{e}^X$ 的数学期望与方差。

9. 设随机变量 X 的概率密度为

$$f(x)=\begin{cases} \mathrm{e}^{-x}, & x>0 \\ 0, & x\leqslant 0 \end{cases}$$

求：(1) $Y=2X$；(2) $Y=\mathrm{e}^{-2X}$ 的数学期望。

10. 设 (X,Y) 的联合概率密度为

$$f(x,y)=\begin{cases} 12y^2, & 0\leqslant y\leqslant x\leqslant 1 \\ 0, & \text{其他} \end{cases}$$

求：$E(X),E(Y),E(XY),E(X^2+Y^2)$。

11. 设 X 与 Y 相互独立，试证：

$$D(XY)=D(X)D(Y)+E^2(X)D(Y)+E^2(Y)D(X)$$

12. 已知 $X\sim N(1,3^2)$，$Y\sim N(0,4^2)$，$\rho_{XY}=-\dfrac{1}{2}$，设随机变量 $Z=\dfrac{X}{3}+\dfrac{Y}{2}$。

求：(1) $E(Z)$ 与 $D(Z)$；(2) X 与 Z 的相关系数 ρ_{XZ}。

13. 设一部机器在一天内发生故障的概率为 0.2，机器发生故障时，全天停止工作，一周五个工作日，若无故障，可获利 10 万元，若发生一次故障，仍可获利 5 万元，若发生两次故障，获利为零，若至少发生三次故障，要亏损 2 万元，求一周内的利润期望。

14. 设甲、乙两家灯泡厂生产灯泡的寿命(单位：h) X 和 Y 的分布律分别为

X	900	1 000	1 100
p_k	0.1	0.8	0.1

Y	950	1 000	1 050
p_k	0.3	0.4	0.3

试问：哪家工厂生产的灯泡质量较好？

15. 设随机变量 X 的分布律为

X	1	2	3
p_k	0.3	0.5	0.2

求：(1) $Y=2X-1$ 的数学期望和方差；(2) $Z=X^2$ 的数学期望和方差。

16. 一台设备由三大部件构成，在设备运转中部件需要调整的概率分别为 0.1，0.2，0.3。假设各部件的状态相互独立，以 X 表示同时需要调整的部件数，试求 X 的方差。

17. 设电压(以 V 计) $X\sim N(0,9)$。将电压施加于一检波器，其输出电压为 $Y=5X^2$，求输出电压 Y 的均值。

18. 设随机变量 X 服从 $\left(-\dfrac{1}{2},\dfrac{1}{2}\right)$ 上的均匀分布，

$$y = g(x) = \begin{cases} \ln x, & x > 0 \\ 0, & x \leqslant 0 \end{cases}$$

求 $Y = g(X)$ 的数学期望和方差。

19. 设相互独立的两个随机变量 X, Y 具有同一分布，X 的分布律为

$$P\{X = 0\} = P\{X = 1\} = \frac{1}{2}$$

求 $\max\{X, Y\}$ 和 $\min\{X, Y\}$ 的数学期望。

20. 已知正常男性成人每毫升血液中的白细胞数（单位：个）平均是 7 300，均方差是 700。利用切比雪夫不等式估计每毫升血液中白细胞数在 5 200～9 400 的概率。

21. 设随机变量 X 与 Y 的联合分布律为

Y \ X	-1	0	1
-1	$\frac{1}{8}$	$\frac{1}{8}$	$\frac{1}{8}$
0	$\frac{1}{8}$	0	$\frac{1}{8}$
1	$\frac{1}{8}$	$\frac{1}{8}$	$\frac{1}{8}$

试问：X 与 Y 是否相关？是否相互独立？

22. 设随机变量 (X, Y) 的概率密度为

$$f(x, y) = \begin{cases} \dfrac{1}{\pi}, & x^2 + y^2 \leqslant 1 \\ 0, & \text{其他} \end{cases}$$

试问：X 与 Y 是否相关？是否相互独立？

23. 两个随机变量 X 和 Y 满足

$$E(X) = 2, \quad E(Y) = 3, \quad E(XY) = 10, \quad E(X^2) = 9, \quad E(Y^2) = 16$$

求协方差 $\mathrm{Cov}(X, Y)$ 和相关系数 ρ_{XY}。

24. 设随机变量 (X, Y) 具有的概率密度为

$$f(x, y) = \begin{cases} \dfrac{1}{8}(x + y), & 0 \leqslant x \leqslant 2, 0 \leqslant y \leqslant 2 \\ 0, & \text{其他} \end{cases}$$

求：$E(X), E(Y), \mathrm{Cov}(X, Y), D(X+Y)$ 及 ρ_{XY}。

25. 设随机变量 (X, Y) 具有的概率密度为

$$f(x, y) = \begin{cases} 6xy^2, & 0 < x < 1, 0 < y < 2 \\ 0, & \text{其他} \end{cases}$$

求 (X, Y) 的协方差矩阵。

26. 小王打算采用分散投资的方式来降低股票投资风险,计划同时购买甲、乙两种股票。根据长期观察研究,小王发现这两种股票的月利率(按每单位金额计算)X 与 Y 为随机的,且具有以下特点:

$$E(X)=E(Y)=0.05, \quad D(X)=0.0016, \quad D(Y)=0.0009, \quad \rho_{XY}=-0.5$$

试问:小王应采用何种投资比例分别购买这两种股票,才能使风险降到最低?

第五章　大数定律及中心极限定理

随机事件在大量重复实验下所体现的稳定性,是求解事件发生概率的事实基础,本章中的大数定律给出了这种稳定性的理论基础。此外,客观实际中许多由大量独立的随机因素叠加而成的随机变量往往近似服从正态分布,中心极限定理则给出这种近似逼近的条件和结论。大数定律与中心极限定理是概率论中两类极限定理的统称,揭示了随机现象的重要统计规律,是极限理论的重要应用,在概率论与数理统计的理论研究和应用中占有十分重要的地位。

第一节　大数定律

事件发生的频率具有稳定性,而频率的稳定性又是概率定义的客观基础。本节将利用概率近似为 1 或 0 的事件比较接近于确定性现象这一思想,对频率的稳定性做出理论的说明。

定义 5.1　设 $X_1, X_2, \cdots, X_n, \cdots$ 是一个随机变量序列,a 是一个常数,若对于任意正数 ε,有

$$\lim_{n \to \infty} P\{|X_n - a| < \varepsilon\} = 1 \tag{5-1}$$

或

$$\lim_{n \to \infty} P\{|X_n - a| \geqslant \varepsilon\} = 0 \tag{5-2}$$

则称序列 $X_1, X_2, \cdots, X_n, \cdots$ 依概率收敛于 a,记为

$$X_n \xrightarrow{p} a \tag{5-3}$$

依概率收敛的序列还有以下的性质:设 $X_n \xrightarrow{p} a$,$Y_n \xrightarrow{p} b$,又设函数 $g(x, y)$ 在点 (a, b) 连续,则

$$g(X_n, Y_n) \xrightarrow{p} (a, b)$$

依概率收敛不同于高等数学中的收敛概念,在定义时要兼顾随机变量"取值"与"概率"两个特性。

对于相互独立的随机变量 $X_1, X_2, \cdots, X_n$ 还有以下定理成立。

定理 5.1（辛钦大数定律）　设 $X_1, X_2, \cdots$ 是相互独立的具有同一分布的随机变量序列,$E(X_k) = \mu(k = 1, 2, \cdots)$。作前 n 个随机变量的算术平均

$$\overline{X}_n = \frac{1}{n}\sum_{k=1}^{n} X_k$$

则

$$\overline{X}_n \xrightarrow{p} \mu \tag{5-4}$$

即对于任意正数 ε，有

$$\lim_{n \to \infty} P\left\{ \left| \frac{1}{n}\sum_{k=1}^{n} X_k - \mu \right| < \varepsilon \right\} = 1 \tag{5-5}$$

或

$$\lim_{n \to \infty} P\left\{ \left| \frac{1}{n}\sum_{k=1}^{n} X_k - \mu \right| \geqslant \varepsilon \right\} = 0 \tag{5-6}$$

证 我们只在随机变量的方差 $D(X_k) = \sigma^2 (k=1,2,\cdots)$ 存在这一条件下证明上述结果。先来计算

$$E\left(\frac{1}{n}\sum_{k=1}^{n} X_k \right) = \frac{1}{n}\sum_{k=1}^{n} E(X_k) = \frac{1}{n}n\mu = \mu$$

又由独立性得

$$D\left(\frac{1}{n}\sum_{k=1}^{n} X_k \right) = \frac{1}{n^2}\sum_{k=1}^{n} D(X_k) = \frac{1}{n^2}n\sigma^2 = \frac{\sigma^2}{n}$$

再由切比雪夫不等式得

$$P\left\{ \left| \frac{1}{n}\sum_{k=1}^{n} X_k - \mu \right| < \varepsilon \right\} \geqslant 1 - \frac{\sigma^2/n}{\varepsilon^2}$$

在上式中令 $n \to \infty$，得

$$\lim_{n \to \infty} P\left\{ \left| \frac{1}{n}\sum_{k=1}^{n} X_k - \mu \right| < \varepsilon \right\} = 1$$

由此

$$\overline{X}_n \xrightarrow{p} \mu$$

辛钦大数定律所阐述的是：对于独立同分布且具有相同均值 μ 的随机变量 $X_1, X_2, \cdots, X_n$，当 n 充分大时，它们的算术平均 $\overline{X}_n = \frac{1}{n}\sum_{k=1}^{n} X_k$ 很可能接近于 μ。

显然，辛钦大数定律为寻找随机变量的期望值提供了一条切实可行的方法。

定理 5.2(伯努利大数定律) 设 n_A 是 n 次独立重复试验中事件 A 发生的次数，p 是事件 A 在每次试验中发生的概率，则

$$\frac{n_A}{n} \xrightarrow{p} p \tag{5-7}$$

即对于任意正数 $\varepsilon > 0$，有

$$\lim_{n \to \infty} P\left\{ \left| \frac{n_A}{n} - p \right| < \varepsilon \right\} = 1 \tag{5-8}$$

或

$$\lim_{n \to \infty} P\left\{ \left| \frac{n_A}{n} - p \right| \geqslant \varepsilon \right\} = 0 \tag{5-9}$$

证 设 $X_1, X_2, \cdots, X_n$ 是相互独立的随机变量，均服从以 p 为参数的 $(0-1)$ 分布，$E(X_k) = p(k=1,2,\cdots,n)$，则

$$n_A = X_1 + X_2 + \cdots + X_n$$

且 $n_A \sim b(n,p)$。由辛钦大数定律可得

$$\lim_{n \to \infty} P\left\{ \left| \frac{n_A}{n} - p \right| < \varepsilon \right\} = 1$$

即

$$\frac{n_A}{n} \xrightarrow{p} p$$

伯努利大数定律是辛钦大数定律的一个重要推论。以频率 $\dfrac{n_A}{n}$ 依概率收敛于事件的概率 p 这种严格的数学形式表达了频率的稳定性。当 n 充分大时，事件发生的频率与概率有上述极限意义下的逼近关系。在实际应用中，当试验次数充分大时，便可以用事件发生的频率来代替事件的概率。

第二节 中心极限定理

随机变量之和的分布一般不易确定，对随机变量之和形成的随机事件的概率求解更是难题之一。若随机变量之和能够近似服从正态分布，则无论是在事件概率的计算上，还是在理论的研究上，都将具有重大的意义。中心极限定理正是研究大量独立的随机因素叠加而成的随机变量近似服从正态分布的条件，在实际应用中，也解决了针对随机变量之和的随机事件的概率求解问题。本节只介绍三种常用的中心极限定理。

定理 5.3(独立同分布的中心极限定理) 设随机变量序列 $X_1, X_2, \cdots$ 相互独立，服从同一分布，具有相同的数学期望和方差：$E(X_k) = \mu, D(X_k) = \sigma^2 > 0 (k=1,2,\cdots)$，则随机变量之和 $\sum_{k=1}^{n} X_k$ 的标准化随机变量

$$Y_n = \frac{\sum\limits_{k=1}^{n} X_k - E\left(\sum\limits_{k=1}^{n} X_k\right)}{\sqrt{D\left(\sum\limits_{k=1}^{n} X_k\right)}} = \frac{\sum\limits_{k=1}^{n} X_k - n\mu}{\sqrt{n}\,\sigma}$$

的分布函数 $F_n(x)$ 对于任意 x 满足

$$\lim_{n\to\infty} F_n(x) = \lim_{n\to\infty} P\left\{ \frac{\sum\limits_{k=1}^{n} X_k - n\mu}{\sqrt{n}\,\sigma} \leqslant x \right\} = \frac{1}{\sqrt{2\pi}} \int_{-\infty}^{x} e^{-\frac{t^2}{2}} dt = \varPhi(x) \qquad (5\text{-}10)$$

由此可得出结论,在独立同分布的条件下,设随机变量序列 $X_1, X_2, \cdots, X_n$ 具有 $E(X_k) = \mu$, $D(X_k) = \sigma^2 (k=1,2,\cdots,n)$,则随机变量之和 $\sum\limits_{k=1}^{n} X_k$ 的标准化随机变量,当 n 充分大时,有

$$\frac{\sum\limits_{k=1}^{n} X_k - n\mu}{\sqrt{n}\,\sigma} \overset{\text{近似地}}{\sim} N(0,1) \qquad (5\text{-}11)$$

或

$$\frac{\overline{X} - \mu}{\sigma / \sqrt{n}} \overset{\text{近似地}}{\sim} N(0,1)$$

或

$$X \overset{\text{近似地}}{\sim} N\left(\mu, \frac{\sigma^2}{n}\right) \qquad (5\text{-}12)$$

在(5-11)式的结论下,难以求解有关随机变量之和 $\sum\limits_{k=1}^{n} X_k$ 的概率问题,当 n 充分大时,可以利用其分布函数对正态分布的逼近,对 $\sum\limits_{k=1}^{n} X_k$ 作理论分析或作实际计算。

而经过变形得到(5-12)式的结论表明,当 n 充分大时,均值为 μ,方差为 $\sigma^2 > 0$ 的独立同分布的随机变量 $X_1, X_2, \cdots, X_n$ 的算术平均 $\overline{X}_n = \frac{1}{n} \sum\limits_{k=1}^{n} X_k$ 近似服从均值为 μ、方差为 $\frac{\sigma^2}{n}$ 的正态分布。这是独立同分布中心极限定理结果的另一个形式。同时,这一结果是数理统计中大样本统计推断的基础。

显然,在这里"独立同分布"是这个中心极限定理成立的重要前提。

【例 5-1】 一个螺钉重量(单位:g)是一个随机变量,数学期望是 100,标准差是 10,求一盒(100 个)同型号螺钉的重量超过 10 200 的概率。

解 设一盒螺钉的重量为 X,盒中第 i 个螺钉的重量为 $X_i (i=1,2,\cdots,100)$,$X_1, X_2, \cdots, X_{100}$ 相互独立,$E(X_i) = 100, \sigma(X_i) = 10$,则有 $X = \sum\limits_{i=1}^{100} X_i$,且

$$D(X) = 100 \cdot D(X_i) = 10\ 000, \quad \sqrt{D(X)} = 100$$

由定理 5.3,有

$$P\{X > 10\ 200\} = P\left\{\frac{X - 10\ 000}{100} > \frac{10\ 200 - 10\ 000}{100}\right\} = 1 - P\left\{\frac{X - 10\ 000}{100} \leqslant 2\right\}$$

$$\approx 1 - \Phi(2) = 1 - 0.977\ 2 = 0.022\ 8$$

对于相互独立但不是同分布的随机变量序列 $X_1, X_2, \cdots, X_n$ 之和 $\sum\limits_{k=1}^{n} X_k$ 的标准化随机变量,当 n 充分大时,也近似服从正态分布,这个结论由下面定理给出。

定理 5.4(李雅普诺夫定理) 设随机变量序列 $X_1, X_2, \cdots$ 相互独立,它们具有数学期望和方差

$$E(X_k) = \mu_k, \quad D(X_k) = \sigma_k^2 > 0, \quad k = 1, 2, \cdots$$

记

$$B_n^2 = \sum_{k=1}^{n} \sigma_k^2$$

若存在正数 δ,使得当 $n \to \infty$ 时,

$$\frac{1}{B_n^{2+\delta}} \sum_{k=1}^{n} E\{|X_k - \mu_k|^{2+\delta}\} \to 0$$

则随机变量之和 $\sum\limits_{k=1}^{n} X_k$ 的标准化变量

$$Z_n = \frac{\sum\limits_{k=1}^{n} X_k - E\left(\sum\limits_{k=1}^{n} X_k\right)}{\sqrt{D\left(\sum\limits_{k=1}^{n} X_k\right)}} = \frac{\sum\limits_{k=1}^{n} X_k - \sum\limits_{k=1}^{n} \mu_k}{B_n}$$

的分布函数 $F_n(x)$ 对于任意 x 满足

$$\lim_{n \to \infty} F_n(x) = \lim_{n \to \infty} P\left\{\frac{\sum\limits_{k=1}^{n} X_k - \sum\limits_{k=1}^{n} \mu_k}{B_n} \leqslant x\right\} = \frac{1}{\sqrt{2\pi}} \int_{-\infty}^{x} e^{-\frac{t^2}{2}} dt = \Phi(x) \tag{5-13}$$

定理 5.4 表明,在该定理的条件下,当 n 充分大时,随机变量

$$Z_n = \frac{\sum\limits_{k=1}^{n} X_k - \sum\limits_{k=1}^{n} \mu_k}{B_n} \overset{\text{近似地}}{\sim} N(0, 1) \tag{5-14}$$

$$\sum_{k=1}^{n} X_k = B_n Z_n + \sum_{k=1}^{n} \mu_k \overset{\text{近似地}}{\sim} N\left(\sum_{k=1}^{n} \mu_k, B_n^2\right) \tag{5-15}$$

以上两个定理说明,在相互独立的条件下,无论各个随机变量 $X_k(k=1,2,\cdots)$ 服从什么分布,当 n 充分大时,它们的和 $\sum\limits_{k=1}^{n} X_k$ 都近似服从正态分布。这也充分说明了正态分布在概率论中占有重要地位的原因。在很多实际应用问题中,所考虑的随机变量均可以表示成很多个独立的随机变量之和并利用以上定理求解事件发生的概率。在数理统计中我们也将看到,中心极限定理是大样本统计推断的理论基础。

下面介绍另一个中心极限定理,它是定理 5.3 的特殊情况。

定理 5.5(棣莫弗-拉普拉斯定理) 设随机变量 $\eta_n(n=1,2,\cdots,n)$ 服从参数为 $n,p(0<p<1)$ 的二项分布,则对于任意 x,有

$$\lim_{n\to\infty} P\left\{\frac{\eta_n-np}{\sqrt{np(1-p)}}\leqslant x\right\}=\frac{1}{\sqrt{2\pi}}\int_{-\infty}^{x} e^{-\frac{t^2}{2}}\,dt=\Phi(x) \tag{5-16}$$

这个定理表明,当 n 充分大时,二项分布的概率问题可利用正态分布进行求解。

【例 5-2】 某计算机系统有 120 个终端,每个终端有 5% 的时间在使用,若各个终端使用与否是相互独立的,试求有 10 个或更多终端在使用的概率。

解 以 X 表示在某时刻使用的终端数,则 X 服从参数为 $n=120,p=0.05$ 的二项分布,由定理 5.5 可得

$$P\{10\leqslant X\leqslant 120\}=1-P\{X<10\}\approx 1-\Phi\left(\frac{10-6}{\sqrt{120\times0.05\times0.95}}\right)$$
$$=1-\Phi(1.65)=0.047$$

【例 5-3】 在一批种子中,良种占 $\frac{1}{6}$,我们有 99% 的把握规定,在 6 000 粒种子中良种占的比例与 $\frac{1}{6}$ 之差是多少? 这时相应的良种数在哪个范围?

解 任选 6 000 粒种子可以看作 6 000 次伯努利试验,此处 $p=\frac{1}{6}$,设 Y_n 为良种数,则依题意

$$P\left\{\left|\frac{Y_n}{6\,000}-\frac{1}{6}\right|<\varepsilon\right\}=0.99$$

由定理 5.5 可得

$$P\left\{\left|\frac{Y_n}{6\,000}-\frac{1}{6}\right|<\varepsilon\right\}=P\left\{\frac{\left|Y_n-6\,000\times\frac{1}{6}\right|}{\sqrt{6\,000\times\frac{1}{6}\times\frac{5}{6}}}\leqslant\frac{6\,000\varepsilon}{\sqrt{6\,000\times\frac{1}{6}\times\frac{5}{6}}}\right\}$$

$$\approx 2\Phi(120\sqrt{3}\varepsilon)-1=0.99$$

从而 $\Phi(120\sqrt{3}\varepsilon)=0.995$。查表得 $120\sqrt{3}\varepsilon=2.58$,由此解得 $\varepsilon=0.012\,4$。即良种所占比例

与 $\dfrac{1}{6}$ 的差是 0.012 4。

因为 $P\left\{\left|\dfrac{Y_n}{6\,000}-\dfrac{1}{6}\right|<0.012\,4\right\}=P\{|Y_n-1\,000|<74.4\}\approx P\{925<Y_n<1\,075\}$，即良种数应该在 925 粒至 1 075 粒之间。

【例 5-4】　在一家保险公司有 10 000 人参加保险，每年每人付 12 元保险费。在一年内每个人死亡的概率都为 0.006，死亡后家属可向保险公司领取 1 000 元，试求：

（1）保险公司一年的利润不少于 60 000 元的概率；

（2）保险公司亏本的概率。

解　设参加保险的 10 000 人中一年内死亡的人数为 X，则 $X\sim b(10\,000,0.006)$，其分布律为

$$P\{X=k\}=C_{10\,000}^{k}0.006^{k}0.994^{10\,000-k},\quad k=0,1,2,\cdots,10\,000$$

由题设，公司一年收入保险费 120 000 元，付给死者家属 1 000X 元，于是，公司一年的利润为

$$120\,000-1\,000X=1\,000(120-X)$$

（1）保险公司一年的利润不少于 60 000 元的概率为

$$P\{1\,000(120-X)\geqslant 60\,000\}=P\{0\leqslant X\leqslant 60\}$$
$$=P\left\{\dfrac{0-60}{7.72}\leqslant\dfrac{x-60}{7.72}\leqslant\dfrac{60-60}{7.72}\right\}$$
$$=\varPhi\left(\dfrac{60-60}{7.72}\right)-\varPhi\left(\dfrac{0-60}{7.72}\right)$$
$$=\varPhi(0)-\varPhi(-7.77)\approx 0.5-0=0.5$$

（2）保险公司亏本的概率为

$$P\{1\,000(120-X)<0\}=P\{X>120\}$$
$$=P\left\{\dfrac{X-60}{7.72}>\dfrac{120-60}{7.72}\right\}$$
$$\approx 1-\varPhi(7.77)\approx 1-1=0$$

习　题　五

1. 如果随机变量序列 $\{X_n\}$，当 $n\to\infty$ 时有 $\dfrac{1}{n^2}D\left(\displaystyle\sum_{k=1}^{n}X_k\right)\to 0$，证明 $\{X_n\}$ 服从大数定律。

2. 设 $\{X_n\}$ 为独立同分布随机变量序列，共同分布为

$$P\left\{X_n=\dfrac{2^k}{k^2}\right\}=\dfrac{1}{2^k},\quad k=1,2,\cdots$$

试问：$\{X_n\}$ 是否服从大数定律？

3. 对敌人的防御地段进行 100 次轰炸，每次轰炸命中目标的炸弹数目是一个随机变量，其数学期望为 2，方差为 1.69。求在 100 次轰炸中有 180～220 颗炸弹命中目标的概率。

4. 某灯泡厂生产的灯泡的平均寿命（单位：h）为 2 000，标准差为 250，从中任意抽查 100 只，试求这 100 只灯泡的平均寿命在 1 950～2 050 的概率。

5. 计算器在进行加法时，将每个加数舍入最靠近它的整数，设所有舍入误差是独立且在（−0.5，0.5）上服从均匀分布。试求：

（1）将 1 500 个数相加，误差总和的绝对值超过 15 的概率是多少？

（2）最多可有几个数相加使得误差总和的绝对值小于 10 的概率不小于 0.90？

6. 一食品店有三种蛋糕出售，由于售出哪一种蛋糕是随机的，因而售出一只蛋糕的价格是一个随机变量，它取 1 元，1.2 元，1.5 元各个值的概率分别为 0.3，0.2，0.5。若售出 300 只蛋糕，试求：

（1）收入至少 400 元的概率。

（2）售出价格为 1.2 元的蛋糕多于 60 只的概率。

7. 一部件包括 10 部分，每部分的长度（单位：mm）是相互独立，且服从同一分布，其数学期望为 2，均方差为 0.05，规定总长度为 20±0.1 时，产品合格，试求产品合格的概率。

8. 某工厂有 400 台同类机器，每台机器发生故障的概率为 0.02，假定各台机器工作是相互独立的，试分别用二项分布、泊松分布和中心极限定理计算发生故障的机器台数不小于 2 的概率。

9. 有一批建筑房屋用的木柱，其中 80% 的长度（单位：m）不小于 3，现从这批木柱中随机取 100 根，求其中至少有 30 根短于 3 的概率。

10. 一复杂的系统由 100 个相互独立起作用的部件组成，在系统运行期间每个部件损坏的概率为 0.10。为了使整个系统起作用，至少必须有 85 个部件正常工作，求整个系统起作用的概率。

11. 某螺钉厂生产的螺钉的不合格品率为 0.01，试求：

（1）若 100 个螺钉装一盒，盒中不合格品不超过 3 个的概率。

（2）盒中装多少个螺钉，才能以不低于 95% 的把握保证盒中合格品不少于 100 个。

12. 某大公司在中央电视台做了一则广告，为了解民众对此广告有印象的人所占的比例 p，计划在全国随机抽取 n 个人做调查，欲使对 p 的估计误差不超过 2% 的概率为 0.9，问 n 至少为多大？

13. 甲地到乙地有两个汽车站各有一班公共汽车同时开出，假定每个发车时刻有 100 位乘客等可能地选乘其中一个汽车站乘车，为保证 95% 的概率使乘客有座位，每车至少要设几个座位？

14. 大学英语四级考试，设有 85 道选择题，每题 4 个选择答案，只有一个正确。若需要通过考试，必须答对 51 题以上。试问某学生靠运气能通过四级考试的概率有多大？

第六章　样本及抽样分布

前面的五章我们讲述了概率论的基本内容,随后的三章将讲述数理统计。数理统计是具有广泛应用的一个数学分支,它以概率论为理论基础,根据试验或观察得到的数据,来研究随机现象,对研究对象的客观规律性做出种种合理的估计和推断。

由于在实际问题中,我们往往不能得到研究对象的全体即总体的全面调查资料,为了研究需要,要从总体中抽取部分个体进行调查,再对样本中所获得的信息进行收集、整理,建立一定的统计模型,对所得到的信息进行有效的处理,从而对总体的性质、特点做出推断,形成统计结论,这就是数理统计所包含的内容。

抽样分布、参数估计、假设检验构成了数理统计的三个基本内容。本章介绍数理统计基本概念,并着重介绍几个常用统计量及其抽样分布。参数估计和假设检验将在后面的章节中介绍。

第一节　随 机 样 本

在数理统计中,为了对所研究对象的某些性质、特点做出推断,需要建立相应的随机试验,我们将随机试验所研究对象的全体称为总体,组成总体的每个基本单元称为个体。总体可根据所含个体的个数是有限或无限分为有限总体或无限总体,有时也将个数相当多的有限总体作为无限总体来处理。但在这里不要将集合与元素、总体和个体的概念相混淆。例如,在对某医院当天新生儿诞生时的健康状况研究中,某医院当天诞生的新生儿为一个集合,每个婴儿为集合中的元素。如果考察的是婴儿的皮肤颜色,则该医院当天诞生的新生儿的皮肤颜色为一总体;如果考察的是婴儿的肌肉弹性,那么该医院当天诞生的新生儿的肌肉弹性为一总体;如果考察的是婴儿的反应敏感性、心脏的搏动等方面的情况,相应的总体也会发生变化。显然,相同的集合,由于所研究问题的不同,产生了不同的总体。我们还可以对研究对象的某一研究指标进行数字化处理,如新生婴儿的皮肤颜色分为 $1 \sim 10$ 个等级。数字化后的总体更有利于建立统计模型进行统计分析。

考察总体时更关心总体的分布。总体是随机试验观测的对象,而总体中的每一个个体形成了随机试验的一系列观测值,可将这一系列观测值视作某一随机变量 X 的取值,这样,一个总体就与一个随机变量 X 相对应。我们对总体的研究就转换为对随机变量 X 的研究。X 的分布函数和数字特征就称为总体的分布函数和数字特征。以后将不区分总体与相应的随机变量,笼统称为总体 X。

为了了解总体的分布,我们需要从总体 X 中随机抽取一部分个体,根据个体的数字信息构建总体的分布特征,从而对整体的分布做出统计推断,称为抽样。而抽取的这一部分个体由其随机性也构成了一组随机变量,记为 $X_1, X_2, \cdots, X_n$,称作总体的一个样本。样本所包含的个数 n 称作样本的大小或容量,这组随机变量在抽取后所得的观测值记为 x_1, $x_2, \cdots, x_n$,称为一组样本观测值,简称样本值。样本值 $x_1, x_2, \cdots, x_n$ 就是随机变量 X_1, $X_2, \cdots, X_n$ 的取值。样本具有数值和随机变量两重性,因此,在不引起混淆的情况下,也可以用 $x_1, x_2, \cdots, x_n$ 代替 $X_1, X_2, \cdots, X_n$ 这 n 个随机变量。同时,样本也可以是多维的。比如医院每天新生婴儿的健康指数就要考虑到新生儿皮肤颜色、肌肉弹性、反应敏感性、心脏的搏动等多方面的数据信息。

要了解总体统计规律,就要研究如何合理地从总体中抽取个体,使样本具有代表性,尽可能反映总体的性质。在此基础之上,还要建立科学的统计模型,根据所选个体的性质估计推断总体特征和规律。前者是抽样问题,后者是推断问题。一般我们总是假设满足以下两个条件。

(1) 随机性:为使总体中的每个个体都有同等的机会被抽取到,使样本具有充分的代表性,抽样必须是随机的。通常可以用编号抽签的方法或利用随机数表来实现。

(2) 独立性:要求 $X_1, X_2, \cdots, X_n$ 必须是相互独立的,即每次抽样的结果既不影响其他各次抽样的结果,也不受其他各次抽样结果的影响。

定义 6.1 如果样本 $X_1, X_2, \cdots, X_n$ 相互独立且与总体 X 具有相同分布,则称 X_1, $X_2, \cdots, X_n$ 为容量是 n 的简单随机样本,简称样本。它们的观测值 $x_1, x_2, \cdots, x_n$ 称为一组样本值,又称为总体 X 的 n 个独立的观测值。

设 $X_1, X_2, \cdots, X_n$ 为总体 X 的一个样本,则 $X_1, X_2, \cdots, X_n$ 相互独立。若 X 的分布函数是 $F(x)$,则 $(X_1, X_2, \cdots, X_n)$ 的分布函数为

$$F^*(x_1, x_2, \cdots, x_n) = \prod_{i=1}^{n} F(x_i)$$

又若 X 具有概率密度 $f(x)$,则 $(X_1, X_2, \cdots, X_n)$ 的概率密度为

$$f^*(x_1, x_2, \cdots, x_n) = \prod_{i=1}^{n} f(x_i)$$

若 $(x_1, x_2, \cdots, x_n)$ 与 $(y_1, y_2, \cdots, y_n)$ 都是来自于样本 $X_1, X_2, \cdots, X_n$ 的样本值,一般来说它们是不相同的。

今后所提到的样本即简单随机样本 $X_1, X_2, \cdots, X_n$ 是相互独立且分布相同的随机变量,它既应该满足抽样的随机性,具备反映总体的代表性,又应具有独立性。

第二节　样本分布函数和直方图

一、样本分布函数

样本对总体来讲,具有随机性、代表性和独立性。一般来说,简单随机样本能够很好地反映总体的情况。在统计学中,一个重要的问题就是根据样本的观测值估计总体的分布函数。

我们把总体 X 的分布函数 $F(x) = P\{X \leqslant x\}$ 称为总体分布函数。设 $X_1, X_2, \cdots, X_n$ 是总体 X 的一个样本，$x_1, x_2, \cdots, x_n$ 是样本值。按由小到大的次序对 $x_1, x_2, \cdots, x_n$ 进行排列并重新编号，记为 $x_{(1)}, x_{(2)}, \cdots, x_{(n)}$。定义样本分布函数（也称经验分布函数）

$$F_n(x) = \begin{cases} 0, & x < x_{(1)} \\ \dfrac{k}{n}, & x_{(k)} \leqslant x \leqslant x_{(k+1)}, \quad k = 1, 2, \cdots, n-1 \\ 1, & x \geqslant x_{(n)} \end{cases} \tag{6-1}$$

易知样本分布函数 $F_n(x)$ 具有下列性质。

(1) $0 \leqslant F_n(x) \leqslant 1$。

(2) $F_n(x)$ 是非减函数。

(3) $F_n(-\infty) = 0, F_n(+\infty) = 1$。

(4) $F_n(x)$ 在每个观测值 $x_{(i)}$ 处是右连续的，点 $x_{(i)}$ 是 $F_n(x)$ 的跳跃间断点。

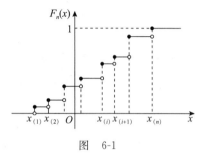

图　6-1

样本分布函数 $F_n(x)$ 的图形（见图 6-1）是跳跃式上升的一条阶段曲线，依据观测值重复与否按 $\dfrac{1}{n}$ 的倍数跳跃上升。

对于每一固定的实数 x，样本分布函数 $F_n(x)$ 是事件 $\{X \leqslant x\}$ 的频率。对于不同的样本，会得到不同的 $F_n(x)$，因此 $F_n(x)$ 是依赖于样本 $X_1, X_2, \cdots, X_n$ 的函数，也为一随机变量。它的所有可能取值为 $0, \dfrac{1}{n}, \dfrac{2}{n}, \cdots, \dfrac{n-1}{n}, 1$。由大数定律知道，事件发生的频率依概率收敛于事件发生的概率。样本分布函数 $F_n(x)$ 与总体分布函数 $F(x)$ 之间也存在着更密切的近似关系，格利汶科于 1933 年给出了如下结论。

定理 6.1　设总体 X 的分布函数为 $F(x)$，样本分布函数为 $F_n(x)$，则对于任意实数 x，当 $n \to \infty$ 时，对于任意的正数 ε，有

$$P\left\{ \lim_{n \to \infty} \sup_{-\infty < x < +\infty} |F_n(x) - F(x)| = 0 \right\} = 1 \tag{6-2}$$

即当 $n \to \infty$ 时，样本分布函数 $F_n(x)$ 依概率收敛于总体分布函数 $F(x)$。

那么当 n 充分大时，可用样本分布函数 $F_n(x)$ 近似代替总体分布函数 $F(x)$。这个结论就是我们在数理统计中可以依据样本来推断总体的理论基础。

二、直方图

数理统计最重要的内容之一就是根据总体 X 的样本观测值求 X 的概率分布。一般来说，通过试验得到的观测数据是杂乱无章的，需要借助表格或图形对这些数据进行整理，以便更好地进行分析和决断。本节将利用频率直方图来研究连续型随机变量 X 的样本分布，从而近似地求解总体的概率密度函数。

作直方图的步骤如下。

(1) 确定样本观测值 $x_1, x_2, \cdots, x_n$ 中的最小值与最大值,分别记作 x_1^* 与 x_n^*,即

$$x_1^* = \min\{x_1, x_2, \cdots, x_n\}, \quad x_n^* = \max\{x_1, x_2, \cdots, x_n\}$$

(2) 适当选取略小于 x_1^* 的数 a 与略大于 x_n^* 的数 b,并用分点

$$a = t_0 < t_1 < t_2 < \cdots < t_{l-1} < t_l = b$$

把区间 (a, b) 分成 l 个子区间

$$[t_0, t_1), [t_1, t_2), \cdots, [t_{i-1}, t_i), \cdots, [t_{l-1}, t_l)$$

第 i 个子区间的长度为 $\Delta t_i = t_i - t_{i-1}$ $(i = 1, 2, \cdots, l)$。

各个区间长度不限定相等。考虑到频率的随机摆动性,子区间划分过多会使分布显得杂乱,太少又难于显示分布的特征,因此,子区间的个数 l 一般取为 $8 \sim 15$ 个。此外,为了方便,分点 t_i 应比样本观测值 x_i 多取一位小数。

(3) 统计所有样本观测值落在各子区间内的频数 n_i 及频率

$$f_i = \frac{n_i}{n}, \quad i = 1, 2, \cdots, l$$

(4) 在 Ox 轴上截取各子区间,并以各子区间 $[t_{i-1}, t_i)$ 为底,以 $\dfrac{f_i}{t_i - t_{i-1}}$ 为高作小矩形,各个小矩形的面积 ΔS_i 就等于样本观测值落在该子区间内的频率,即

$$\Delta S_i = (t_i - t_{i-1}) \frac{f_i}{t_i - t_{i-1}} = f_i, \quad i = 1, 2, \cdots, l$$

所有小矩形的面积的和等于 1,即

$$\sum_{i=1}^{l} \Delta S_i = \sum_{i=1}^{l} f_i = 1$$

这样作出的所有小矩形就构成了直方图。

由大数定律可知,事件的频率依概率收敛于事件发生的概率,因此当样本容量 n 充分大时,随机变量 X 落在各个子区间 $[t_{i-1}, t_i)$ 内的频率近似等于其概率,即

$$f_i \approx P\{t_{i-1} \leqslant X < t_i\} = \int_{t_{i-1}}^{t_i} f(x) \mathrm{d}x, \quad i = 1, 2, \cdots, l$$

式中,$f(x)$ 是总体 X 的概率密度函数。根据总体 X 的直方图可以大致地描述出 X 的概率密度函数曲线(见图 6-2)。

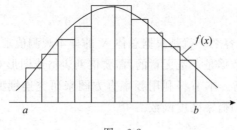

图 6-2

【例 6-1】 某学校 30 名 2022 届某专业毕业生实习期满后的月薪数据如下(单位:元)。

9 090	10 860	11 200	9 990	13 200	10 910
10 710	10 810	11 300	13 360	9 670	15 720
8 250	9 140	9 920	12 320	9 600	7 750
12 030	10 250	10 960	8 080	12 240	10 440
8 710	11 640	9 710	9 500	8 660	7 380

写出该数据的频率分布表并作直方图。

解 因为样本观测值中最小值是 7 380,最大值是 15 720,所把数据的分布区间确定为 $(7\ 350,15\ 750)$,并把这个区间等分为 6 个子区间:

$$[7\ 350,8\ 750),[8\ 750,10\ 150),\cdots,[14\ 350,15\ 750)$$

由此得该数据的频率分布表:

月薪/元	频数 n_i	频率 f_i
7 350～8 750	6	0.20
8 750～10 150	8	0.27
10 150～11 550	9	0.30
11 550～12 950	4	0.13
12 950～14 350	2	0.07
14 350～15 750	1	0.03
总　计	30	1.00

直方图如图 6-3 所示。

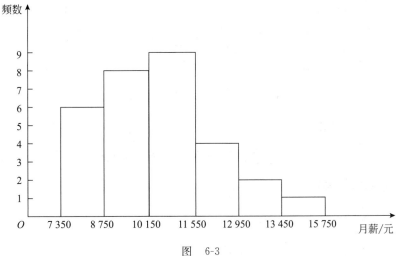

图　6-3

第三节 抽样分布

样本 $X_1, X_2, \cdots, X_n$ 中包含了总体 X 的众多信息,要想对总体 X 进行统计推断,一般不直接利用样本 $X_1, X_2, \cdots, X_n$,而是针对我们所要研究的问题,构造一个依赖于样本的适当函数 $g(X_1, X_2, \cdots, X_n)$,将样本中与问题相关的信息提炼出来,然后利用这些样本函数进行统计推断,这种样本函数在数理统计中称为统计量。由于样本 $X_1, X_2, \cdots, X_n$ 是随机变量,而统计量 $g(X_1, X_2, \cdots, X_n)$ 是随机变量函数,因此统计量也是一个随机变量。数理统计的推断与估计问题通常是通过构造适当的统计量来实现的。

定义 6.2 设 $X_1, X_2, \cdots, X_n$ 是来自总体 X 的一个样本,$g(X_1, X_2, \cdots, X_n)$ 是 $X_1, X_2, \cdots, X_n$ 的函数,若 g 中不含未知参数,则称 $g(X_1, X_2, \cdots, X_n)$ 是一个统计量。

例如,设总体 $X \sim N(\mu, \sigma^2)$,其中参数 μ 已知,σ^2 未知,$X_1, X_2, \cdots, X_n$ 是总体 X 的一个样本,则 $\dfrac{1}{n} \sum\limits_{i=1}^{n} X_i$,$\sum\limits_{i=1}^{n} (X_i - \mu)^2$ 是统计量,而 $\sum\limits_{i=1}^{n} \dfrac{(X_i - \mu)^2}{\sigma^2}$ 就不是统计量,因为其中含有未知参数 σ^2。

设 $X_1, X_2, \cdots, X_n$ 是来自总体 X 的一个样本,$x_1, x_2, \cdots, x_n$ 是这一样本的观测值,$g(x_1, x_2, \cdots, x_n)$ 是统计量 $g(X_1, X_2, \cdots, X_n)$ 的观测值。下面列出几个常用的统计量。

(1) 样本均值

$$\overline{X} = \frac{1}{n} \sum_{i=1}^{n} X_i$$

(2) 样本方差

$$S^2 = \frac{1}{n-1} \sum_{i=1}^{n} (X_i - \overline{X})^2 = \frac{1}{n-1} \left(\sum_{i=1}^{n} X_i^2 - n\overline{X}^2 \right)$$

(3) 样本标准差

$$S = \sqrt{S^2} = \sqrt{\frac{1}{n-1} \sum_{i=1}^{n} (X_i - \overline{X})^2}$$

(4) 样本 k 阶(原点)矩

$$A_k = \frac{1}{n} \sum_{i=1}^{n} X_i^k, \quad k = 1, 2, \cdots$$

(5) 样本 k 阶中心矩

$$B_k = \frac{1}{n} \sum_{i=1}^{n} (X_i - \overline{X})^k, \quad k = 2, 3, \cdots$$

它们的观测值分别如下。

(1) $\overline{x} = \dfrac{1}{n} \sum\limits_{i=1}^{n} x_i$;

(2) $s^2 = \dfrac{1}{n-1} \sum\limits_{i=1}^{n} (x_i - \overline{x})^2 = \dfrac{1}{n-1} \left(\sum\limits_{i=1}^{n} x_i^2 - n\overline{x}^2 \right)$;

(3) $s = \sqrt{s^2} = \sqrt{\dfrac{1}{n-1}\sum\limits_{i=1}^{n}(x_i-\bar{x})^2}$;

(4) $a_k = \dfrac{1}{n}\sum\limits_{i=1}^{n}x_i^k\,(k=1,2,\cdots)$;

(5) $b_k = \dfrac{1}{n}\sum\limits_{i=1}^{n}(x_i-\bar{x})^k\,(k=2,3,\cdots)$ 。

这些观测值仍分别称为样本均值、样本方差、样本标准差、样本 k 阶（原点）矩及样本 k 阶中心矩。

统计量作为随机变量所服从的概率分布称为抽样分布，抽样分布是进行统计推断的基础。当总体的分布已知时，抽样分布是确定的，但是当用统计量推断总体时，一般来说很难得到统计量的精确分布。然而，对于总体服从正态分布的许多统计量，其精确分布是容易计算的。下面介绍的 χ^2 分布、t 分布及 F 分布就是总体服从正态分布时的几个统计量的抽样分布，它们为正态总体参数的估计和检验提供了理论依据。

（一）χ^2 分布

定义 6.3 设随机变量 $X_1,X_2,\cdots,X_n$ 相互独立，均服从分布 $N(0,1)$，则称统计量

$$\chi^2 = X_1^2 + X_2^2 + \cdots + X_n^2 \tag{6-3}$$

服从自由度为 n 的 χ^2 分布，记为 $\chi^2 \sim \chi^2(n)$。

在数理统计中，自由度表示统计量中相互独立的随机变量的个数，记为 df，其计算公式为 $df = n-r$，其中 n 是统计量中随机变量的个数，r 是这些随机变量之间存在的约束条件个数。例如，统计量 $\chi^2 = X_1^2 + X_2^2 + \cdots + X_n^2$ 中随机变量 $X_i\,(i=1,2,\cdots,n)$ 相互独立，无任何约束条件，故 χ^2 分布的自由度 $df=n$。又如统计量样本方差

$$S^2 = \frac{1}{n-1}\sum_{i=1}^{n}(X_i-\bar{X})^2$$

中的 n 个随机变量 $X_i-\bar{X}$ 具有一个约束条件

$$\sum_{i=1}^{n}(X_i-\bar{X}) = X_1 + X_2 + \cdots + X_n - n\bar{X} = 0$$

故 S^2 的自由度 $df=n-1$。

$\chi^2(n)$ 分布的概率密度为

$$f(x) = \begin{cases} \dfrac{1}{2^{\frac{n}{2}}\Gamma\left(\dfrac{n}{2}\right)}x^{\frac{n}{2}-1}\mathrm{e}^{-\frac{x}{2}}, & x>0 \\ 0, & x\leqslant 0 \end{cases} \tag{6-4}$$

式中，$\Gamma(s) = \displaystyle\int_0^{+\infty} t^{s-1}\mathrm{e}^{-t}\,\mathrm{d}t\,(s>0)$。

$\chi^2(n)$ 分布的概率密度曲线如图 6-4 所示。

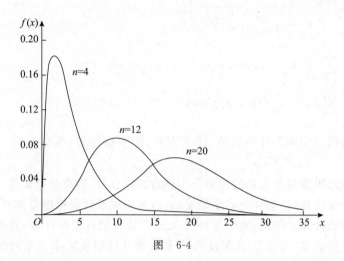

图 6-4

从图 6-4 中可以看到，$\chi^2(n)$ 分布只在第一象限取值，呈不对称的偏态分布，随着自由度 n 的增大逐渐趋于对称。实际上当 $n \to \infty$ 时，$\chi^2(n)$ 分布的极限分布为正态分布。

(1) $\chi^2(n)$ 分布的可加性。设 $\chi_1^2 \sim \chi^2(n_1)$，$\chi_2^2 \sim \chi^2(n_2)$，且 χ_1^2 与 χ_2^2 相互独立，则

$$\chi_1^2 + \chi_2^2 \sim \chi^2(n_1 + n_2) \tag{6-5}$$

(2) χ^2 分布的数学期望和方差。若 $\chi^2 \sim \chi^2(n)$，则有

$$E(\chi^2) = n, \quad D(\chi^2) = 2n \tag{6-6}$$

事实上，因 $X_i \sim N(0,1)$，故

$$E(X_i^2) = D(X_i) = 1$$
$$D(X_i^2) = E(X_i^4) - [E(X_i^2)]^2 = 3 - 1 = 2, \quad i = 1, 2, \cdots, n$$

于是

$$E(\chi^2) = E\left(\sum_{i=1}^{n} X_i^2\right) = \sum_{i=1}^{n} E(X_i^2) = n$$

$$D(\chi^2) = D\left(\sum_{i=1}^{n} X_i^2\right) = \sum_{i=1}^{n} D(X_i^2) = 2n$$

【例 6-2】 设 $X_1, X_2, \cdots, X_n$ 是来自正态总体 $N(\mu, \sigma^2)$ 的一个样本，$i = 1, 2, \cdots, n$，求随机变量 $Y = \dfrac{1}{\sigma^2} \sum_{i=1}^{n} (X_i - \mu)^2$ 的概率分布。

解 $X_1, X_2, \cdots, X_n$ 相互独立，且 $X_i \sim N(\mu, \sigma^2)(i = 1, 2, \cdots, n)$。令

$$Y_i = \frac{X_i - \mu}{\sigma}, \quad i = 1, 2, \cdots, n$$

则 $Y_1, Y_2, \cdots, Y_n$ 相互独立，且 $Y_i \sim N(0,1)(i = 1, 2, \cdots, n)$。

根据定义 6.3 知

$$Y = \frac{1}{\sigma^2} \sum_{i=1}^{n} (X_i - \mu)^2 = \sum_{i=1}^{n} Y_i^2 \sim \chi^2(n)$$

定义 6.4 对于给定的正数 α，$0 < \alpha < 1$，称满足条件

$$P\{\chi^2 > \chi_\alpha^2(n)\} = \int_{\chi_\alpha^2(n)}^{+\infty} f(x)\mathrm{d}x = \alpha$$

的点 $\chi_\alpha^2(n)$ 为 $\chi^2(n)$ 分布的上 α 分位点或 $\chi^2(n)$ 分布的上侧 α 临界值(见图 6-5)。

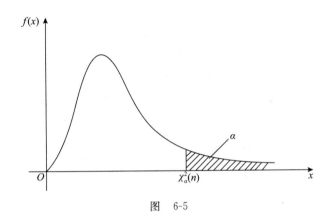

图　6-5

对于不同的自由度 n 和 α，上 α 分位点已制成表格(附录中的附表 7)。例如，$\alpha = 0.05$，$n = 10$，查表得 $\chi_{0.05}^2(10) = 18.307$，即 $P\{\chi^2(10) > 18.307\} = 0.05$。而当自由度 n 很大时，对 χ^2 分布，近似有

$$\sqrt{2\chi^2(n)} \sim N(\sqrt{2n-1}, 1)$$

故附表 7 中编制的 $\chi_\alpha^2(n)$ 表仅列出 $n \leqslant 40$ 相应的值，对 $n > 40$，有

$$\chi_\alpha^2(n) \approx \frac{1}{2}(u_\alpha + \sqrt{2n-1})^2 \tag{6-7}$$

式中，u_α 是标准正态分布 $N(0,1)$ 的上 α 分位点，对 $U \sim N(0,1)$，满足 $P\{U > u_\alpha\} = \alpha$，其值可由标准正态分布表(附录中的附表 5)查得。

例如，$\alpha = 0.05$，$n = 50$ 时，有

$$\chi_{0.05}^2(50) \approx \frac{1}{2}(u_{0.05} + \sqrt{2 \times 50 - 1})^2 = \frac{1}{2}(1.64 + \sqrt{99})^2 = 67.163$$

(二) t 分布

定义 6.5 设随机变量 $X \sim N(0,1)$，$Y \sim \chi^2(n)$，且 X 与 Y 相互独立，则称随机变量

$$t = \frac{X}{\sqrt{Y/n}} \tag{6-8}$$

服从自由度为 n 的 t 分布,记为 $t \sim t(n)$。t 分布又称为学生氏分布。

$t(n)$ 分布的概率密度为

$$f(x) = \frac{\Gamma\left(\dfrac{n+1}{2}\right)}{\sqrt{n\pi}\,\Gamma\left(\dfrac{n}{2}\right)}\left(1+\frac{x^2}{n}\right)^{-\frac{n+1}{2}}, \quad -\infty < x < +\infty \qquad (6\text{-}9)$$

其曲线图形如图 6-6 所示。

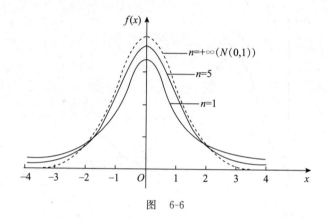

图 6-6

从图 6-6 中可以看到,曲线关于 $x=0$ 对称,并且形状类似于标准正态分布 $N(0,1)$ 的概率密度曲线图形。可以证明

$$\lim_{n\to\infty} f(x) = \frac{1}{\sqrt{2\pi}}\mathrm{e}^{-\frac{x^2}{2}}, \quad -\infty < x < +\infty \qquad (6\text{-}10)$$

即当 $n\to\infty$ 时,t 分布的极限是标准正态分布 $N(0,1)$。但当 n 较小时,t 分布与 $N(0,1)$ 分布相差较大。因此,对 $n \geq 30$,t 分布可用标准正态分布近似。

定义 6.6 对于给定的正数 α,$0 < \alpha < 1$,称满足条件

$$P\{t > t_\alpha(n)\} = \int_{t_\alpha(n)}^{+\infty} f(x)\mathrm{d}x = \alpha \qquad (6\text{-}11)$$

的点 $t_\alpha(n)$ 为 $t(n)$ 分布的上 α 分位点或 $t(n)$ 分布上侧 α 临界值(见图 6-7)。

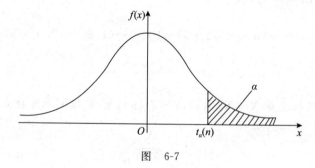

图 6-7

由 t 分布上 α 分位点的定义及 $f(x)$ 图形的对称性知

$$t_{1-\alpha}(n) = -t_\alpha(n)$$

本书附录的附表 6 给出了 t 分布的上 α 分位点表。

由 t 分布的对称性可知 $P\left\{|t| > t_{\frac{\alpha}{2}}(n)\right\} = \alpha$ 的分位点 $t_{\frac{\alpha}{2}}(n)$ 就是

$$P\left\{t > t_{\frac{\alpha}{2}}(n)\right\} = \frac{\alpha}{2}$$

的分位点,例如,$t_{\frac{0.01}{2}}(10) = t_{0.005}(10) = 3.1693$。

当 $n > 45$ 时,$t_\alpha(n)$ 可用标准正态分布 $N(0,1)$ 的上侧 α 分位点 u_α 来近似,即 $t_\alpha(n) \approx u_\alpha$。

（三）F 分布

定义 6.7 设随机变量 $X_1 \sim \chi^2(n_1)$,$X_2 \sim \chi^2(n_2)$,且 X_1 与 X_2 相互独立,则称

$$F = \frac{X_1/n_1}{X_2/n_2} \tag{6-12}$$

服从自由度为 (n_1, n_2) 的 F 分布,记为 $F \sim F(n_1, n_2)$。

F 分布的概率密度为

$$f(x) = \begin{cases} \dfrac{\Gamma\left(\dfrac{n_1+n_2}{2}\right)}{\Gamma\left(\dfrac{n_1}{2}\right)\Gamma\left(\dfrac{n_2}{2}\right)} \left(\dfrac{n_1}{n_2}\right)^{\frac{n_1}{2}} x^{\frac{n_1}{2}-1} \left(1 + \dfrac{n_1}{n_2}x\right)^{-\frac{n_1+n_2}{2}}, & x > 0 \\ 0, & x \leqslant 0 \end{cases} \tag{6-13}$$

其曲线图形如图 6-8 所示。

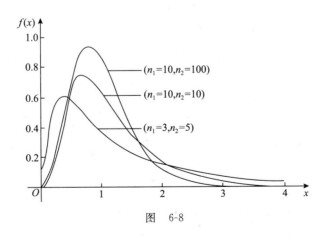

图 6-8

从图 6-8 中可看到,F 分布的概率密度曲线也只在第一象限取值,随自由度 (n_1, n_2) 的取值不同而对应不同曲线。注意,F 分布总是不对称的偏态分布,而且不以正态分布为极限。

定义 6.8 对于给定的正数 α，$0<\alpha<1$，称满足条件

$$P\{F>F_\alpha(n_1,n_2)\}=\int_{F_\alpha(n_1,n_2)}^{+\infty}f(x)\mathrm{d}x=\alpha \tag{6-14}$$

的点 $F_\alpha(n_1,n_2)$ 为 $F(n_1,n_2)$ 分布的上 α 分位点或 $F(n_1,n_2)$ 分布上侧 α 临界值（见图 6-9）。

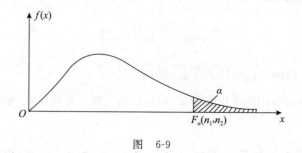

图 6-9

本书附录中的附表 8 给出了 F 分布的上 α 分位点表。例如，当 $n_1=5$，$n_2=10$ 时，有 $F_{0.1}(5,10)=2.52$。

注意：F 分布中的两个自由度 n_1 与 n_2 不可倒置。对于 F 分布，还有下面的公式

$$F_{1-\alpha}(n_1,n_2)=\frac{1}{F_\alpha(n_2,n_1)} \tag{6-15}$$

可用其求得 F 分布表中未列出的常用的上 α 分位点，例如：

$$F_{0.95}(10,5)=\frac{1}{F_{0.05}(5,10)}=\frac{1}{3.33}=0.30$$

【例 6-3】 设 $X_1,X_2,\cdots,X_n$ 是来自正态总体 $N(0,1)$ 的样本，试问下列统计量服从什么分布？

$$(1)\ \frac{\sqrt{n-1}X_1}{\sqrt{\sum_{i=2}^{n}X_i^2}}\ ;\quad (2)\ \frac{\left(\dfrac{n}{3}-1\right)\sum_{i=1}^{3}X_i^2}{\sum_{i=4}^{n}X_i^2}\ 。$$

解 （1）因为 $X_i\sim N(0,1)(i=1,2,\cdots,n)$，所以 $\sum_{i=2}^{n}X_i^2\sim\chi^2(n-1)$ 且与 X_1 相互独立。根据 t 分布的定义，有

$$\frac{\sqrt{n-1}X_1}{\sqrt{\sum_{i=2}^{n}X_i^2}}=\frac{X_1}{\sqrt{\sum_{i=2}^{n}X_i^2\Big/(n-1)}}\sim t(n-1)$$

（2）因为 $\sum_{i=1}^{3}X_i^2\sim\chi^2(3)$，$\sum_{i=4}^{n}X_i^2\sim\chi^2(n-3)$，且两者相互独立，所以

$$\frac{\left(\dfrac{n}{3}-1\right)\sum\limits_{i=1}^{3}X_i^2}{\sum\limits_{i=4}^{n}X_i^2}=\frac{\sum\limits_{i=1}^{3}X_i^2\Big/3}{\sum\limits_{i=4}^{n}X_i^2\Big/(n-3)}\sim F(3,n-3)$$

（四）正态总体样本均值与样本方差的分布

正态分布是最常用的抽样分布。大多数情况下,统计量服从正态分布或以正态分布为渐近分布。故可考虑在总体 X 服从正态分布 $N(\mu,\sigma^2)$ 时,样本均值 $\overline{X}$ 与样本方差 S^2 的分布。

定理 6.2 设 $X_1,X_2,\cdots,X_n$ 是来自总体 $X\sim N(\mu,\sigma^2)$ 的样本,$\overline{X}=\dfrac{1}{n}\sum\limits_{i=1}^{n}X_i$ 是样本均值,则有

$$\overline{X}\sim N\left(\mu,\frac{\sigma^2}{n}\right) \tag{6-16}$$

即样本均值 $\overline{X}$ 的抽样分布仍服从正态分布,且

$$E(\overline{X})=\mu,\quad D(\overline{X})=\frac{\sigma^2}{n}$$

证 因总体 $X\sim N(\mu,\sigma^2)$,则样本 $X_1,X_2,\cdots,X_n$ 相互独立且均服从正态分布 $N(\mu,\sigma^2)$,即 $E(X_i)=\mu,D(X_i)=\sigma^2,(i=1,2,\cdots,n)$。则有

$$E(\overline{X})=E\left(\frac{1}{n}\sum_{i=1}^{n}X_i\right)=\frac{1}{n}E\left(\sum_{i=1}^{n}X_i\right)=\frac{1}{n}\sum_{i=1}^{n}E\left(X_i\right)=\frac{1}{n}\sum_{i=1}^{n}\mu=\mu$$

$$D(\overline{X})=D\left(\frac{1}{n}\sum_{i=1}^{n}X_i\right)=\frac{1}{n^2}D\left(\sum_{i=1}^{n}X_i\right)=\frac{1}{n^2}\sum_{i=1}^{n}D\left(X_i\right)=\frac{1}{n^2}\sum_{i=1}^{n}\sigma^2=\frac{\sigma^2}{n}$$

因此有

$$\overline{X}=\frac{1}{n}\sum_{i=1}^{n}X_i\sim N\left(\mu,\frac{\sigma^2}{n}\right)$$

将样本均值 $\overline{X}$ 标准化后,即有

$$U=\frac{\overline{X}-\mu}{\sigma/\sqrt{n}}\sim N(0,1) \tag{6-17}$$

需要说明的是,无论总体 X 服从什么样的分布,只要数学期望 μ 与方差 σ^2 存在,对于来自总体 X 的样本 $X_1,X_2,\cdots,X_n$,当容量 n 比较大时,都有样本均值 $\overline{X}$ 的分布近似为正态分布 $N\left(\mu,\dfrac{\sigma^2}{n}\right)$ 这一结论成立。

上述结论表明:样本均值 $\overline{X}$ 的数学期望与总体的数学期望是近似的,而样本均值 $\overline{X}$ 的

方差近似为总体方差的 $1/n$。因此,在统计推断中,对任意总体,常用样本均值 $\overline{X}$ 去估计总体均值 μ,并且 n 越大时估计越准确。

定理 6.3 设 $X_1,X_2,\cdots,X_n$ 是来自正态总体 $X \sim N(\mu,\sigma^2)$ 的样本,样本均值为 $\overline{X}$,样本方差 $S^2 = \dfrac{1}{n-1}\sum\limits_{i=1}^{n}(X_i - \overline{X})^2$,则

$$\frac{(n-1)S^2}{\sigma^2} \sim \chi^2(n-1) \tag{6-18}$$

定理 6.4 设 $X_1,X_2,\cdots,X_n$ 是来自正态总体 $X \sim N(\mu,\sigma^2)$ 的样本,$\overline{X}$ 与 S^2 分别是样本均值与样本方差,则

$$\frac{\overline{X}-\mu}{S/\sqrt{n}} \sim t(n-1) \tag{6-19}$$

【例 6-4】 设总体 X 服从正态分布 $N(12,\sigma^2)$,抽取容量为 25 的样本,求在下列条件下,样本均值 $\overline{X}$ 大于 12.5 的概率。

(1) 已知 $\sigma=2$。

(2) 未知 σ,但已知样本方差 $S^2=5.57$。

解 (1) 依题设可得 $\overline{X} \sim N\left(12, \dfrac{4}{25}\right)$,于是

$$\begin{aligned}
P\{\overline{X}>12.5\} &= P\left\{\frac{\overline{X}-12}{2/\sqrt{25}} > \frac{12.5-12}{2/\sqrt{25}}\right\} \\
&= P\left\{\frac{\overline{X}-12}{0.4} > 1.25\right\} \\
&= 1-\Phi(1.25)
\end{aligned}$$

查表得 $\Phi(1.25)=0.8944$,故

$$P\{\overline{X}>12.5\}=1-0.8944=0.1056$$

(2) $P\{\overline{X}>12.5\}=P\left\{\dfrac{\overline{X}-\mu}{S/\sqrt{n}} > \dfrac{12.5-12}{\sqrt{\dfrac{5.57}{25}}}\right\}=P\{t(n-1)>1.059\}$

查自由度为 24 的 t 分布表得 $t_{0.15}(24)=1.059$,即 $P\{t(n-1)>1.059\}=0.15$。

故所求的概率为 $P\{\overline{X}>12.5\}=0.15$。

定理 6.5 设 $X_1,X_2,\cdots,X_{n_1}$ 和 $Y_1,Y_2,\cdots,Y_{n_2}$ 分别是来自同方差的正态总体 $X \sim N(\mu_1,\sigma^2)$ 和 $Y \sim N(\mu_2,\sigma^2)$ 的两个相互独立样本,其样本均值和样本方差分别为 $\overline{X},\overline{Y}$ 和 S_1^2,S_2^2,则

$$\frac{(\overline{X}-\overline{Y})-(\mu_1-\mu_2)}{S\sqrt{\dfrac{1}{n_1}+\dfrac{1}{n_2}}} \sim t(n_1+n_2-2) \tag{6-20}$$

式中，$S^2 = \dfrac{(n_1-1)S_1^2 + (n_2-1)S_2^2}{n_1+n_2-2}$，$S_1^2 = \dfrac{1}{n_1-1}\sum\limits_{i=1}^{n_1}(X_i-\overline{X})^2$，$S_2^2 = \dfrac{1}{n_2-1}\sum\limits_{i=1}^{n_2}(Y_i-\overline{Y})^2$。

定理 6.6　设 $X_1, X_2, \cdots, X_{n_1}$ 和 $Y_1, Y_2, \cdots, Y_{n_2}$ 分别是来自正态总体 $X \sim N(\mu_1, \sigma_1^2)$ 和 $Y \sim N(\mu_2, \sigma_2^2)$ 的两个相互独立样本，其样本方差分别 S_1^2, S_2^2，即

$$S_1^2 = \frac{1}{n_1-1}\sum_{i=1}^{n_1}(X_i-\overline{X})^2, \quad S_2^2 = \frac{1}{n_2-1}\sum_{i=1}^{n_2}(Y_i-\overline{Y})^2$$

则

$$F = \frac{S_1^2/\sigma_1^2}{S_2^2/\sigma_2^2} \sim F(n_1-1, n_2-1) \tag{6-21}$$

【例 6-5】　设从两个方差相等的正态总体中分别抽取容量为 15 和 20 的样本，其样本方差分别为 S_1^2 和 S_2^2，试求 $P(S_1^2/S_2^2 > 2)$。

解　设正态总体的方差为 σ^2，则有 $\dfrac{14S_1^2}{\sigma^2} \sim \chi^2(14)$，$\dfrac{19S_2^2}{\sigma^2} \sim \chi^2(19)$，于是

$$F = \frac{S_1^2}{S_2^2} \sim F(14, 19)$$

从而

$$P(S_1^2/S_2^2 > 2) = P[F(14, 19) > 2] = 0.079\,8$$

习　题　六

一、填空题

1. 设总体 $X \sim N(\mu, \sigma^2)$，其中 μ, σ^2 为已知参数，$X_1, X_2, \cdots, X_n$ 来自 X 的一个样本，$\overline{X}, S^2$ 分别是样本均值和方差，且相互独立，则样本均值 $\overline{X} \sim$ _____，而统计量 $\dfrac{\overline{X}-\mu}{\sigma/\sqrt{n}} \sim$ _____，统计量 $\dfrac{\overline{X}-\mu}{S/\sqrt{n}} \sim$ _____，统计量 $\dfrac{(n-1)S^2}{\sigma^2} \sim$ _____。

2. 设 $x_1, x_2, \cdots, x_{20}$ 是来自 $N(10, 1)$ 的一个简单随机样本，$\overline{X}$ 是样本均值，则 $\overline{X} \sim$ _____，$E(\overline{x}) =$ _____，$D(\overline{x}) =$ _____，$P\{\overline{x} > 10\} =$ _____。

3. 设 Q, U 是两个相互独立的随机变量，并且已知

$$\frac{Q}{\sigma^2} \sim \chi^2(n-p-1), \quad \frac{U}{\sigma^2} \sim \chi^2(p)$$

式中，σ^2 为已知常数，则 $\dfrac{(n-p-1)U}{pQ}$ 服从_____分布，$\dfrac{Q}{\sigma^2} + \dfrac{U}{\sigma^2}$ 服从_____分布。

二、选择题

1. 关于随机抽样,下列说法正确的是(   )。

    A. 抽样时应使总体的每个个体都有同等的机会被抽取

    B. 研究者在抽样时应精心挑选个体,以使样本能代表总体

    C. 随机抽样即随意抽取个体

    D. 为确保样本具有更好的代表性,样本量应比较大

2. 设 $X_1, X_2, \cdots, X_n$ 是总体 $N(\mu, \sigma^2)$ 的一个样本,其中 μ, σ^2 已知,则下列选项错误的是(   )。

    A. $\overline{X} \sim N\left(\mu, \dfrac{\sigma^2}{n}\right)$ B. $\dfrac{\overline{X} - \mu}{\sigma / \sqrt{n}} \sim N(0, 1)$

    C. $\dfrac{(n-1)S^2}{\sigma^2} \sim \chi^2(n)$ D. $\dfrac{\overline{X} - \mu}{S / \sqrt{n}} \sim t(n-1)$

3. (2003 年考研题)设随机变量 $X \sim t(n), n > 1, Y = \dfrac{1}{X^2}$,则(   )。

    A. $Y \sim \chi^2(n)$ B. $Y \sim \chi^2(n-1)$

    C. $Y \sim F(n, 1)$ D. $Y \sim F(1, n)$

三、计算题

1. 设总体 $X \sim N(\mu, \sigma^2)$,其中 μ 未知,σ^2 为已知参数,$X_1, X_2, \cdots, X_n$ 是从总体抽取的一个样本,则下列各式中哪些属于统计量?

(1) $\displaystyle\sum_{i=1}^{n}(X_i - \sigma)^2$; (2) $\displaystyle\sum_{i=1}^{n}(X_i - \mu)$; (3) $\displaystyle\sum_{i=1}^{n}(X_i - \overline{X})^2$;

(4) $\dfrac{1}{n}(X_1^2 + X_2^2 + \cdots + X_n^2)$; (5) $\mu^2 + \dfrac{1}{3}(X_1 + X_2 + \cdots + X_n)$; (6) $\dfrac{1}{\sigma^2}\displaystyle\sum_{i=1}^{n}X_i^2$

2. 设对总体 X 得到一个容量为 10 的样本值:

$$4.5, 2.0, 1.0, 1.5, 3.5, 4.5, 6.5, 5.0, 3.5, 4.0$$

试求:样本均值 $\bar{x}$、样本方差 S^2 和样本标准差 S。

3. 从总体 X 中抽取容量为 7 的样本,其观测值为

$$35, 32, 65, 28, 32, 30, 29$$

试求:X 的经验分布函数。

4. 在某药合成过程中,测得的转化率(%)如下:

94.3	92.8	92.7	92.6	93.3	92.9	91.8	92.4	93.4	92.6
92.2	93.0	92.9	92.2	92.4	92.2	92.8	92.4	93.9	92.0
93.5	93.6	93.0	93.0	93.4	94.2	92.8	93.2	92.2	91.8
92.5	93.6	93.9	92.4	91.8	93.8	93.6	92.1	92.0	90.8

(1) 取组距为 0.5,最低组下限为 90.5,试作出频数分布表。

(2) 作频数直方图。

(3) 根据频数分布表的分组数据,计算样本均值和样本标准差。

5. 设 $X_1, X_2, \cdots, X_6$ 是来自 $(0, \theta)$ 内均匀分布的样本,$\theta > 0$ 未知。

要求:

(1) 写出样本的联合密度函数。

(2) 指出下列样本函数中哪些是统计量? 哪些不是? 为什么?

$$T_1 = \frac{X_1 + \cdots + X_6}{6}, \quad T_2 = X_6 - \theta, \quad T_3 = X_6 - E(X_1), \quad T_4 = \max\{X_1, \cdots, X_6\}$$

(3) 设样本的一组观测值是:

$$0.5, 1, 0.7, 0.6, 1, 1$$

写出样本均值、样本方差和标准差。

6. 设总体 $X \sim b(1, p)$, $X_1, X_2, \cdots, X_n$ 是来自 X 的样本。试求:

(1) $(X_1, X_2, \cdots, X_n)$ 的分布律。

(2) $\sum_{i=1}^{n} X_i$ 的分布律。

(3) $E(\overline{X}), D(\overline{X}), E(S^2)$。

7. 设总体 $X \sim \chi^2(n)$, $X_1, X_2, \cdots, X_{10}$ 是来自 X 的样本, 求 $E(\overline{X}), D(\overline{X}), E(S^2)$。

8. 设总体 $X \sim N(\mu, \sigma^2)$, $X_1, X_2, \cdots, X_{10}$ 是来自 X 的样本, 写出:

(1) $X_1, X_2, \cdots, X_{10}$ 的联合概率密度; (2) $\overline{X}$ 的概率密度。

9. 设 X_1, X_2, X_3, X_4 是来自正态总体 $X \sim N(\mu, \sigma^2)$ 的样本, 设

$$Y = a(X_1 - 3X_2)^2 + b\left(X_3 - \frac{1}{2}X_4\right)^2$$

求常数 a, b, 使得统计量 Y 服从 χ^2 分布。

10. 设总体 $X \sim N(0, \sigma^2)$, $X_1, X_2, \cdots, X_{2n}$ 为样本, 求 $\dfrac{X_1^2 + X_3^2 + \cdots + X_{2n-1}^2}{X_2^2 + X_4^2 + \cdots + X_{2n}^2}$ 的分布。

11. 从均值 $\mu = 18$ 和方差 $\sigma^2 = 36$ 的总体中随机抽取一个样本容量为 64 的样本, 求其样本均值 $\overline{X}$ 落在 16 到 19 之间的概率。

12. 查表求下列各临界值。

(1) $\chi^2_{0.01}(10), \chi^2_{0.10}(12), \chi^2_{0.99}(60), \chi^2_{0.95}(16)$。

(2) $t_{0.90}(4), t_{1-0.01}(10), t_{0.975}(60)$。

(3) $F_{0.99}(10, 9), F_{0.10}(28, 2), F_{0.05}(10, 8)$。

13. 随机抽一容量为 100 的样本, 问样本均值与总体均值的差的绝对值大于 3 的概率。

14. 设 $X_1, X_2, \cdots, X_{10}$ 为 $N(0, 0.3^2)$ 的一个样本, 求 $P\left\{\sum_{i=1}^{10} X_i^2 > 1.44\right\}$。

15. 设在总体 $N(\mu, \sigma^2)$ 中抽取一容量为 16 的样本, 其中, μ, σ^2 均为未知。试求:

(1) $P\{S^2/\sigma^2 \leqslant 2.041\}$; (2) $D(S^2)$。

第七章 参 数 估 计

在实际问题中,我们可以根据问题本身提供的信息量或利用适当的统计方法来判断总体分布的类型,进而得到总体的相关性质。然而,在分布已知的情况下,仍会存在总体的某些参数为未知的情形,这时就要借助随机样本进行求解。样本是总体的缩影与代表,有关总体未知参数的信息可通过样本提供的信息获得。我们可根据样本信息对未知参数做出合理的估计。这种由样本估计总体参数的问题称为参数估计,总体的未知参数称为待估参数。

参数估计通常有两种类型:一种是参数的点估计,就是以样本的某一函数值作为总体未知参数的估计值;另一种是参数的区间估计,就是利用样本统计量,按照指定概率确定一个包含总体待估参数的区间。

第一节 参数的点估计

设总体 X 的分布类型已知,但其中含有未知参数,借助于总体 X 的一个样本来估计总体未知参数值的问题称为参数的点估计问题。

设总体 X 的分布函数 $F(x;\theta)$ 的形式为已知,θ 是待估参数。$X_1, X_2, \cdots, X_n$ 是 X 的一个样本,$x_1, x_2, \cdots, x_n$ 是相应的样本值。点估计问题就是构造一个适当的统计量 $\hat{\theta}(X_1, X_2, \cdots, X_n)$,用它的观测值 $\hat{\theta}(x_1, x_2, \cdots, x_n)$ 作为未知参数 θ 的近似值。我们称 $\hat{\theta}(X_1, X_2, \cdots, X_n)$ 为 θ 的估计量,称 $\hat{\theta}(x_1, x_2, \cdots, x_n)$ 为 θ 的估计值。

在不致混淆的情况下统称估计量和估计值为估计,并都简记为 $\hat{\theta}$。由于估计量是样本函数,因此对不同的样本值,θ 的估计值一般是不同的。

【例 7-1】 在某炸药制造厂,一天中发生着火现象的次数 X 是一个随机变量,假设它服从以 $\lambda > 0$ 为参数的泊松分布,参数 λ 为未知。现有以下的样本值,试估计参数 λ。

着火次数 k	0	1	2	3	4	5	6	
k 次着火的天数 n_k	75	90	54	22	6	2	1	$\sum = 250$

解 由于 $X \sim \pi(\lambda)$,故有 $E(X) = \lambda$。由第六章知,可用 X 的样本均值 $\overline{X}$ 估计总体的数学期望,有

$$\bar{x} = \frac{\sum\limits_{k=0}^{6} k n_k}{\sum\limits_{k=0}^{6} n_k} = \frac{1}{250} \times (0 \times 75 + 1 \times 90 + 2 \times 54 + 3 \times 22 + 4 \times 6 + 5 \times 2 + 6 \times 1) = 1.22$$

得 $E(X) = \lambda$ 的估计为 1.22。

　　从例 7-1 中可以看出,一天中发生着火现象的次数 X 服从泊松分布,此为总体分布已知,总体中含有未知参数 λ。由于泊松分布的数学期望是 λ,我们用样本均值这个统计量作为总体均值的估计得到未知参量 λ 的值,即有估计量

$$\hat{\lambda} = \frac{1}{n} \sum_{i=1}^{n} X_i, \quad n = 250$$

估计值

$$\hat{\lambda} = \frac{1}{n} \sum_{i=1}^{n} x_i = 1.22$$

　　对于点估计问题,关键是找一个合适的统计量,使其既有合理性,又有计算上的方便性。这里只介绍两种常用的点估计方法:矩估计法和最大似然估计法。

一、矩估计法

　　矩是随机变量的某种数字特征,若总体分布已知,但其中含有未知参量,那么在总体矩中就会有一定的体现。样本取自总体,根据大数定律,样本矩在一定程度上反映了总体矩的特征,因而很自然想到用样本矩作为总体矩的估计量,用样本矩的连续函数作为相应总体矩连续函数的估计量,从中得到参数的估计,这种参数估计的方法称为矩估计法。

　　设总体 X 的分布函数为 $F(x; \theta_1, \theta_2, \cdots, \theta_k)$,其中 $\theta_1, \theta_2, \cdots, \theta_k$ 为待估计的 k 个未知参数,假设 X 的 $1 \sim k$ 阶矩都存在,则有

$$\mu_i = E(X^i) = \mu_i(\theta_1, \theta_2, \cdots, \theta_k), \quad i = 1, 2, \cdots, k$$

取样本的 i 阶矩 A_i 作为总体 i 阶矩 μ_i 的估计量,即

$$A_i = \frac{1}{n} \sum_{j=1}^{n} X_j^i, \quad i = 1, 2, \cdots, k \tag{7-1}$$

得方程组

$$\begin{cases} \mu_1(\theta_1, \theta_2, \cdots, \theta_k) = A_1 \\ \mu_2(\theta_1, \theta_2, \cdots, \theta_k) = A_2 \\ \quad\quad\quad \vdots \\ \mu_k(\theta_1, \theta_2, \cdots, \theta_k) = A_k \end{cases} \tag{7-2}$$

解得

$$\begin{cases} \hat{\theta}_1 = \hat{\theta}_1(X_1, X_2, \cdots, X_n) \\ \hat{\theta}_2 = \hat{\theta}_2(X_1, X_2, \cdots, X_n) \\ \qquad\qquad\vdots \\ \hat{\theta}_k = \hat{\theta}_k(X_1, X_2, \cdots, X_n) \end{cases} \qquad (7\text{-}3)$$

称 $\hat{\theta}_i$ 为 θ_i 的矩估计量 $(i=1,2,\cdots,k)$，简称矩估计。

例如，$X \sim N(\mu, \sigma^2)$，μ, σ^2 未知，即得 μ, σ^2 的矩估计量为

$$\hat{\mu} = \overline{X}, \quad \hat{\sigma}^2 = \frac{1}{n}\sum_{i=1}^{n}(X_i - \overline{X})^2$$

【例 7-2】 设总体 X 的概率密度为

$$f(x, \theta) = \begin{cases} \dfrac{1}{\theta}\mathrm{e}^{-\frac{x}{\theta}}, & x > 0 \\ 0, & x \leqslant 0 \end{cases}$$

式中，θ 为未知参数，$X_1, X_2, \cdots, X_n$ 是总体 X 的样本。试用矩估计法求 θ 的矩估计量 $\hat{\lambda}$。

解 由 $E(X) = \displaystyle\int_{-\infty}^{+\infty} x f(x, \theta)\mathrm{d}x = \frac{1}{\theta}\int_{0}^{+\infty} x\,\mathrm{e}^{-\frac{x}{\theta}}\mathrm{d}x = \theta$，得方程

$$\theta = \frac{1}{n}\sum_{i=1}^{n} X_i$$

解此方程，得到 θ 的矩估计量为

$$\hat{\theta} = \frac{1}{n}\sum_{i=1}^{n} X_i = \overline{X}$$

【例 7-3】 设总体 X 在区间 $[a, b]$ 上服从均匀分布，a, b 未知。$X_1, X_2, \cdots, X_n$ 是来自 X 的样本，试求 a, b 的矩估计量。

解
$$\mu_1 = E(X) = \frac{a+b}{2}$$

$$\mu_2 = E(X^2) = D(X) + E^2(X) = \frac{(b-a)^2}{12} + \frac{(a+b)^2}{4}$$

即

$$\begin{cases} a + b = 2\mu_1 \\ b - a = \sqrt{12(\mu_2 - \mu_1^2)} \end{cases}$$

解这一方程组得

$$a = \mu_1 - \sqrt{3(\mu_2 - \mu_1^2)}, \quad b = \mu_1 + \sqrt{3(\mu_2 - \mu_1^2)}$$

分别以 A_1, A_2 代替 μ_1, μ_2，得到 a, b 的矩估计量分别为（注意到 $\dfrac{1}{n}\displaystyle\sum_{i=1}^{n} X_i^2 - \overline{X}^2 =$

$$\frac{1}{n}\sum_{i=1}^{n}(X_i-\overline{X})^2\Big)$$

$$\hat{a}=A_1-\sqrt{3(A_2-A_1^2)}=\overline{X}-\sqrt{\frac{3}{n}\sum_{i=1}^{n}(X_i-\overline{X})^2}$$

$$\hat{b}=A_1+\sqrt{3(A_2-A_1^2)}=\overline{X}+\sqrt{\frac{3}{n}\sum_{i=1}^{n}(X_i-\overline{X})^2}$$

【例 7-4】 设总体 X 服从正态分布 $N(\mu,\sigma^2)$，$X_1,X_2,\cdots,X_n$ 为抽自总体 X 的样本，试求未知参数 μ 和 σ^2 的矩估计量。

解 对正态总体 $N(\mu,\sigma^2)$，$E(X)=\mu$，而

$$E(X^2)=D(X)+[E(X)]^2=\sigma^2+\mu^2$$

由矩估计法得

$$\begin{cases}\mu=\dfrac{1}{n}\sum_{i=1}^{n}X_i \\ \mu^2+\sigma^2=\dfrac{1}{n}\sum_{i=1}^{n}X_i^2\end{cases}$$

解上述方程组得到 μ 和 σ^2 的矩估计量为

$$\hat{\mu}=\frac{1}{n}\sum_{i=1}^{n}X_i=\overline{X}$$

$$\hat{\sigma}^2=\frac{1}{n}\sum_{i=1}^{n}X_i^2-\left(\frac{1}{n}\sum_{i=1}^{n}X_i\right)^2=\frac{1}{n}\sum_{i=1}^{n}(X_i-\overline{X})^2$$

矩估计法是一种直观、简便的估计方法，它最大的优点是无须知道总体的分布类型，就可以求出估计。在应用中，矩估计量可能不是唯一的，如参数为 λ 的泊松分布的均值与方差均为参数 λ，因而 $\overline{X}$ 与 $\hat{\sigma}^2$ 都可作为 λ 的矩估计量。矩估计法的缺点是不能利用总体分布类型提供的信息，在有些情况下，一定程度上会影响其估计的精确性。另外，矩估计法对于那些矩不存在的总体是不适用的。为此，需要大家了解并掌握另一种估计方法——最大似然估计法，它在一定程度上优于矩估计法。

二、最大似然估计法

在一次随机试验中，很多事件都可能发生，若事件 A 发生了，则有理由认为事件 A 比其他事件发生的概率大，这就是极大似然原理。最大似然估计法就是依据这一原理得到的一种参数估计方法。

在随机抽样中，样本 $X_1,X_2,\cdots,X_n$ 取得的观测值为 $x_1,x_2,\cdots,x_n$，则有理由认为取到 $x_1,x_2,\cdots,x_n$ 的概率较大，就应该选取使这一概率达到最大的参数值作为真参数值的估计。这就是最大似然估计法的基本思路。

设总体 X 的分布律 $P\{X=x\}=P\{x,\theta\}$ 或概率密度 $f(x,\theta)$ 形式已知，而 θ 为未知参

数，$x_1, x_2, \cdots, x_n$ 为样本观测值，称

$$L(\theta) = L(x_1, x_2, \cdots, x_n; \theta) = \prod_{i=1}^{n} P(x_i; \theta) = P(x_1, \theta) P(x_2, \theta) \cdots P(x_n, \theta)$$

$$(7\text{-}4)$$

或

$$L(\theta) = L(x_1, x_2, \cdots, x_n; \theta) = \prod_{i=1}^{n} f(x_i; \theta) = f(x_1, \theta) f(x_2, \theta) \cdots f(x_n, \theta)$$

$$(7\text{-}5)$$

为似然函数。当 $\theta = \hat{\theta}$ 时，似然函数达到最大值，即 $L(\hat{\theta}) = \max\limits_{\theta} L(\theta)$，则称 $\hat{\theta} = \hat{\theta}(x_1, x_2, \cdots,$ $x_n)$ 为 θ 的最大似然估计值，称 $\hat{\theta} = \hat{\theta}(X_1, X_2, \cdots, X_n)$ 为 θ 的最大似然估计量。当 $L(\theta)$ 可导时，最大似然估计值 $\hat{\theta}$ 可由方程

$$\frac{\mathrm{d}L(\theta)}{\mathrm{d}\theta} = 0 \quad \text{或} \quad \frac{\mathrm{d}\ln L(\theta)}{\mathrm{d}\theta} = 0 \tag{7-6}$$

解出，上述方程称为似然方程。

由上述定义可以看出，$L(x_1, x_2, \cdots, x_n; \theta)$ 既是观测值 $x_1, x_2, \cdots, x_n$ 的函数，也是待估参数 θ 的函数。当样本 $X_1, X_2, \cdots, X_n$ 取得一组特定观测值 $x_1, x_2, \cdots, x_n$ 时，$L(x_1, x_2, \cdots, x_n; \theta)$ 就仅仅是 θ 的函数 $L(\theta)$ 了。由极大似然原理，对一次抽样得到的观测值 $x_1, x_2, \cdots, x_n$，若 $L(\theta)$ 在 $\hat{\theta}$ 处达到最大值，则可取 $\hat{\theta}$ 为 θ 的估计值。这样求总体参数 θ 的最大似然估计量的问题就转化为求似然函数 $L(\theta)$ 的最大值问题。由于似然函数 $L(\theta)$ 是连乘形式，不利于通过求导确定 $\hat{\theta}$，而对数函数 $\ln L(\theta)$ 与 $L(\theta)$ 能在相同点达到最大值，因此可利用对数函数及微积分中求极值的方法求得 $\hat{\theta}$。

最大似然估计法也适用于分布中含有多个未知参数 $\theta_1, \theta_2, \cdots, \theta_k$ 的情况。这时似然函数为 $L(\theta_1, \theta_2, \cdots, \theta_k) = L(x_1, x_2, \cdots, x_n; \theta_1, \theta_2, \cdots, \theta_k)$ 是这些未知参数的函数。

令

$$\frac{\partial}{\partial \theta_i} L(\theta_1, \theta_2, \cdots, \theta_k) = 0, \quad i = 1, 2, \cdots, k$$

或令

$$\frac{\partial}{\partial \theta_i} \ln L(\theta_1, \theta_2, \cdots, \theta_k) = 0, \quad i = 1, 2, \cdots, k \tag{7-7}$$

解上述 k 个方程组成的方程组，即可得到各未知参数 θ_i 的最大似然估计值 $\hat{\theta}_i (i = 1, 2, \cdots, k)$。(7-7)式称为似然方程组。

求最大似然估计量的一般步骤如下。

(1) 作出似然函数。

(2) 求出似然函数的最大值点。

【例 7-5】 设总体 $X \sim \pi(\lambda)$，$X_1, X_2, \cdots, X_n$ 是来自总体 X 的样本，试求参数 λ 的最大似然估计量。

解 似然函数

$$L(\lambda) = \prod_{i=1}^{n} \frac{\lambda^{x_i}}{x_i!} e^{-\lambda} = \frac{\lambda^{\sum\limits_{i=1}^{n} x_i}}{x_1! \, x_2! \cdots x_n!} e^{-n\lambda}$$

对数似然函数

$$\ln L(\lambda) = \left(\sum_{i=1}^{n} x_i \right) \ln\lambda - \sum_{i=1}^{n} \ln(x_i!) - n\lambda$$

对 λ 求导并令其为 0，得似然方程

$$\frac{\mathrm{d}\ln L(\lambda)}{\mathrm{d}\lambda} = \frac{1}{\lambda} \sum_{i=1}^{n} x_i - n = 0$$

由函数的最值定理可解得 λ 的最大似然估计值

$$\hat{\lambda} = \frac{\sum\limits_{i=1}^{n} x_i}{n} = \bar{x}$$

最大似然估计量为

$$\hat{\lambda} = \frac{1}{n} \sum_{i=1}^{n} X_i = \overline{X}$$

【例 7-6】 设 $x_1, x_2, \cdots, x_n$ 是来自总体 $N(\mu, \sigma^2)$ 的样本观测值，其中 μ, σ^2 是未知参数，试求 μ 和 σ^2 的最大似然估计量。

解 似然函数为

$$L(\mu, \sigma^2) = \frac{1}{(\sqrt{2\pi}\sigma)^n} \exp\left\{ -\frac{1}{2\sigma^2} \sum_{i=1}^{n} (x_i - \mu)^2 \right\}$$

$$\ln L(\mu, \sigma^2) = -\frac{n}{2} \ln(2\pi) - \frac{n}{2} \ln\sigma^2 - \frac{1}{2\sigma^2} \sum_{i=1}^{n} (x_i - \mu)^2$$

故似然方程组为

$$\begin{cases} \dfrac{\partial}{\partial\mu} \ln L(\mu, \sigma^2) = \dfrac{1}{\sigma^2} \sum_{i=1}^{n} (x_i - \mu) = 0 \\[2mm] \dfrac{\partial}{\partial\sigma^2} \ln L(\mu, \sigma^2) = -\dfrac{n}{2\sigma^2} + \dfrac{1}{2\sigma^4} \sum_{i=1}^{n} (x_i - \mu)^2 = 0 \end{cases}$$

解方程组，得 μ 和 σ^2 的最大似然估计值为

$$\begin{cases} \hat{\mu} = \dfrac{1}{n} \sum_{i=1}^{n} x_i = \bar{x} \\[2mm] \hat{\sigma}^2 = \dfrac{1}{n} \sum_{i=1}^{n} (x_i - \bar{x})^2 = \dfrac{n-1}{n} s^2 \end{cases}$$

μ 和 σ^2 的最大似然估计量为

$$\hat{\mu} = \overline{X} , \qquad \hat{\sigma}^2 = \frac{n-1}{n} S^2$$

可以证明, $\overline{x}$ 和 $\frac{n-1}{n} s^2$ 确实使 $L(\mu, \sigma^2)$ 达到最大值。另外,发现其矩估计量与最大似然估计量相同。

相较于矩估计法,最大似然估计法充分利用了总体分布的类型和样本信息,因此得到了较多的应用。最大似然估计法一般使用微分法求解参数的最大似然估计量,但在实际应用中,常有因素会导致微分法失效,此时仍需利用定义进行求解。

第二节　估计量的评选标准

原则上任何统计量都可以作为总体未知参数的估计量。对同一个参数,使用不同的估计法可能得到不同的估计量,那么采用哪个估计量更好呢? 用什么标准来衡量估计量的优劣性呢? 下面介绍的无偏性、有效性和一致性是比较常用的评价标准。

一、无偏性

估计量是样本的函数,是随机变量对于不同的样本观测值会得到不同的估计值。若在多次观测试验中所取得估计值的数学期望恰好等于未知参数的真值,就称为估计量具有无偏性。

定义 7.1　设 $\hat{\theta}$ 是未知参数 θ 的估计量,如果对 θ 的所有取值,有

$$E(\hat{\theta}) = \theta \tag{7-8}$$

则称 $\hat{\theta}$ 为 θ 的无偏估计量,否则称为有偏估计量。

$\hat{\theta}$ 是由估计量得到的估计值,相对于真值 θ 来说,有些偏大,有些偏小,围绕参数的真值 θ 上下波动。如果相互独立地重复多次使用这一估计量,所得的所有估计值的算术平均值与 θ 的真值相当,即平均而言,估计是无偏的。

无偏估计的实际意义就是无系统误差。一个未知参数可以有不同的无偏估计量。

【例 7-7】　设 $X_1, X_2, \cdots, X_n$ 是来自总体 X 的一个样本,证明:

(1) 样本均值 $\overline{X} = \frac{1}{n} \sum_{i=1}^{n} X_i$ 是总体均值 μ 无偏估计量。

(2) 样本方差 $S^2 = \frac{1}{n-1} \sum_{i=1}^{n} (X_i - \overline{X})^2$ 是总体方差 σ^2 的无偏估计量。

证　(1) 利用数学期望的性质,有

$$E(\overline{X}) = E\left(\frac{1}{n} \sum_{i=1}^{n} X_i\right) = \frac{1}{n} E\left(\sum_{i=1}^{n} X_i\right) = \frac{1}{n} \sum_{i=1}^{n} E(X_i) = \frac{1}{n} \sum_{i=1}^{n} E(X) = E(X) = \mu$$

即 $\overline{X}$ 是总体均值 μ 的无偏估计量。

（2）对于样本方差 S^2,有

$$E(S^2) = E\left[\frac{1}{n-1}\sum_{i=1}^{n}(X_i - \overline{X})^2\right] = \frac{1}{n-1}E\left(\sum_{i=1}^{n}X_i^2 - n\overline{X}^2\right)$$

$$= \frac{1}{n-1}\left[\sum_{i=1}^{n}E(X_i^2) - nE(\overline{X}^2)\right]$$

$$= \frac{1}{n-1}\left\{\sum_{i=1}^{n}\left[D(X_i) + E^2(X_i)\right] - n\left[D(\overline{X}) + E^2(\overline{X})\right]\right\}$$

$$= \frac{1}{n-1}\left[\sum_{i=1}^{n}(\sigma^2 + \mu^2) - n\left(\frac{\sigma^2}{n} + \mu^2\right)\right] = \frac{1}{n-1}(n-1)\sigma^2 = \sigma^2$$

样本方差 $S^2 = \frac{1}{n-1}\sum_{i=1}^{n}(X_i - \overline{X})^2$ 的理论平均值等于总体方差 σ^2,即 $E(S^2) = \sigma^2$。而样本

二阶中心矩 $B_2 = \frac{1}{n}\sum_{i=1}^{n}(X_i - \overline{X})^2$ 不是总体方差 σ^2 的无偏估计量,事实上

$$E(B_2) = E\left[\frac{1}{n}\sum_{i=1}^{n}(X_i - \overline{X})^2\right] = \frac{n-1}{n}\sigma^2 \neq \sigma^2$$

【例 7-8】 设总体 X 服从指数分布,其概率密度为

$$f(x;\theta) = \begin{cases} \dfrac{1}{\theta}\mathrm{e}^{-\frac{x}{\theta}}, & x > 0 \\ 0, & \text{其他} \end{cases}$$

式中,参数 $\theta > 0$ 为未知,又设 $X_1, X_2, \cdots, X_n$ 来自总体 X 的样本,试证 $\overline{X}$ 和 $nZ = n\{\min(X_1, X_2, \cdots, X_n)\}$ 都是 θ 的无偏估计量。

证 因为 $E(\overline{X}) = E(X) = \theta$,所以 $\overline{X}$ 是 θ 的无偏估计量。而 $Z = \min\{X_1, X_2, \cdots, X_n\}$ 具有概率密度

$$f_{\min}(x;\theta) = \begin{cases} \dfrac{n}{\theta}\mathrm{e}^{-\frac{nx}{\theta}}, & x > 0 \\ 0, & \text{其他} \end{cases}$$

故知

$$E(Z) = \frac{\theta}{n}$$

$$E(nZ) = \theta$$

即 nZ 也是参数 θ 的无偏估计量。

由此可见未知参数可以作为 θ 的无偏估计量。事实上,本例 $X_1, X_2, \cdots, X_n$ 中的每一个都可以作为 θ 的无偏估计量。

二、有效性

一般来说，总体参数 θ 的无偏估计量 $\hat{\theta}$ 可能不止一个，要想对比不同的无偏估计量哪一个更为理想，就要利用有效性。在实际应用中，通常用估计量 $\hat{\theta}$ 的方差来衡量估计量偏差的大小，当估计量 $\hat{\theta}$ 是总体参数 θ 的无偏估计量，即 $E(\hat{\theta})=\theta$ 时，则

$$D(\hat{\theta})=E\{[\hat{\theta}-E(\hat{\theta})]^2\}=E[(\hat{\theta}-\theta)^2]$$

方差 $D(\hat{\theta})$ 越小，估计量 $\hat{\theta}$ 与被估计的总体参数 θ 间的偏差越小，估计量 $\hat{\theta}$ 的值就越可能集中在参数 θ 的附近，对参数 θ 的估计和推断也就越有效。

定义 7.2 设 $\hat{\theta}_1,\hat{\theta}_2$ 为总体未知参数 θ 的两个无偏估计量，若

$$D(\hat{\theta}_1)<D(\hat{\theta}_2) \tag{7-9}$$

则称 $\hat{\theta}_1$ 比 $\hat{\theta}_2$ 更有效。

【例 7-9】 （续例 7-8）试证当 $n>1$ 时，θ 的无偏估计量 $\overline{X}$ 较 θ 的无偏估计量 nZ 有效。

证 由于 $D(X)=\theta^2$，故有 $D(\overline{X})=\dfrac{\theta^2}{n}$。再者，由于 $D(Z)=\dfrac{\theta^2}{n^2}$，故有 $D(nZ)=n^2 \cdot \dfrac{\theta^2}{n^2}=\theta^2$，当 $n>1$ 时，$D(nZ)>D(\overline{X})$，故 $\overline{X}$ 较 nZ 有效。

三、一致性

无偏性、有效性都是在样本容量 n 固定的情况下讨论的，估计量 $\hat{\theta}$ 显然与 n 有关。当样本容量 n 无限增大时，估计量 $\hat{\theta}(X_1,X_2,\cdots,X_n)$ 若能在某种意义下收敛于待估参数的真值，则具有一致性。

定义 7.3 设 $\hat{\theta}(X_1,X_2,\cdots,X_n)$ 是参数 θ 的估计量，如果对任意 $\varepsilon>0$，均有

$$\lim_{n\to\infty}P\{|\hat{\theta}-\theta|<\varepsilon\}=1 \tag{7-10}$$

即 $\hat{\theta}$ 依概率收敛于 θ，则称 $\hat{\theta}$ 是参数 θ 的一致估计量或相合估计量。

当 $\hat{\theta}$ 是参数 θ 的一致估计量时，只要 n 充分大，$|\hat{\theta}-\theta|$ 就会很接近于 0，这说明 $\hat{\theta}$ 偏离 θ 的概率很小。因此，一致估计量更精确。在实际问题中，当 n 不是很大时，一致估计量将没有任何意义。

例如，若总体 X 的数学期望 μ 和方差 σ^2 存在，则由辛钦大数定律有

$$\lim_{n\to\infty}P\left\{\left|\frac{1}{n}\sum_{i=1}^{n}X_i-\mu\right|<\varepsilon\right\}=1$$

这就说明，样本均值 $\overline{X}$ 是总体均值 μ 的一致估计量。同理可证，样本的 k 阶矩 $\dfrac{1}{n}\sum_{i=1}^{n}X_i^k$ 是总体 k 阶矩 $E(X^k)$ 的一致估计量。

θ 的一致估计量一般也不唯一。 例如，$\dfrac{1}{n}\sum\limits_{i=1}^{n}(X_i-\overline{X})^2$ 是方差 σ^2 的一致估计量，

$\dfrac{1}{n-1}\sum\limits_{i=1}^{n}(X_i-\overline{X})^2$ 也是方差 σ^2 的一致估计量，故在一致估计量中也存在优劣性。对一般总体 X，样本均值 $\overline{X}$、样本方差 S^2 分别是总体均值 μ、方差 σ^2 的无偏、一致估计量。

第三节　区间估计

对总体参数做点估计时，即使估计量是无偏的、一致的，有效性也较好，但由于样本的随机性，估计量 $\hat{\theta}$ 与参数 θ 的真值之间也会有一定的偏差，估计量本身不能反映近似的精确度，也无法体现偏差范围。为此，我们希望估计出一个范围，并希望知道这个范围包含参数 θ 真值的可信程度，这样的范围通常以区间的形式给出，这种用区间对参数 θ 所在的范围进行估计的称为区间估计，这样的区间称为置信区间。

定义 7.4　设 θ 为总体 X 的未知参数，若由样本确定的两个统计量 $\hat{\theta}_1=\hat{\theta}_1(X_1,X_2,\cdots,X_n)$ 和 $\hat{\theta}_2=\hat{\theta}_2(X_1,X_2,\cdots,X_n)$，且 $\hat{\theta}_1<\hat{\theta}_2$，对于预先给定的 α 值（$0<\alpha<1$），满足

$$P\{\hat{\theta}_1<\theta<\hat{\theta}_2\}\geqslant 1-\alpha \tag{7-11}$$

则称随机区间 $(\hat{\theta}_1,\hat{\theta}_2)$ 为 θ 的 $1-\alpha$ 或 $100(1-\alpha)\%$ 置信区间。其中 $\hat{\theta}_1$ 为置信下限，$\hat{\theta}_2$ 为置信上限，$1-\alpha$ 或 $100(1-\alpha)\%$ 称为置信度或置信水平。

当总体 X 是连续型随机变量时，对于给定的 α，总可通过 $P\{\hat{\theta}_1<\theta<\hat{\theta}_2\}=1-\alpha$ 求出置信区间。而当总体 X 是离散型随机变量时，就很难找到满足上式成立的置信区间。这时需要寻找区间 $(\hat{\theta}_1,\hat{\theta}_2)$ 使得 $P\{\hat{\theta}_1<\theta<\hat{\theta}_2\}$ 尽可能地接近 $1-\alpha$。

关于区间估计，需要做以下说明。

（1）对给定的样本容量反复抽样时，每组样本观测值都对应一个具体的区间 $(\hat{\theta}_1,\hat{\theta}_2)$，区间 $(\hat{\theta}_1,\hat{\theta}_2)$ 随样本观测值的不同而变化。但参数 θ 的真值是一确定值，无法说明 θ 是一定在区间 $(\hat{\theta}_1,\hat{\theta}_2)$ 上取值的，只能说区间 $(\hat{\theta}_1,\hat{\theta}_2)$ 以概率 $1-\alpha$ 包含 θ。由伯努利大数定律，在这些区间中，包含 θ 真值的约占 $100(1-\alpha)\%$，不包含 θ 真值的约占 $100\alpha\%$。例如 α 取 0.05 时，表示在总体中抽取 100 个容量为 n 的样本，每取定一个样本就得到一个固定的区间 $(\hat{\theta}_1,\hat{\theta}_2)$，其中大约有 95 个区间包含待估计的参数 θ，大约有 5 个区间不包含 θ，即区间 $(\hat{\theta}_1,\hat{\theta}_2)$ 包含参数 θ 的可靠性是 95%。

（2）置信区间 $(\hat{\theta}_1,\hat{\theta}_2)$ 的大小反映区间估计的精确性，$(\hat{\theta}_1,\hat{\theta}_2)$ 越小，精确程度越高；置信水平 $1-\alpha$ 的大小则反映了区间估计的可靠性，$1-\alpha$ 越大，可靠性越大。这两者之间是存在着矛盾的。一般来说，对固定的样本容量，$1-\alpha$ 越大，置信区间 $(\hat{\theta}_1,\hat{\theta}_2)$ 越大，即可靠性增大时，精确性下降；反之，精确性上升，则可靠性降低。如何使两者尽可能好，目前的通用

原则是加大样本容量,在保证可靠性的前提下尽可能地提高精确度。

构造未知参数 θ 的置信区间的一般步骤如下。

(1) 从 θ 的点估计出发,构造一个含有样本 $X_1, X_2, \cdots, X_n$ 和待估参数 θ 的随机变量 $g(X_1, X_2, \cdots, X_n; \theta)$,要求 g 的分布不依赖 θ 且不含任何其他未知参数,称具有这种性质的函数 g 为枢轴量。

(2) 对于给定的置信水平 $1-\alpha$,适当选择常数 a, b 使得

$$P\{a < g(X_1, X_2, \cdots, X_n; \theta) < b\} = 1-\alpha \tag{7-12}$$

常数 a, b 的确定可按以下方法进行:当 $g(X_1, X_2, \cdots, X_n; \theta)$ 的概率密度函数单峰且对称时(如标准正态分布、t 分布等),可取 $a = -b$,b 为 g 的概率分布的上 $\frac{\alpha}{2}$ 分位点,可证明此时取得的置信区间长度均值为最短;当 $g(X_1, X_2, \cdots, X_n; \theta)$ 的概率密度函数单峰但非对称时(如 χ^2 分布、F 分布等),可取 α 为 g 的概率分布的上 $1-\frac{\alpha}{2}$ 分位点,b 为 g 的概率分布的上 $\frac{\alpha}{2}$ 分位点。

(3) 将不等式 $a \leqslant g(X_1, X_2, \cdots, X_n; \theta) \leqslant b$ 进行等价变换,化为

$$\hat{\theta}_1(X_1, X_2, \cdots, X_n) < \theta < \hat{\theta}_2(X_1, X_2, \cdots, X_n)$$

则 $(\hat{\theta}_1, \hat{\theta}_2)$ 就是 θ 的一个置信水平为 $1-\alpha$ 的置信区间。

第四节　正态总体均值与方差的区间估计

一、单个正态总体均值与方差的区间估计

设已给定置信水平为 $1-\alpha$,并设 $X_1, X_2, \cdots, X_n$ 为来自正态总体 $N(\mu, \sigma^2)$ 的一个样本,$\overline{X}$ 和 S^2 分别是样本均值和样本方差。

1. 均值 μ 的置信区间

(1) σ^2 已知时,均值 μ 的置信区间。

由定理 6.1 可知,随机变量

$$\frac{\overline{X} - \mu}{\sigma / \sqrt{n}} \sim N(0, 1)$$

于是,取 $\dfrac{\overline{X} - \mu}{\sigma / \sqrt{n}}$ 为枢轴量。对于给定的 $1-\alpha$,按标准正态分布分位点 $u_{\frac{\alpha}{2}}$ 定义有

$$P\left\{ \left| \frac{\overline{X} - \mu}{\sigma / \sqrt{n}} \right| < u_{\frac{\alpha}{2}} \right\} = 1-\alpha$$

如图 7-1 所示。

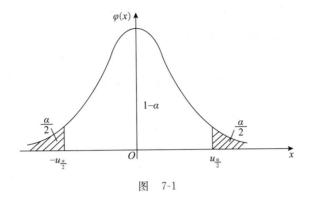

图 7-1

由上式中的不等式可得

$$|\overline{X} - \mu| < u_{\frac{\alpha}{2}} \frac{\sigma}{\sqrt{n}}$$

即

$$\overline{X} - u_{\frac{\alpha}{2}} \frac{\sigma}{\sqrt{n}} < \mu < \overline{X} + u_{\frac{\alpha}{2}} \frac{\sigma}{\sqrt{n}}$$

故

$$P\left\{\overline{X} - u_{\frac{\alpha}{2}} \frac{\sigma}{\sqrt{n}} < \mu < \overline{X} + u_{\frac{\alpha}{2}} \frac{\sigma}{\sqrt{n}}\right\} = 1 - \alpha$$

于是均值 μ 的置信水平为 $1-\alpha$ 的置信区间为

$$\left(\overline{X} - u_{\frac{\alpha}{2}} \frac{\sigma}{\sqrt{n}}, \overline{X} + u_{\frac{\alpha}{2}} \frac{\sigma}{\sqrt{n}}\right) \tag{7-13}$$

在计算中,由于 α 常取 0.05 和 0.01(查附录中的附表 5),因此下面两个分位点应熟记:

$$u_{\frac{0.05}{2}} = 1.96, \quad u_{\frac{0.01}{2}} = 2.58$$

【例 7-10】 设某厂生产的化纤强度服从正态分布,标准差长期稳定在 $\sigma = 0.85$,现抽取一个容量为 25 的样本,测定其强度,算得样本均值为 2.25,试求这批化纤平均强度的置信水平为 95% 的置信区间。

解 已知 $\overline{x} = 2.25, \sigma = 0.85, n = 25$。又因为 $1 - \alpha = 0.95, \alpha = 0.05$,则 $u_{\frac{0.05}{2}} = 1.96$。于是

$$\overline{x} \pm u_{\frac{\alpha}{2}} \frac{\sigma}{\sqrt{n}} = 2.25 \pm 1.96 \times \frac{0.85}{\sqrt{25}} = 2.25 \pm 0.333\,2$$

即这批化纤平均强度的置信水平为 95% 的置信区间为(1.916 8,2.583 2)。

（2）σ^2 未知时，均值 μ 的置信区间。

当总体方差 σ^2 未知时，此时不能使用枢轴量 $\dfrac{\overline{X}-\mu}{\sigma/\sqrt{n}}$，因其中含未知参数 σ。可用总体方差 σ^2 的无偏估计量样本方差 S^2 来代替 σ^2，即枢轴变量 $\dfrac{\overline{X}-\mu}{\sigma/\sqrt{n}}$ 换成 $\dfrac{\overline{X}-\mu}{S/\sqrt{n}}$，可知

$$\frac{\overline{X}-\mu}{S/\sqrt{n}} \sim t(n-1)$$

对于给定的置信水平 $1-\alpha$ 及自由度 $n-1$，查附录中的附表 6 得 $t_{\frac{\alpha}{2}}(n-1)$，使

$$P\left\{\left|\frac{\overline{X}-\mu}{S/\sqrt{n}}\right| < t_{\frac{\alpha}{2}}(n-1)\right\} = 1-\alpha$$

如图 7-2 所示。

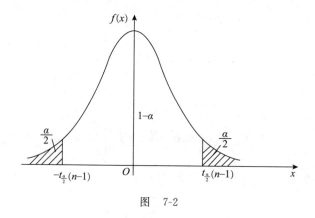

图 7-2

从而

$$P\left\{\overline{X}-t_{\frac{\alpha}{2}}(n-1)\frac{S}{\sqrt{n}} < \mu < \overline{X}+t_{\frac{\alpha}{2}}(n-1)\frac{S}{\sqrt{n}}\right\} = 1-\alpha$$

于是均值 μ 的置信水平为 $1-\alpha$ 的置信区间为

$$\left(\overline{X}-t_{\frac{\alpha}{2}}(n-1)\frac{S}{\sqrt{n}}, \overline{X}+t_{\frac{\alpha}{2}}(n-1)\frac{S}{\sqrt{n}}\right) \tag{7-14}$$

【例 7-11】 有一大批糖果，现从中随机取 16 袋，称得重量（单位：g）如下：

506　508　499　503　504　510　497　512

514　505　493　496　506　502　509　496

设袋装糖果的重量近似服从正态分布，试求总体均值 μ 的置信水平为 0.95 的置信区间。

解 已知 $\bar{x}=503.75$，$s=6.2022$，$n-1=15$。又因为 $1-\alpha=0.95$，$\dfrac{\alpha}{2}=0.025$，则

$t_{\frac{0.05}{2}}(15)=2.131\ 5$。于是

$$\bar{x}\pm t_{\frac{\alpha}{2}}(n-1)\frac{s}{\sqrt{n}}=503.75\pm2.131\ 5\times\frac{6.202\ 2}{\sqrt{16}}=503.75\pm3.30$$

即均值 μ 的置信水平为 0.95 的置信区间为 $(500.45,507.05)$。这就是说,估计袋装糖果重量的均值在 500.4g 与 507.1g 之间,这个估计的可信程度为 95%。若以此区间内任一值作为 μ 的近似值,其误差不大于 $2.131\ 5\times\frac{6.202\ 2}{\sqrt{16}}\times2=6.61$,这个误差估计的可信程度为 95%。

在 n 充分大的情况下,由于 t 分布接近标准正态分布,因此均值的置信水平为 $1-\alpha$ 的置信区间也表示为

$$\left(\bar{X}-u_{\frac{\alpha}{2}}\frac{S}{\sqrt{n}},\bar{X}+u_{\frac{\alpha}{2}}\frac{S}{\sqrt{n}}\right)$$

对非正态总体,当总体方差未知时,且当 n 充分大时,仍近似有

$$\frac{\bar{X}-\mu}{S/\sqrt{n}}\sim N(0,1)$$

于是,均值 μ 的置信水平为 $1-\alpha$ 的置信区间近似为

$$\left(\bar{X}-u_{\frac{\alpha}{2}}\frac{S}{\sqrt{n}},\bar{X}+u_{\frac{\alpha}{2}}\frac{S}{\sqrt{n}}\right) \tag{7-15}$$

【例 7-12】 在测量反应时间中,一位心理学家估计标准差是 0.05 秒。他必须取多大容量的样本才能使他的均值反应时间的估计误差不超过 0.01 秒($\alpha=0.05$)?

解 已知 $s=0.05$,又因为 $\alpha=0.05,u_{\frac{0.05}{2}}=1.96$,由误差

$$u_{\frac{\alpha}{2}}\frac{s}{\sqrt{n}}=1.96\frac{0.05}{\sqrt{n}}\leqslant0.01$$

解得

$$n\geqslant96.04$$

即在置信水平为 95% 时估计 n 是 97 或更大时,误差小于 0.01 秒。

2. 方差 σ^2 的置信区间

在实际情况中,一般讨论 μ 未知的情况。

由于样本方差 S^2 是 σ^2 的无偏估计量,可知

$$\frac{(n-1)S^2}{\sigma^2}\sim\chi^2(n-1)$$

上式右端的分布不依赖于任何未知参数,取 $\frac{(n-1)S^2}{\sigma^2}$ 为枢轴量。由 χ^2 分布概率密度曲线

形状的非对称性,对给定的置信水平 $1-\alpha$ 及自由度 $n-1$,查 χ^2 分布表(附录中的附表7),得 $\chi^2_{1-\frac{\alpha}{2}}(n-1)$ 和 $\chi^2_{\frac{\alpha}{2}}(n-1)$,使得

$$P\left\{\chi^2_{1-\frac{\alpha}{2}}(n-1)<\frac{(n-1)S^2}{\sigma^2}<\chi^2_{\frac{\alpha}{2}}(n-1)\right\}=1-\alpha$$

如图 7-3 所示。

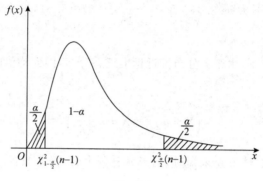

图　7-3

即

$$P\left(\frac{(n-1)S^2}{\chi^2_{\frac{\alpha}{2}}(n-1)}<\sigma^2<\frac{(n-1)S^2}{\chi^2_{1-\frac{\alpha}{2}}(n-1)}\right)=1-\alpha$$

这就得到方差 σ^2 的一个置信水平为 $1-\alpha$ 的置信区间

$$\left(\frac{(n-1)S^2}{\chi^2_{\frac{\alpha}{2}}(n-1)},\frac{(n-1)S^2}{\chi^2_{1-\frac{\alpha}{2}}(n-1)}\right) \tag{7-16}$$

还可以得到标准差 σ 的一个置信水平为 $1-\alpha$ 的置信区间

$$\left(\frac{\sqrt{(n-1)}S}{\sqrt{\chi^2_{\frac{\alpha}{2}}(n-1)}},\frac{\sqrt{(n-1)}S}{\sqrt{\chi^2_{1-\frac{\alpha}{2}}(n-1)}}\right) \tag{7-17}$$

【例 7-13】 从同一批号的阿司匹林片中随机抽取 10 片,测定其溶解 50% 所需的时间 T_{50}(单位:分钟)。结果为 5.3,3.6,5.1,6.6,4.9,6.5,5.2,3.7,5.4,5.0。求总体方差的 90% 置信区间。

解 由样本计算得 $S^2=0.956$,又已知 $n=10$,且对 $1-\alpha=0.9$,$\alpha=0.1$,$\mathrm{d}f=10-1=9$,查附录中的附表7,得

$$\chi^2_{\frac{0.1}{2}}(9)=\chi^2_{0.05}(9)=16.919,\quad \chi^2_{1-\frac{0.1}{2}}(9)=\chi^2_{0.95}(9)=3.325$$

于是

$$\frac{(n-1)S^2}{\chi^2_{\frac{\alpha}{2}}}=\frac{9\times0.956}{16.919}=0.509$$

$$\frac{(n-1)S^2}{\chi^2_{1-\frac{\alpha}{2}}}=\frac{9\times0.956}{3.325}=2.588$$

所以总体方差的 90% 置信区间为 $(0.509,2.588)$。

二、两个正态总体均值与方差的区间估计

在实际中常遇到下面问题:已知产品的某一质量指标 X 服从正态分布,但由于原料、设备条件、操作人员不同,或工艺过程的改变等因素,引起总体均值、总体方差有所改变。我们需要知道这些改变有多大,这就需要考虑两个正态总体均值差或方差比的估计问题。

设 $X_1,X_2,\cdots,X_{n_1}$ 为来自第一个正态总体 $X\sim N(\mu_1,\sigma_1^2)$ 的样本,$Y_1,Y_2,\cdots,Y_{n_2}$ 为来自第二个正态总体 $Y\sim N(\mu_2,\sigma_2^2)$ 的样本,这两个样本相互独立。设 $\overline{X},\overline{Y}$ 分别为第一个、第二个总体的样本均值,S_1^2,S_2^2 分别是第一个、第二个总体的样本方差。给定置信水平为 $1-\alpha$。

1. 均值差 $\mu_1-\mu_2$ 的置信区间

(1) σ_1^2,σ_2^2 已知时,均值差 $\mu_1-\mu_2$ 的置信区间。

因 $\overline{X},\overline{Y}$ 分别为 μ_1,μ_2 的无偏估计量,故 $\overline{X}-\overline{Y}$ 是 $\mu_1-\mu_2$ 的无偏估计,由 $\overline{X},\overline{Y}$ 的独立性以及 $\overline{X}\sim N(\mu_1,\sigma_1^2/n_1),\overline{Y}\sim N(\mu_2,\sigma_2^2/n_2)$ 得

$$\overline{X}-\overline{Y}\sim N\left(\mu_1-\mu_2,\frac{\sigma_1^2}{n_1}+\frac{\sigma_2^2}{n_2}\right)$$

或

$$\frac{(\overline{X}-\overline{Y})-(\mu_1-\mu_2)}{\sqrt{\frac{\sigma_1^2}{n_1}+\frac{\sigma_2^2}{n_2}}}\sim N(0,1)$$

于是,取 $\dfrac{(\overline{X}-\overline{Y})-(\mu_1-\mu_2)}{\sqrt{\frac{\sigma_1^2}{n_1}+\frac{\sigma_2^2}{n_2}}}$ 为枢轴量,对于给定的置信水平 $1-\alpha$,按标准正态分布分位点 $u_{\frac{\alpha}{2}}$ 的定义有

$$P\left\{\left|\frac{(\overline{X}-\overline{Y})-(\mu_1-\mu_2)}{\sqrt{\frac{\sigma_1^2}{n_1}+\frac{\sigma_2^2}{n_2}}}\right|<u_{\frac{\alpha}{2}}\right\}=1-\alpha$$

故

$$P\left\{\overline{X}-\overline{Y}-u_{\frac{\alpha}{2}}\sqrt{\frac{\sigma_1^2}{n_1}+\frac{\sigma_2^2}{n_2}}<\mu_1-\mu_2<\overline{X}-\overline{Y}+u_{\frac{\alpha}{2}}\sqrt{\frac{\sigma_1^2}{n_1}+\frac{\sigma_2^2}{n_2}}\right\}=1-\alpha$$

即得 $\mu_1 - \mu_2$ 的一个置信水平为 $1-\alpha$ 的置信区间为

$$\left(\overline{X} - \overline{Y} - u_{\frac{\alpha}{2}}\sqrt{\frac{\sigma_1^2}{n_1} + \frac{\sigma_2^2}{n_2}}, \overline{X} - \overline{Y} + u_{\frac{\alpha}{2}}\sqrt{\frac{\sigma_1^2}{n_1} + \frac{\sigma_2^2}{n_2}}\right) \tag{7-18}$$

(2) σ_1^2, σ_2^2 未知但 $\sigma_1^2 = \sigma_2^2$ 时,均值差 $\mu_1 - \mu_2$ 的置信区间。

此时,由定理 6.4 知

$$\frac{(\overline{X} - \overline{Y}) - (\mu_1 - \mu_2)}{S\sqrt{\frac{1}{n_1} + \frac{1}{n_2}}} \sim t(n_1 + n_2 - 2)$$

取 $\dfrac{(\overline{X} - \overline{Y}) - (\mu_1 - \mu_2)}{S\sqrt{\dfrac{1}{n_1} + \dfrac{1}{n_2}}}$ 为枢轴量,对于给定的置信水平 $1-\alpha$,查表得 $t_{\frac{\alpha}{2}}(n_1 + n_2 - 2)$ 值,使得

$$P\left\{\left|\frac{(\overline{X} - \overline{Y}) - (\mu_1 - \mu_2)}{S\sqrt{\frac{1}{n_1} + \frac{1}{n_2}}}\right| < t_{\frac{\alpha}{2}}(n_1 + n_2 - 2)\right\} = 1 - \alpha$$

从而可得 $\mu_1 - \mu_2$ 的一个置信水平为 $1-\alpha$ 的置信区间为

$$\left(\overline{X} - \overline{Y} - t_{\frac{\alpha}{2}}(n_1 + n_2 - 2)S\sqrt{\frac{1}{n_1} + \frac{1}{n_2}}, \overline{X} - \overline{Y} + t_{\frac{\alpha}{2}}(n_1 + n_2 - 2)S\sqrt{\frac{1}{n_1} + \frac{1}{n_2}}\right) \tag{7-19}$$

此处

$$S^2 = \frac{(n_1 - 1)S_1^2 + (n_2 - 1)S_2^2}{n_1 + n_2 - 2}, \quad S = \sqrt{S^2}$$

(3) σ_1^2, σ_2^2 未知且 $\sigma_1^2 \neq \sigma_2^2$ 时,均值差 $\mu_1 - \mu_2$ 的置信区间。

抽取大样本 $(n_1, n_2 \geqslant 30)$,分别以 S_1^2 和 S_2^2 代替 σ_1^2 和 σ_2^2。可得 $\mu_1 - \mu_2$ 的置信水平为 $1-\alpha$ 的置信区间近似为

$$\left(\overline{X} - \overline{Y} - u_{\frac{\alpha}{2}}\sqrt{\frac{S_1^2}{n_1} + \frac{S_2^2}{n_2}}, \overline{X} - \overline{Y} + u_{\frac{\alpha}{2}}\sqrt{\frac{S_1^2}{n_1} + \frac{S_2^2}{n_2}}\right) \tag{7-20}$$

【例 7-14】 为比较甲、乙两种行业就业人员的收入情况,分别抽样调查了 100 名和 80 名就业者,经计算得到样本均值分别为 1 987.3 和 2 093.4,样本方差分别为 639.7 和 702.9。已知两种行业就业人员的收入都服从正态分布,试分下述两种情况估计甲、乙两种行业就业人员收入相差的幅度($\alpha = 0.05$)。

(1) 已知甲、乙两种行业就业人员收入的方差相等。

(2) 二者收入方差是否相等未知。

解 (1) 由两个正态总体的方差相等,但数值未知,故可由(7-19)式求均值差的置信区

间。由于

$$\bar{x} - \bar{y} = -106.1, \quad 1 - \alpha = 0.95, \quad \frac{\alpha}{2} = 0.025,$$

$$n_1 = 100, \quad n_2 = 80, \quad n_1 + n_2 - 2 = 178$$

$$t_{\frac{\alpha}{2}}(n_1 + n_2 - 2) = t_{0.025}(178) \approx u_{0.025} = 1.96$$

$$s^2 = \frac{99 \times 639.7 + 79 \times 702.9}{178} = 667.75$$

故所求的两个总体均值差 $\mu_1 - \mu_2$ 的一个置信水平为 0.95 的置信区间为

$$\left(\bar{x} - \bar{y} \pm s \times t_{0.025}(178) \sqrt{\frac{1}{100} + \frac{1}{80}} \right) = (-106.1 \pm 7.60)$$

即 $(-113.70, -98.50)$。也就是以 0.95 的置信水平而言,甲行业的平均收入比乙行业少 $98.5 \sim 113.7$ 元。

(2) 根据(7-20)式计算可得

$$u_{\frac{\alpha}{2}} \sqrt{\frac{S_1^2}{n_1} + \frac{S_2^2}{n_2}} = 1.96 \times \sqrt{\frac{639.7}{100} + \frac{702.9}{80}} = 7.64$$

故置信水平为 0.95 的置信区间为 $(-113.74, -98.64)$。

两者计算结果相差无几。由此看来,当样本容量较大时 $(n_1, n_2 \geqslant 30)$,用(7-20)式估计即可。

2. 方差比 $\dfrac{\sigma_1^2}{\sigma_2^2}$ 的置信区间

我们仅讨论总体均值 μ_1, μ_2 均为未知的情况,由定理 6.5 知

$$\frac{S_1^2 / S_2^2}{\sigma_1^2 / \sigma_2^2} \sim F(n_1 - 1, n_2 - 1)$$

且分布 $F(n_1 - 1, n_2 - 1)$ 不依赖任何未知参数。取 $\dfrac{S_1^2 / S_2^2}{\sigma_1^2 / \sigma_2^2}$ 为枢轴量,对于给定的置信水平 $1 - \alpha$ 及自由度 $n_1 - 1, n_2 - 1$ 查附录中的附表 8 得 $F_{1-\frac{\alpha}{2}}(n_1 - 1, n_2 - 1)$ 和 $F_{\frac{\alpha}{2}}(n_1 - 1, n_2 - 1)$,使得

$$P \left\{ F_{1-\frac{\alpha}{2}}(n_1 - 1, n_2 - 1) < \frac{S_1^2 / S_2^2}{\sigma_1^2 / \sigma_2^2} < F_{\frac{\alpha}{2}}(n_1 - 1, n_2 - 1) \right\} = 1 - \alpha$$

即

$$P \left\{ \frac{S_1^2}{S_2^2} \cdot \frac{1}{F_{\frac{\alpha}{2}}(n_1 - 1, n_2 - 1)} < \frac{\sigma_1^2}{\sigma_2^2} < \frac{S_1^2}{S_2^2} \cdot \frac{1}{F_{1-\frac{\alpha}{2}}(n_1 - 1, n_2 - 1)} \right\} = 1 - \alpha$$

于是得 $\dfrac{\sigma_1^2}{\sigma_2^2}$ 的一个置信水平为 $1 - \alpha$ 的置信区间为

$$\left(\frac{S_1^2}{S_2^2} \cdot \frac{1}{F_{\frac{\alpha}{2}}(n_1-1,n_2-1)}, \frac{S_1^2}{S_2^2} \cdot \frac{1}{F_{1-\frac{\alpha}{2}}(n_1-1,n_2-1)}\right) \tag{7-21}$$

【例 7-15】 两台包装机包装同一种产品,为了解它们生产的稳定性,分别抽测 10 包成品,称重后得样本方差分别为 $S_1^2=5.23$,$S_2^2=4.17$。设成品净重服从正态分布,试求两台包装机所包装成品净重的方差比的置信区间($\alpha=0.05$)。

解 $n_1=n_2=10$,$S_1^2=5.23$,$S_2^2=4.17$,$\alpha=0.05$,则

$$F_{\frac{\alpha}{2}}(n_1-1,n_2-1)=F_{0.025}(9,9)=4.03$$

$$F_{1-\frac{\alpha}{2}}(n_1-1,n_2-1)=F_{0.975}(9,9)=\frac{1}{F_{0.025}(9,9)}=\frac{1}{4.03}$$

由(7-21)式得 $\dfrac{\sigma_1^2}{\sigma_2^2}$ 的一个置信水平为 0.90 的置信区间为

$$\left(\frac{5.23}{4.17}\times\frac{1}{4.03},\frac{5.23}{4.17}\times 4.03\right)$$

即(0.310,5.054)。总的来说,第一台包装机的方差较第二台偏大,即生产不如第二台稳定。

习 题 七

一、填空题

1. 用样本 $X_1,X_2,\cdots,X_n$ 估计总体参数,总体均值的一个无偏估计量是_____,总体方差的无偏估计量是_____。

2. 设 $\hat{\theta}_1$ 和 $\hat{\theta}_2$ 分别是 θ 的两个无偏估计量,则 $k_1=$_____,$k_2=$_____ 时,$k_1\hat{\theta}_1+k_2\hat{\theta}_2$ 是 θ 的无偏估计量,且 $k_2=2k_1$。

3. (2003 年考研题)已知一批零件的长度 X(单位:cm)服从正态分布 $N(\mu,1)$,从中随机抽取 16 个零件,得到长度的平均值为 40,则 μ 的置信水平为 0.95 的置信区间是_____。(标准正态分布函数值 $\Phi(1.96)=0.975$,$\Phi(1.645)=0.95$)

二、选择题

1. 设总体 $X\sim N(\mu,\sigma^2)$,$X_1,X_2,\cdots,X_n(n\geqslant 3)$ 是来自总体 X 的简单样本,则下列估计量中,不是总体参数 μ 的无偏估计的是( )。

    A. $\overline{X}$ B. $X_1+X_2+\cdots+X_n$

    C. $0.1(6X_1+4X_n)$ D. $X_1+X_2-X_3$

2. 设总体 $X\sim N(\mu,\sigma^2)$,$X_1,X_2,\cdots,X_n$ 为来自总体 X 的一个样本,则 σ^2 的最大似然估计为( )。

    A. $\dfrac{1}{n}\sum_{i=1}^{n}(X_i-\overline{X})^2$ B. $\dfrac{1}{n-1}\sum_{i=1}^{n}(X_i-\overline{X})^2$

C. $\dfrac{1}{n}\sum\limits_{i=1}^{n}X_i^2$ D. $\overline{X}^2$

3. 已知 σ^2 时,区间 $\overline{x}\pm 1.96\dfrac{\sigma}{\sqrt{n}}$ 的含义是(   )。

A. 95% 的总体均值在此范围内   B. 样本均值的 95% 置信区间

C. 95% 的样本均值在此范围内   D. 总体均值的 95% 置信区间

三、计算题

1. 从自动机床加工的一批同型号的零件中抽取 10 件,测得直径(单位:mm)为

12.15   12.06   12.11   12.03   12.01

12.01   12.08   12.03   12.09   12.07

试估计该批零件的平均直径与直径的标准差。

2. 设总体 X 服从正态分布 $N(\mu,\sigma^2)$,$X_1,X_2,\cdots,X_n$ 为来自总体 X 的样本,试求未知参数 μ 和 σ^2 的矩估计量。

3. 某铁路局证实一个扳道员在五年内所引起的严重事故的次数服从泊松分布。求一个扳道员在五年内未引起严重事故的概率 p 的最大似然估计。使用下表中 122 个观测值。r 表示一扳道员某五年中引起严重事故的次数,s 表示观测到的扳道员人数。

r	0	1	2	3	4	5
s	44	42	21	9	4	2

4. 设总体 X 服从参数为 λ 的指数分布,其分布密度

$$f(x,\lambda)=\begin{cases}\lambda e^{-\lambda x}, & x\geqslant 0 \\ 0, & x<0\end{cases}$$

$x_1,x_2,\cdots,x_n$ 为样本观测值,试求 λ 的最大似然估计量。

5. 设总体 X 在区间 $[a,b]$ 上服从均匀分布,a,b 未知,$x_1,x_2,\cdots,x_n$ 是一个样本值。试求 a,b 的最大似然估计量。

6. 设总体 X 具有分布律

X	1	2	3
p_k	θ^2	$2\theta(1-\theta)$	$(1-\theta)^2$

其中,$\theta(0<\theta<1)$ 为未知参数。已知取得了样本 $x_1=1,x_2=2,x_3=1$。试求 θ 的矩估计值和最大似然估计值。

7. 设 $X_1,X_2,\cdots,X_n$ 为总体的一样本,其密度函数为

$$f(x)=\begin{cases}\dfrac{1}{\theta}e^{-\frac{x-\mu}{\theta}}, & x\geqslant\theta \\ 0, & x<\theta\end{cases}$$

试求：

(1) θ,μ 未知，θ,μ 的矩估计量。

(2) θ,μ 未知，θ,μ 的极大似然估计量。

8. 对下列样本数据求总体均值和方差的无偏估计。

(1) 5，−3，2，0，8，6； (2) 10，15，14，15，16。

9. 设总体 X 服从指数分布，其概率密度为

$$f(x,\theta)=\begin{cases} \dfrac{1}{\theta}\mathrm{e}^{-\frac{x}{\theta}}, & x>\theta \\ 0, & \text{其他} \end{cases}$$

式中，参数 $\theta>0$ 为未知，又设 $X_1,X_2,\cdots,X_n$ 来自总体 X 的样本，试证 $\overline{X}$ 和 $nZ=n\min\{X_1,X_2,\cdots,X_n\}$ 都是 θ 的无偏估计量。

10. 设总体 X 在区间 $[0,\theta]$ 上服从均匀分布，$X_1,X_2,\cdots,X_n$ 是来自总体 X 的样本，试证 $\hat{\theta}_1=2\overline{x}$，$\hat{\theta}_2=(n+1)\min\{x_1,x_2,\cdots,x_n\}$，$\hat{\theta}_3=\dfrac{n+1}{n}\max\{x_1,x_2,\cdots,x_n\}$，都是 θ 的无偏估计。

11. 设 X_1,X_2,X_3,X_4 是来自均值为 θ 的指数分布总体的样本。其中 θ 未知。设有估计量

$$T_1=\frac{1}{6}(X_1+X_2)+\frac{1}{3}(X_3+X_4)$$

$$T_2=\frac{1}{5}(X_1+2X_2+3X_3+4X_4)$$

$$T_3=\frac{1}{4}(X_1+X_2+X_3+X_4)$$

要求：

(1) 指出 T_1,T_2,T_3 中哪些是 θ 的无偏估计量。

(2) 在上述 θ 的无偏估计中指出哪一个较为有效。

12. 设 $X_1,X_2,\cdots,X_n$ 是来自总体 X 的一个样本，证明样本均值 $\overline{X}=\dfrac{1}{n}\sum\limits_{i=1}^{n}X_i$ 比总体均值 μ 的另一无偏估计量 X_1 更有效。

13. 某合成车间的产品在正常情况下，含水量服从 $N(\mu,\sigma^2)$，其中 $\sigma^2=0.25$，现连续测试 9 批，得样本均值为 2，试计算置信水平 $(1-\alpha)$ 为 0.99 时总体均值 μ 的置信区间。

14. 已知某炼钢厂的铁水含碳量在正常生产情况下服从正态分布 $N(\mu,0.108^2)$。现在测定了 9 炉铁水，其平均含碳量为 4.484。按此资料计算该厂铁水平均含碳量的置信区间，并要求有 95% 的可靠性。

15. 为研究某种汽车轮胎的磨损特性，随机选择 16 只轮胎，每只轮胎行驶到磨坏为止。记录所行驶的路程（单位：km）如下：

| 41 250 | 40 187 | 43 175 | 41 010 | 39 265 | 41 872 | 42 654 | 41 287 |
| 38 970 | 40 200 | 42 550 | 41 095 | 40 680 | 43 500 | 39 775 | 40 400 |

假设这些数据来自正态总体 $N(\mu, \sigma^2)$。其中 μ, σ^2 未知,试求 μ 的置信水平为 0.95 的单侧置信下限。

16. 已知某地 744 名健康女工的红细胞计数(单位:万/mm^3)的样本均值 $\bar{x} = 433.63$,样本标准差 $s = 41.28$,试求健康女工红细胞计数的 95% 置信区间。

17. 随机地取某种炮弹 9 发做试验,得炮口速度的样本标准差 $s = 11m/s$。设炮口速度服从正态分布。求这种炮弹的炮口速度的标准差 σ 的置信水平为 0.95% 的置信区间。

18. 冷抽钢丝的拆断力 $X \sim N(\mu, \sigma^2)$。从一批钢丝中任取 10 根试验拆断力,得数据:

$$578 \quad 572 \quad 570 \quad 568 \quad 572 \quad 570 \quad 570 \quad 596 \quad 584 \quad 572$$

试当 $\alpha = 0.05$,求均值 μ 和均方差 σ 的置信区间。

19. 从 A 批导线中随机抽取 4 根,又从 B 批导线中随机抽取 5 根,测得电阻(单位:Ω)为

A 批导线:$0.143 \quad 0.142 \quad 0.143 \quad 0.137$

B 批导线:$0.140 \quad 0.142 \quad 0.136 \quad 0.138 \quad 0.140$

设测定数据分别来自分布 $N(\mu_1, \sigma^2)$,$N(\mu_2, \sigma^2)$,且两样本相互独立;μ_1, μ_2, σ^2 均为未知。试求 $\mu_1 - \mu_2$ 的置信水平为 0.95 的置信区间。

20. 为提高某一化学生产过程的得率,试图采用一种新的催化剂。为慎重起见,在实验工厂先进行试验。设采用原来的催化剂进行了 $n_1 = 8$ 次试验,得到得率的平均值 $\bar{x}_1 = 91.73$,样本方差 $s_1^2 = 3.89$;又采用新的催化剂进行了 $n_2 = 8$ 次试验,得到得率的平均值 $\bar{x}_2 = 93.75$,样本方差 $s_2^2 = 4.02$。假设两总体都可以认为服从正态分布,且方差相等,两样本独立。试求两总体均值差 $\mu_1 - \mu_2$ 的置信水平为 0.95 的置信区间。

21. 记录由机器甲和机器乙生产的钢管的内径(单位:cm),随机抽取机器甲生产的钢管 18 只,测得样本方差 $s_1^2 = 0.34$;抽取机器乙生产的钢管 13 只,测得样本方差 $s_2^2 = 0.29$。设两样本相互独立,且设由机器甲、机器乙生产的钢管的内径分别服从正态分布 $N(\mu_1, \sigma_1^2)$,$N(\mu_2, \sigma_2^2)$,这里 μ_i, σ_i^2 ($i = 1, 2$) 均未知。试求方差比 $\dfrac{\sigma_1^2}{\sigma_2^2}$ 的置信水平为 0.90 的置信区间。

22. 在一批货物的容量为 100 的样本中,经检验发现有 16 只次品,试求这批货物次品率的置信水平为 0.95 的置信区间。

第八章　参数假设检验

统计推断的另一类重要问题是假设检验问题。假设检验就是在总体的分布函数完全未知或只知其形式、不知其参数时，先对总体的分布或参数做出某种假设，然后根据样本提供的信息，构造适当的统计量，用适当的统计方法检验假设的正确性，这一过程称为假设检验。关于随机变量未知分布的假设称为分布假设，关于随机变量分布中未知参数的假设称为参数假设。假设检验在数理统计的理论和实际应用中占有十分重要的地位，有其解决问题的独特妙处。

第一节　假设检验的基本概念

假设检验是对某种假设做出接受还是拒绝这一决策的过程。一般用 H_0 表示要进行检验的假设，称为原假设或零假设；H_1 表示要进行检验的假设的对立面，称为备择假设或对立假设。

如何利用从总体中抽取的样本来检验一个关于总体的假设是否成立呢？合理利用样本信息是关键。这里要利用小概率原理，即小概率事件在一次试验中几乎不可能发生。如果小概率事件在一次试验中发生了，即认为不合理或出现矛盾，则可推断原假设不成立。

在假设检验中，若小概率事件的概率不超过事先给定的 α，则称 α 为检验水平或显著性水平；通过适用于假设所构造的统计量而得到的拒绝 H_0 还是接受 H_0 的界限值称为临界值；将接受原假设 H_0 的区域称为接受域；将拒绝原假设 H_0 的区域称为拒绝域。

假设检验的一般步骤如下。

（1）根据实际问题的要求，提出原假设 H_0 和备择假设 H_1。

（2）根据原假设 H_0，确定检验统计量及其分布，并根据样本值计算检验统计量的值。

（3）根据显著性水平 α，定出临界值，确定拒绝域。

（4）做出统计判断，若统计量的值落在拒绝域内，则拒绝原假设 H_0，接受备择假设 H_1；否则，就接受原假设 H_0。

人们对假设检验做出判断的依据是样本，抽样具有随机性，假设检验根据一次抽样所进行的推断有可能发生以下两类错误。

（1）当原假设 H_0 为真时，样本的观测值却落在了拒绝域，从而拒绝了 H_0，称为"弃真"错误。发生这类错误的概率就是显著性水平 α。

（2）当原假设 H_0 不真时，而样本的观测值却落在了接受域，因此没有拒绝 H_0，此类错误又称"取伪"错误。发生这类错误的概率一般记为 β。

两类错误所造成的后果是不一样的。而犯两类错误的概率 α 和 β 间是有一定关系的。

在实际应用中要想同时降低犯两类错误的概率,要根据研究的具体内容确定如何控制这两类错误。

关于假设检验还有以下几点需要说明。

(1) 对检验结果一般不说接受 H_0,而说不拒绝 H_0。因为拒绝 H_0 是根据实际推断原理做出的结论,有说服力。而不拒绝 H_0,只能说明没有充足的理由拒绝 H_0。

(2) 在假设检验过程中,只要没有充足理由拒绝 H_0 就不拒绝 H_0,但接受 H_1 必须要有充足的理由。因此,原假设 H_0 与备择假设 H_1 是不平等的。

(3) 控制犯第一类错误的概率,使之小于给定的值 α。

第二节　单个正态总体参数的假设检验

设 $X_1, X_2, \cdots, X_n$ 是来自正态总体 $N(\mu, \sigma^2)$ 的一个样本,均值 μ 和方差 σ^2 是正态总体 $N(\mu, \sigma^2)$ 中的两个参数,有关 μ 与 σ^2 的假设检验问题在实际应用中经常遇到,下面分几种情形对参数 μ 与 σ^2 的假设检验问题加以讨论。

一、均值 μ 的检验

1. 已知方差 $\sigma^2 = \sigma_0^2$,检验 $H_0: \mu = \mu_0$(已知)

(1) 建立

$$原假设 \ H_0: \mu = \mu_0, \quad 备择假设 \ H_1: \mu \neq \mu_0 \tag{8-1}$$

(2) 在原假设 H_0 成立的前提下,根据样本 $X_1, X_2, \cdots, X_n$ 构造检验统计量

$$u = \frac{\overline{X} - \mu_0}{\sigma / \sqrt{n}} \sim N(0, 1) \tag{8-2}$$

并计算其观测值。

(3) 对于给定的显著性水平 α,查附录中的附表 5 确定临界值 $u_{\frac{\alpha}{2}}$,使得

$$P\left\{ |u| \geqslant u_{\frac{\alpha}{2}} \right\} = \alpha \ (见图 8\text{-}1) \tag{8-3}$$

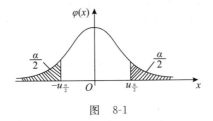

图　8-1

(4) 统计判断:当 $|u| \geqslant u_{\frac{\alpha}{2}}$ 时,拒绝 H_0,接受 H_1,即认为 μ 与 μ_0 有显著性差异;当 $|u| < u_{\frac{\alpha}{2}}$ 时,接受 H_0,认为 μ 与 μ_0 无显著性差异。

该检验运用服从标准正态分布 $N(0,1)$ 的检验统计量 u,故称为 u 检验或 z 检验。

上述假设检验应用了正态总体的临界值进行求解,因此也称为临界值法。

【例 8-1】 设某工厂产品重量(单位:g)$X \sim N(2,0.01)$。现采用新工艺后,抽取 $n=100$ 个产品,算得其重量的平均值为 $\bar{x}=1.978$。若方差 $\sigma^2=0.01$ 未变,问能否认为产品规格还和以前相同($\alpha=0.05$)?

解 应检验

$$H_0: \mu=2, \quad H_1: \mu \neq 2$$

由题中条件及计算得

$$\sigma^2=0.01, \quad n=100, \quad \mu_0=2, \quad \bar{x}=1.978$$

则检验统计量 u 的值为

$$u=\frac{\bar{X}-\mu_0}{\sigma/\sqrt{n}}=\frac{1.978-2}{\sqrt{0.01}/\sqrt{100}}=-2.2$$

对于给定的显著性水平 $\alpha=0.05$,查附录中的附表 5,得到临界值

$$u_{\frac{\alpha}{2}}=u_{0.025}=1.96$$

因为 $|u|=2.2>1.96$,落在拒绝域内,所以拒绝 H_0,而接受 H_1,即在 0.05 的显著性水平上,认为产品规格与以前不同。

有时我们关心的是总体均值是否减小或增大,则问题可转换为下述描述方式。

在显著水平 α 下,

$$\text{检验假设 } H_0: \mu=\mu_0, \text{ 备择假设 } H_1: \mu<\mu_0 \tag{8-4}$$

称为总体均值的左侧检验。

在显著水平 α 下,

$$\text{检验假设 } H_0: \mu=\mu_0, \text{ 备择假设 } H_1: \mu>\mu_0 \tag{8-5}$$

则称为总体均值的右侧检验。

以上两种检验称为单侧检验。

2. 已知方差 $\sigma^2=\sigma_0^2$,检验 $H_0: \mu=\mu_0$(已知),$H_1: \mu>\mu_0$(或 $H_1: \mu<\mu_0$)

(1)建立原假设 $H_0: \mu=\mu_0$,备择假设 $H_1: \mu>\mu_0$(或 $H_1: \mu<\mu_0$)。

(2)在原假设成立的前提下,根据样本 $X_1, X_2, \cdots, X_n$ 构造检验统计量

$$u=\frac{\bar{X}-\mu_0}{\sigma/\sqrt{n}} \sim N(0,1)$$

并计算其观测值。

(3)对于给定的显著性水平 α,查附录中的附表 5,得到临界值 u_α,使得

$$P\{u \geqslant u_\alpha\}=\alpha \text{ (见图 8-2)}$$

或

$$P\{u \leqslant -u_a\} = \alpha \quad (见图 8-3)\tag{8-6}$$

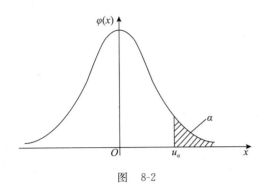

图 8-2

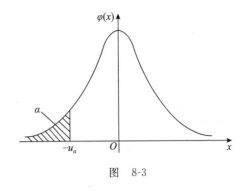

图 8-3

（4）统计判断：当 $u \geqslant u_a$ 时，拒绝 H_0，接受 H_1，即认为 μ 显著大于 μ_0；当 $u < u_a$ 时，接受 H_0，不能认为 μ 显著大于 μ_0；或当 $u \leqslant -u_a$ 时，拒绝 H_0，接受 H_1，即认为 μ 显著小于 μ_0；当 $u > -u_a$ 时，接受 H_0，不能认为 μ 显著小于 μ_0。

【例 8-2】 某林场内造了杨树丰产林，5 年后调查 50 株杨树得平均高（单位：m）为 $\bar{x} = 9.2$，假设树高服从正态分布，其标准差为 1.6，试在 $\alpha = 0.05$ 的显著水平下，推断丰产林的树高是否低于 10。

提示：本题需进行单侧检验。在单侧检验问题中，通常将题目中提问所倾向的情形作为备择假设 H_1。

解 应检验

$$H_0: \mu = 10, \quad H_1: \mu < 10$$

由题中条件知：$\mu_0 = 10, \sigma^2 = 1.6^2, n = 50, \bar{x} = 9.2$，则检验统计量 u 的值为

$$u = \frac{\bar{X} - \mu_0}{\sigma/\sqrt{n}} = \frac{9.2 - 10}{1.6/\sqrt{50}} = -3.54$$

对给定 $\alpha = 0.05$，查附录中的附表 5，得到临界值

$$u_a = u_{0.05} = 1.65$$

因为 $u = -3.54 < -u_a = -1.65$，所以拒绝 H_0，接受 H_1，即在 0.05 的显著水平上，认为丰产林的杨树高低于 10。

3. 方差 σ^2 未知时，检验 $H_0: \mu = \mu_0$（已知）

由于 σ^2 未知，因此 $u = \dfrac{\bar{X} - \mu_0}{\sigma/\sqrt{n}}$ 不作为统计量，而样本方差 $S^2 = \dfrac{1}{n-1}\sum\limits_{i=1}^{n}(X_i - \bar{X})^2$ 是总体方差 σ^2 的无偏估计量，考虑用 S 代替 σ。在原假设成立的前提下，由抽样分布理论知，统计量

$$t = \frac{\bar{X} - \mu_0}{S/\sqrt{n}} \sim t(n-1)$$

故用 t 代替 u 作为检验统计量即可进行检验。

其检验步骤如下。

（1）建立

$$原假设\ H_0:\mu=\mu_0,\quad 备择假设\ H_0:\mu\neq\mu_0$$

（2）在原假设成立的前提下，根据样本 $X_1,X_2,\cdots,X_n$ 构造检验统计量

$$t=\frac{\overline{X}-\mu_0}{S/\sqrt{n}}\sim t(n-1) \tag{8-7}$$

并计算其观测值。

（3）对于给定的显著性水平 α，由 t 分布表（见附录中的附表6），查得临界值 $t_{\frac{\alpha}{2}}(n-1)$，使得

$$P\left\{|t|\geqslant t_{\frac{\alpha}{2}}\right\}=\alpha \tag{8-8}$$

（4）统计判断：当 $|t|>t_{\frac{\alpha}{2}}(n-1)$ 时，落在拒绝域内，拒绝 H_0，接受 H_1，即认为 μ 与 μ_0 有显著性差异；当 $|t|<t_{\frac{\alpha}{2}}(n-1)$ 时，接受 H_0，认为 μ 与 μ_0 无显著性差异。

上述检验运用服从 t 分布的检验统计量 t，所以称为 t 检验。

【例 8-3】 某车间的白糖包装机包装量（单位：g）$X\sim N(500,\sigma^2)$。一天开工后为检验包装量是否正常，抽取了已包装好的糖 9 包，算得样本均值 $\overline{x}=504$，样本标准差为 $s=5$，试确定包装机工作是否正常（$\alpha=0.01$）？

解 本题为对方差未知的正态总体检验 $\mu=\mu_0=500$ 的问题，应检验

$$H_0:\mu=500,\quad H_1:\mu\neq500$$

由题知：$n=9,\mu_0=500,\overline{x}=504,s=5$，则检验统计量 t 的值为

$$t=\frac{\overline{x}-\mu_0}{s/\sqrt{n}}=\frac{504-500}{5/\sqrt{9}}=2.4$$

对于给定的 $\alpha=0.01$ 和自由度 $n-1=8$，查 t 分布表（附录中的附表6），得到临界值

$$t_{\frac{\alpha}{2}}(n-1)=t_{0.005}(8)=3.3554$$

因为 $|t|=2.4<t_{0.005}(8)=3.3554$，所以不拒绝 H_0，即在 0.01 的显著性水平上，认为包装机的工作正常。

上述过程为双侧检验步骤，单侧检验步骤与 u 检验有异曲同工之处。

对于总体方差未知时正态总体均值的检验，t 检验法适用于小样本情形。当样本容量 n 增大（$n>30$）时，t 分布趋近于标准正态分布 $N(0,1)$，近似地有

$$u=\frac{\overline{X}-\mu_0}{S/\sqrt{n}}\sim N(0,1)$$

此时一般用近似 u 检验法即可。

【例 8-4】 某制药厂生产复合维生素，要求每 50g 维生素中含铁 2 400（单位：mg），现

从某次生产过程中随机抽取 50 份样品,测得铁的平均含量为 2 385.5,标准差为 32.8,问这批产品的平均含铁量是否合格?($\alpha = 0.05$)

解　依题意,应检验

$$H_0 : \mu = 2\ 400, \quad H_1 : \mu \neq 2\ 400$$

由于样本容量 $n = 50 > 30$,是大样本情形,故可用近似 u 检验法。

由题中已知:$n = 50, \mu_0 = 2\ 400, \bar{x} = 2\ 385.5, S = 32.8$,则检验统计量 t 的值为

$$u = \frac{\bar{x} - \mu_0}{\frac{S}{\sqrt{n}}} = \frac{2\ 385.5 - 2\ 400}{\frac{32.8}{\sqrt{50}}} = -3.125$$

对于给定的 $\alpha = 0.05$,查附录中的附表 5,得到临界值

$$u_{\frac{\alpha}{2}} = u_{0.025} = 1.96$$

因为 $|u| = 3.125 > u_{0.025} = 1.96$,所以拒绝 H_0,接受 H_1,即认为这批产品的平均含铁量不合格。

二、方差 σ^2 的检验

在 σ^2 未知的情况下,考虑到样本方差 S^2 是 σ^2 的无偏估计量,在原假设成立的前提下,由抽样分布原理可知,统计量

$$\chi^2 = \frac{(n-1)S^2}{\sigma_0^2} \sim \chi^2(n-1)$$

显然,该统计量即可作为检验统计量。

检验步骤如下。

(1)建立

$$\text{原假设 } H_0 : \sigma^2 = \sigma_0^2, \quad \text{备择假设 } H_1 : \sigma^2 \neq \sigma_0^2 \tag{8-9}$$

(2)在原假设成立的前提下,根据样本 $X_1, X_2, \cdots, X_n$ 构造检验统计量

$$\chi^2 = \frac{(n-1)S^2}{\sigma_0^2} \sim \chi^2(n-1) \tag{8-10}$$

并计算其观测值。

(3)对于给定的显著性水平 α,由附录中的附表 7 查得临界值 $\chi^2_{1-\frac{\alpha}{2}}(n-1)$ 和 $\chi^2_{\frac{\alpha}{2}}(n-1)$,使得

$$P\left\{\chi^2 \leqslant \chi^2_{1-\frac{\alpha}{2}}(n-1)\right\} = \frac{\alpha}{2} \text{ 且 } P\left\{\chi^2 \geqslant \chi^2_{\frac{\alpha}{2}}(n-1)\right\} = \frac{\alpha}{2} \tag{8-11}$$

(4)统计判断:若 $\chi^2 \leqslant \chi^2_{1-\frac{\alpha}{2}}(n-1)$ 或 $\chi^2 \geqslant \chi^2_{\frac{\alpha}{2}}(n-1)$ 时,则拒绝 H_0,接受 H_1,即认为 σ^2 与 σ_0^2 有显著性差异;若 $\chi^2_{1-\frac{\alpha}{2}}(n-1) < \chi^2 < \chi^2_{\frac{\alpha}{2}}(n-1)$,则接受 H_0,认为 σ^2 与 σ_0^2 无显著性差异。

上述步骤为双侧检验过程,检验运用服从 χ^2 分布的检验统计量 χ^2,所以称为 χ^2 检验。

【例 8-5】 根据长期正常生产的资料可知,某机器生产的元件的误差服从正态分布,其方差为 0.25,现从某日生产的元件中随机抽出 20 件,测得样本方差为 0.43。试问该日生产的元件的误差与平时有无显著性差异?($\alpha=0.01$)

解 根据题意,应检验

$$H_0:\sigma^2=0.25, \quad H_1:\sigma^2\neq0.25$$

由题知:$n=20,\sigma_0^2=0.25,S^2=0.43$,则检验统计量 χ^2 的值

$$\chi^2=\frac{(n-1)S^2}{\sigma_0^2}=\frac{(20-1)\times0.43}{0.25}=32.68$$

对于给定的 $\alpha=0.01$ 和自由度 $n-1=19$,查附录中的附表 7 得临界值

$$\chi^2_{1-\frac{\alpha}{2}}(n-1)=\chi^2_{1-\frac{0.01}{2}}(19)=\chi^2_{0.995}(19)=6.844$$

$$\chi^2_{\frac{\alpha}{2}}(n-1)=\chi^2_{\frac{0.01}{2}}(19)=\chi^2_{0.005}(19)=38.582$$

因为 $6.844<\chi^2<38.582$,故接受 H_0,σ^2 与 0.25 无显著性差异,则该日生产的元件的误差与平时无显著性差异。

若上例问的是该日生产的元件误差是否高于平时的误差,则可用单侧检验,应检验

$$H_0:\sigma^2=0.25, \quad H_1:\sigma^2>0.25$$

此时计算过程不变,得 $\chi^2=32.68$,对于给定的 $\alpha=0.01$ 和自由度 $n-1=19$,查附录中的附表 7 得临界值

$$\chi^2_{\alpha}(n-1)=\chi^2_{0.01}(19)=36.191$$

因为 $\chi^2=32.68<\chi^2_{0.01}=36.191$,故接受 H_0,尚不能认为该日生产的元件的误差高于平时生产的误差。

【例 8-6】 有一种导线,要求其电阻的方差不超过 0.005^2,现在从一批该种导线中随机抽取 9 根,测得 $s^2=0.007^2$,问在 $\alpha=0.05$ 的检验水平下,能否认为这批导线电阻的方差显著增大?(设导线电阻服从正态分布)

解 根据题意,应检验

$$H_0:\sigma^2=0.005^2, \quad H_1:\sigma^2<0.005^2$$

由题知:$n=9,\sigma_0^2=0.005^2,s^2=0.007^2$,则检验统计量 χ^2 的值

$$\chi^2=\frac{(n-1)s^2}{\sigma_0^2}=\frac{(9-1)\times0.007^2}{0.005^2}=15.68$$

对于给定的 $\alpha=0.05$ 和自由度 $n-1=8$,由 χ^2 分布表(附录中的附表 7)查得临界值

$$\chi^2_{0.05}(8)=15.507$$

因为 $\chi^2=15.68>15.507$,故拒绝原假设 H_0,即认为这批导线电阻的方差显著增大。

第三节 两个正态总体参数的假设检验

设 $X_1, X_2, \cdots, X_{n_1}$ 是来自总体 $X \sim N(\mu_1, \sigma_1^2)$ 的样本，$Y_1, Y_2, \cdots, Y_{n_2}$ 是来自总体 $Y \sim N(\mu_2, \sigma_2^2)$ 的样本，且两样本相互独立，其样本均值、样本方差分别为 $\overline{X}, S_1^2$ 和 $\overline{Y}, S_2^2$，其中

$$\overline{X} = \frac{1}{n_1} \sum_{i=1}^{n_1} X_i, \quad S_1^2 = \frac{1}{n_1 - 1} \sum_{i=1}^{n_1} (X_i - \overline{X})^2$$

$$\overline{Y} = \frac{1}{n_2} \sum_{j=1}^{n_2} Y_j, \quad S_2^2 = \frac{1}{n_2 - 1} \sum_{j=1}^{n_2} (Y_j - \overline{Y})^2$$

一、均值差 $\mu_1 - \mu_2$ 的检验

对两个正态总体均值比较的假设检验问题，实际上是检验 $H_0: \mu_1 = \mu_2$ 是否成立，即

$$原假设 \ H_0: \mu_1 = \mu_2, \quad 备择假设 \ H_1: \mu_1 \neq \mu_2 \tag{8-12}$$

1. 方差 σ_1^2, σ_2^2 已知时，检验 $H_0: \mu_1 = \mu_2$

当方差 σ_1^2, σ_2^2 已知时，由抽样分布理论知

$$u = \frac{\overline{X} - \overline{Y} - (\mu_1 - \mu_2)}{\sqrt{\dfrac{\sigma_1^2}{n_1} + \dfrac{\sigma_2^2}{n_2}}} \sim N(0, 1)$$

在原假设成立的前提下，构造检验统计量

$$u = \frac{\overline{X} - \overline{Y}}{\sqrt{\dfrac{\sigma_1^2}{n_1} + \dfrac{\sigma_2^2}{n_2}}} \sim N(0, 1) \tag{8-13}$$

由此即可用 u 检验法进行检验，其检验步骤与单个正态总体的 u 检验类似。

【例 8-7】 设甲、乙两台机器生产同类型零件，其生产的零件重量（单位：g）分别服从方差 $\sigma_1^2 = 70$ 与 $\sigma_2^2 = 90$ 的正态分布。从甲机器生产的零件中随机取出 35 件，其平均重量 $\overline{x} = 137$，又独立地从乙机器生产的零件中随机取出 45 件，其平均重量 $\overline{y} = 130$，问这两台机器生产的零件就重量而言有无显著性差异？（$\alpha = 0.01$）

解 设甲机器生产的零件重量 $X \sim N(\mu_1, 70)$，乙机器生产的零件重量 $Y \sim N(\mu_2, 90)$。由题意应检验

$$H_0: \mu_1 = \mu_2, \quad H_1: \mu_1 \neq \mu_2 （双侧）$$

由题中条件知 $n_1 = 35, \overline{x} = 137, \sigma_1^2 = 70, n_2 = 45, \overline{y} = 130, \sigma_2^2 = 90$，则

$$u = \frac{\bar{x} - \bar{y}}{\sqrt{\dfrac{\sigma_1^2}{n_1} + \dfrac{\sigma_2^2}{n_2}}} = \frac{137 - 130}{\sqrt{\dfrac{70}{35} + \dfrac{90}{45}}} = \frac{7}{\sqrt{4}} = 3.5$$

对 $\alpha = 0.01$，查附录中的附表 5 得到临界值

$$u_{\frac{\alpha}{2}} = u_{0.005} = 2.58$$

因 $|u| = 3.5 > u_{\frac{\alpha}{2}} = 2.58$，则拒绝 H_0，接受 H_1，即认为这两台机器生产的零件重量有显著性差异。

对于总体方差 σ_1^2, σ_2^2 未知情形，需要分情况加以讨论。

2. 方差 σ_1^2, σ_2^2 未知时，检验 $H_0: \mu_1 = \mu_2$（大样本）

两个样本容量 n_1, n_2 都足够大（>30），分别用样本方差 S_1^2, S_2^2 近似代替未知的 σ_1^2, σ_2^2，构造检验统计量

$$u = \frac{\bar{X} - \bar{Y}}{\sqrt{\dfrac{S_1^2}{n_1} + \dfrac{S_2^2}{n_2}}} \overset{\text{近似地}}{\sim} N(0, 1) \tag{8-14}$$

仍可以用上述 u 检验法进行检验。

3. 方差 σ_1^2, σ_2^2 未知时，但 $\sigma_1^2 = \sigma_2^2 = \sigma^2$，检验 $H_0: \mu_1 = \mu_2$（小样本）

构造统计量

$$t = \frac{\bar{X} - \bar{Y} - (\mu_1 - \mu_2)}{S\sqrt{\dfrac{1}{n_1} + \dfrac{1}{n_2}}}$$

式中，

$$S^2 = \frac{(n_1 - 1)S_1^2 + (n_2 - 1)S_2^2}{n_1 + n_2 - 2}$$

由抽样分布理论知，在原假设成立的前提下，有

$$\frac{\bar{X} - \bar{Y}}{S\sqrt{\dfrac{1}{n_1} + \dfrac{1}{n_2}}} \sim t(n_1 + n_2 - 2) \tag{8-15}$$

由此进行相应的 t 检验即可。

【例 8-8】 某灯泡采用新工艺前后，各抽取 10 只灯泡进行寿命（单位：h）试验，经计算得

$$\text{原工艺：} \bar{x} = 2\,460, \ s_1^2 = 56^2; \quad \text{新工艺：} \bar{y} = 2\,550, \ s_2^2 = 48^2$$

已知灯泡寿命服从正态分布，新旧工艺下方差相等，问能否认为采用新工艺后灯泡的平均寿命比原工艺有显著提高？（$\alpha = 0.05$）

解 由题意，应检验

$$H_0: \mu_1 = \mu_2, \quad H_1: \mu_1 < \mu_2$$

这两个总体的方差未知但相等,故可用上述 t 检验法进行检验。已知 $n_1=n_2=10, \bar{x}=2\,460, s_1^2=56^2, \bar{y}=2\,550, s_2^2=48^2$,则

$$s^2=\frac{s_1^2+s_2^2}{2}=\frac{56^2+48^2}{2}=2\,720, \quad s=\sqrt{2\,720}$$

又检验统计量 t 的值

$$t=\frac{\bar{x}-\bar{y}}{s\sqrt{\dfrac{1}{n_1}+\dfrac{1}{n_2}}}=\frac{2\,460-2\,550}{\sqrt{2\,720}\sqrt{\dfrac{1}{10}+\dfrac{1}{10}}}=-3.859$$

对于给定的 $\alpha=0.05$,查 t 分布表(附录中的附表 6),得临界值

$$t_\alpha(n_1+n_2-2)=t_{0.05}(18)=1.734\,1$$

因 $t=-3.859<-t_{0.05}(18)=-1.734\,1$,故拒绝 H_0,接受 H_1,即认为采用新工艺后灯泡的平均寿命比原工艺时有显著提高。

二、两个总体方差的假设检验

方差相等(或无显著性差异)的总体称为具有方差齐性的总体,因此检验两个(或多个)总体方差是否相等的假设检验又称为方差齐性检验,则讨论下述检验问题。

原假设 $H_0: \sigma_1^2=\sigma_2^2$, 备择假设 $H_1: \sigma_1^2 \neq \sigma_2^2$

由抽样分布理论知

$$F=\frac{S_1^2/\sigma_1^2}{S_2^2/\sigma_2^2}\sim F(n_1-1, n_2-1) \tag{8-16}$$

在原假设成立的前提下,构造检验统计量

$$F=\frac{S_1^2}{S_2^2}\sim F(n_1-1, n_2-1) \tag{8-17}$$

由此即可进行两个总体方差齐性的检验。

检验步骤如下。

(1)建立

原假设 $H_0: \sigma_1^2=\sigma_2^2$, 备择假设 $H_1: \sigma_1^2 \neq \sigma_2^2$

(2)在原假设成立的前提下,构造检验统计量

$$F=\frac{S_1^2}{S_2^2}\sim F(n_1-1, n_2-1)$$

并计算其观测值。

(3)对于给定的显著性水平 α,由附录中的附表 8 查得临界值 $F_{1-\frac{\alpha}{2}}(n_1-1, n_2-1)$ 和 $F_{\frac{\alpha}{2}}(n_1-1, n_2-1)$,使得

$$P\left\{F\leqslant F_{1-\frac{\alpha}{2}}(n_1-1,n_2-1)\right\}=\frac{\alpha}{2}\text{ 且 }P\left\{F\geqslant F_{\frac{\alpha}{2}}(n_1-1,n_2-1)\right\}=\frac{\alpha}{2}$$

在实际应用中,通过样本值计算出 S_1^2 与 S_2^2,一般取其中较大值放在分子上,使 $F=\dfrac{S_1^2}{S_2^2}>$
1 或 $\dfrac{S_2^2}{S_1^2}>1$,由 F 分布的特性,总有

$$F_{1-\frac{\alpha}{2}}(n_1-1,n_2-1)<1<F_{\frac{\alpha}{2}}(n_1-1,n_2-1)$$

此时只需查得临界值 $F_{\frac{\alpha}{2}}(n_1-1,n_2-1)$ 即可,当

$$F\geqslant F_{\frac{\alpha}{2}}(n_1-1,n_2-1) \tag{8-18}$$

就拒绝 H_0;否则接受 H_0。

(4) 统计判断:当 $F\geqslant F_{\frac{\alpha}{2}}(n_1-1,n_2-1)$ 时,拒绝 H_0,认为 σ_1^2 与 σ_2^2 有显著性差异;当 $F<F_{\frac{\alpha}{2}}(n_1-1,n_2-1)$ 时,接受 H_0,认为 σ_1^2 与 σ_2^2 无显著性差异。

注意使用公式

$$F_{1-\frac{\alpha}{2}}(n_1-1,n_2-1)=\frac{1}{F_{\frac{\alpha}{2}}(n_2-1,n_1-1)}$$

进行查值。

上述检验运用服从 F 分布的检验统计量 F,故称为 F 检验。

【例 8-9】 为考察甲、乙两批药品中某种成分的含量(单位:%),现分别从这两批药品中各抽取 9 个样品进行测定,测得其样本均值和样本方差分别为 $\bar{x}=76.23,S_1^2=3.29$ 和 $\bar{y}=74.43,S_2^2=2.25$。假设它们都服从正态分布,试检验甲、乙两批药品中该种成分含量的波动是否有显著差异?($\alpha=0.05$)

解 根据题意,应检验

$$H_0:\sigma_1^2=\sigma_2^2,\ H_1:\sigma_1^2\neq\sigma_2^2\text{(双侧)}$$

已知 $n_1=n_2=9,\bar{x}=76.23,S_1^2=3.29,\bar{y}=74.43,S_2^2=2.25$,则 F 检验统计量的值为

$$F=\frac{S_1^2}{S_2^2}=\frac{3.29}{2.25}=1.46>1$$

对显著性水平 $\alpha=0.05$,查附录中的附表 8 得

$$F_{\frac{\alpha}{2}}(n_1-1,n_2-1)=F_{0.025}(8,8)=4.43$$

因 $F=1.46<F_{0.025}(8,8)=4.43$,故接受 H_0,即认为甲、乙两批药品中该种成分含量的波动无显著性差异。

若例 8-9 问的是:甲药品中该种成分含量的波动是否高于乙药品。则可用单侧检验,应检验

$$H_0:\sigma_1^2=\sigma_2^2,\ H_1:\sigma_1^2>\sigma_2^2$$

此时计算结果不变,得 $F=1.46$,对显著性水平 $\alpha=0.05$,查附录中的附表 8 得

$$F_\alpha(n_1-1,n_2-1)=F_{0.05}(8,8)=3.44$$

因 $F=1.46<F_{0.05}(8,8)=3.44$,故接受 H_0,即不能认为甲药品中该种成分含量的波动高于乙药品。

习 题 八

一、填空题

1. 从正态总体 $N(\mu,\sigma^2)(\mu,\sigma^2$ 未知)中随机抽取容量为 n 的一组样本,其样本均值和标准差分别为 $\overline{X},S$,现要检验假设 $H_0:\mu=2.5,H_1:\mu>2.5$,则应用_____检验法,检验统计量为_____;如取 $\alpha=0.05$,则临界值为_____,拒绝域为_____。

2. 从正态总体 $N(\mu,\sigma^2)(\mu,\sigma^2$ 已知)中以固定 n 个随机抽样,$|\overline{x}-\mu|\geqslant$_____的概率为 0.05。

二、选择题

1. 在假设检验的问题中,显著性水平 α 的意义是( )。

    A. 原假设 H_0 成立,经检验不能拒绝的概率

    B. 原假设 H_0 成立,经检验被拒绝的概率

    C. 原假设 H_0 不成立,经检验不能拒绝的概率

    D. 原假设 H_0 不成立,经检验被拒绝的概率

2. 在假设检验中,用 α 和 β 分别表示犯第一类错误和第二类错误的概率,则当样本容量一定时,下列说法中正确的是( )。

    A. 减少 α 时,β 往往减少   B. 增大 α 时,β 往往增大

    C. 减少 α 时,β 往往增大   D. 无法确定

3. 参数的区间估计与假设检验都是统计推断的重要内容,它们之间的关系是( )。

    A. 没有任何相同之处   B. 假设检验法隐含了区间估计法

    C. 区间估计法隐含了假设检验法   D. 两种方法解决问题途径是相通的

三、选择题

1. 某食品厂正常情况下生产某食品含蛋白质量 $X\sim N(4.45,0.108^2)$。现随机抽查 5 个这样的食品,其蛋白质的含量分别为

          4.40   4.25   4.21   4.33   4.46

若方差不变,问此时食品的平均含蛋白质量 μ 是否有显著变化?($\alpha=0.05$)

2. 假设某厂生产一种钢索,它的断裂强度(单位:kg/cm^2)$X\sim N(\mu,40^2)$,从中选取一个容量为 9 的样本,得 $\overline{x}=780$。能否据此样本认为这批钢索的断裂强度为 800?($\alpha=0.05$)

3. 一种燃烧的辛烷等级服从正态分布 $N(\mu,\sigma^2)$,其平均等级 $\mu=98.0$,标准差 $\sigma=0.8$。现抽取 25 桶新油,测试其等级,算得平均等级为 97.7。假定标准差与原来一样,问新油的辛烷平均等级是否比原燃料辛烷平均等级偏低?($\alpha=0.05$)

4. 某厂生产一种灯泡,其寿命 X 服从正态分布 $N(\mu,200^2)$,从过去较长一段时间的生产情况看,灯泡的平均寿命(单位:h)为 1 500,现采用新工艺后,在所生产的灯泡中抽取 25 只,测得平均寿命为 1 675。问采用新工艺后,灯泡寿命是否有显著提高?($\alpha=0.05$)

5. 一种用于建筑上的钢筋,要求抗拉强度(单位:kg/mm²)达到一定的数值。现在生产了一批这种钢筋,想知道其平均抗拉强度是否可以认为是 52,经抽样进行抗拉试验,分别得到如下 6 个数据:52.5,56.0,49.5,53.5,49.0,48.5,问能否就此认为这批钢筋的强度已达到要求?($\alpha=0.05$)

6. 一个机器已生产的垫圈平均厚度(单位:m)应为 0.050。为了确定该机器工作是否正常,从中取 10 个垫圈作样本,其平均厚度为 0.053,标准差为 0.003,在显著水平 $\alpha=0.01$ 下检验假设机器工作正常。

7. 某维纶厂在正常生产条件下,已知维纶纤度服从正态分布 $N(\mu,0.048^2)$,某日抽取 5 根纤维,测得纤度为

$$1.32 \quad 1.55 \quad 1.36 \quad 1.40 \quad 1.44$$

(1) 问某日纤度总体的方差有无显著变化?($\alpha=0.10$)

(2) 问某日纤度总体的方差是否显著增大?($\alpha=0.10$)

8. 设甲、乙两台机器生产同类型零件,其生产的零件重量分别服从方差 $\sigma_1^2=70$ 与 $\sigma_2^2=90$ 的正态分布。从甲机器生产的零件中随机地取出 35 件,其平均重量(单位:g)$\bar{x}=137$,又独立地从乙机器生产的零件中随机地取出 45 件,其平均重量 $\bar{y}=130$,问这两台机器生产的零件就重量而言有无显著性差异?($\alpha=0.10$)

9. 对用两种不同热处理方法加工的金属材料做抗拉强度试验,得到的试验数据如下:

方法Ⅰ:31,34,29,26,32,35,38,34,30,29,32,31

方法Ⅱ:26,24,28,29,30,29,32,26,31,29,32,28

设两种热处理加工的金属材料的抗拉强度都服从正态分布,且方差相等。比较两种方法所得金属材料的平均抗拉强度有无显著性差异。($\alpha=0.05$)

10. 两种毛织物的强度检测结果如下(单位:kg/cm²):

第一类:138,127,134,125

第二类:134,137,135,140,130,134

已知两类毛织物的强度服从正态分布,问这两类毛织物的强度是否相同?($\alpha=0.05$)

11. 某医生对 30～45 岁的 10 名男性肺癌病人和 50 名健康男性进行研究,观察某项指标得:肺癌病人此项指标的均值为 6.21,方差为 3.204;健康男性此项指标的均值为 4.34,方差为 0.314。问男性肺癌病人与健康男性此项指标的均值是否有显著性差异($\alpha=0.05$)?(设该项指标均服从正态分布。)

附录 常用附表

附表 1 几种常用的概率分布

分 布	参 数	分布律或概率密度	数学期望	方 差
(0—1)分布	$0<p<1$	$P\{X=k\}=p^{k}(1-p)^{n-k}$, $k=0,1$	p	$p(1-p)$
二项分布	$n\geqslant1$, $0<p<1$	$P\{X=k\}=C_{n}^{k}p^{k}(1-p)n-k$, $k=0,1,2,\cdots,n$	np	$np(1-p)$
泊松分布	$\lambda>0$	$P\{X=k\}=\dfrac{\lambda^{k}}{k!}\mathrm{e}^{-\lambda}$, $k=0,1,2,\cdots$	λ	λ
几何分布	$0<p<1$	$P\{X=k\}=(1-p)^{k-1}p$, $k=1,2$	$\dfrac{1}{p}$	$\dfrac{1-p}{p^{2}}$
超几何分布	N,M,n $(M\leqslant N)$ $(n\leqslant N)$	$P\{X=k\}=\dfrac{C_{M}^{k}C_{N-M}^{n-k}}{C_{N}^{n}}$, k 为整数 $\max\{0,n-N+M\}\leqslant k\leqslant\min\{n,M\}$	$\dfrac{nM}{N}$	$\dfrac{nM}{N}\left(1-\dfrac{M}{N}\right)\left(\dfrac{N-n}{N-1}\right)$
负二项分布 (巴斯卡分布)	$r\geqslant1$, $0<p<1$	$P\{X=k\}=C_{k-1}^{r-1}p^{r}(1-p)k-r$, $k=r,r+1,\cdots$	$\dfrac{r}{p}$	$\dfrac{r(1-p)}{p^{2}}$
均匀分布	$a<b$	$f(x)=\begin{cases}\dfrac{1}{b-a}, & a<x<b \\ 0, & \text{其他}\end{cases}$	$\dfrac{a+b}{2}$	$\dfrac{(b-a)^{2}}{12}$
正态分布	μ, $\sigma>0$	$f(x)=\dfrac{1}{\sqrt{2\pi}\sigma}\mathrm{e}^{-\frac{(x-\mu)^{2}}{2\sigma^{2}}}$, $-\infty<x<+\infty$	μ	σ^{2}
指数分布	$\theta>0$	$f(x)=\begin{cases}\dfrac{1}{\theta}\mathrm{e}^{-\frac{x}{\theta}}, & x>0 \\ 0, & \text{其他}\end{cases}$	θ	θ^{2}

续表

分 布	参 数	分布律或概率密度	数学期望	方 差
t 分布	$n \geq 1$	$f(x) = \dfrac{\Gamma\left(\dfrac{n+1}{2}\right)}{\sqrt{n\pi}\,\Gamma\left(\dfrac{n}{2}\right)}\left(1+\dfrac{x^2}{n}\right)^{-\frac{n+1}{2}},$ $-\infty < x < +\infty$	$0,$ $n>1$	$\dfrac{n}{n-2},$ $n>2$
χ^2 分布	$n \geq 1$	$f(x) = \begin{cases} \dfrac{1}{2^{\frac{n}{2}}\Gamma\left(\dfrac{n}{2}\right)} x^{\frac{n}{2}-1} \mathrm{e}^{-\frac{x}{2}}, & x>0 \\ 0, & \text{其他} \end{cases}$	n	$2n$
F 分布	n_1, n_2	$f(x) = \begin{cases} \dfrac{\Gamma\left(\dfrac{n_1+n_2}{2}\right)}{\Gamma\left(\dfrac{n_1}{2}\right)\Gamma\left(\dfrac{n_2}{2}\right)}\left(\dfrac{n_1}{n_2}\right)\left(\dfrac{n_1}{n_2}x\right)^{\frac{n_1}{2}-1} \\ \quad \times \left(1+\dfrac{n_1}{n_2}x\right)^{-\frac{n_1+n_2}{2}}, & x>0 \\ 0, & x \leq 0 \end{cases}$	$\dfrac{n_2}{n_2-2},$ $n_2>2$	$\dfrac{2n_2^2(n_1+n_2-2)}{n_1(n_2-2)^2(n_2-4)},$ $n_2>4$
β 分布	$\alpha>0,$ $\beta>0$	$f(x) = \begin{cases} \dfrac{\Gamma(\alpha+\beta)}{\Gamma(\alpha)\Gamma(\beta)} x^{\alpha-1}(1-x)^{\beta-1}, & 0<x<1 \\ 0, & \text{其他} \end{cases}$	$\dfrac{\alpha}{\alpha+\beta}$	$\dfrac{\alpha\beta}{(\alpha+\beta)^2(\alpha+\beta+1)}$
柯西分布	$a,$ $\lambda>0$	$f(x) = \dfrac{1}{\pi} \cdot \dfrac{1}{\lambda^2+(x-a)^2},$ $-\infty < x < +\infty$	不存在	不存在
对数正态分布	$\mu,$ $\sigma>0$	$f(x) = \begin{cases} \dfrac{1}{\sqrt{2\pi}\sigma x} \mathrm{e}^{-\frac{(\ln x-\mu)^2}{2\sigma^2}}, & x>0 \\ 0, & \text{其他} \end{cases}$	$\mathrm{e}^{\mu+\frac{\sigma^2}{2}}$	$\mathrm{e}^{2\mu+\sigma^2}(\mathrm{e}^{\sigma^2}-1)$
韦布尔分布	$\eta>0,$ $\beta>0$	$f(x) = \begin{cases} \dfrac{\beta}{\eta}\left(\dfrac{x}{\eta}\right)^{\beta-1} \mathrm{e}^{-\left(\frac{x}{\eta}\right)^\beta}, & x>0 \\ 0, & \text{其他} \end{cases}$	$\eta\Gamma\left(\dfrac{1}{\beta}+1\right)$	$\eta^2\left[\Gamma\left(\dfrac{2}{\beta}+1\right)\right]-$ $\left[\Gamma\left(\dfrac{1}{\beta}+1\right)\right]^2$
瑞利分布	$\sigma>0$	$f(x) = \begin{cases} \dfrac{x}{\sigma^2}\mathrm{e}^{-\frac{x^2}{2\sigma^2}}, & x>0 \\ 0, & \text{其他} \end{cases}$	$\sqrt{\dfrac{\pi}{2}}\sigma$	$\dfrac{4-\pi}{2}\sigma^2$

附表 2 二项分布表

$$P\{X \geqslant k\} = \sum_{i=k}^{n} C_n^i p^i (1-p)^{n-i}$$

n	k						p				
		0.01	0.02	0.04	0.06	0.08	0.1	0.2	0.3	0.4	0.5
5	5			0.000 00	0.000 00	0.000 00	0.000 01	0.000 32	0.002 43	0.010 24	0.031 25
	4	0.000 00	0.000 00	0.000 01	0.000 06	0.000 19	0.000 46	0.006 72	0.030 78	0.087 04	0.187 50
	3	0.000 01	0.000 08	0.000 60	0.001 97	0.004 53	0.008 56	0.057 92	0.163 08	0.317 44	0.500 00
	2	0.000 98	0.003 84	0.014 76	0.031 87	0.054 36	0.081 46	0.262 72	0.471 78	0.663 04	0.812 50
	1	0.049 01	0.096 08	0.184 63	0.266 10	0.340 92	0.409 51	0.672 32	0.831 93	0.922 24	0.968 75
10	10							0.000 00	0.000 01	0.000 10	0.000 98
	9							0.000 08	0.000 14	0.001 68	0.010 74
	8						0.000 00	0.000 86	0.001 59	0.012 29	0.051 69
	7				0.000 00	0.000 00	0.000 01	0.000 86	0.010 59	0.054 76	0.171 88
	6			0.000 00	0.000 01	0.000 04	0.000 15	0.006 37	0.047 35	0.166 24	0.376 95
	5		0.000 00	0.000 02	0.000 15	0.000 59	0.001 63	0.032 79	0.150 27	0.366 90	0.623 05
	4	0.000 00	0.000 03	0.000 44	0.002 03	0.005 80	0.012 80	0.120 87	0.350 39	0.617 72	0.828 13

续表

n	k					p					
		0.01	0.02	0.04	0.06	0.08	0.1	0.2	0.3	0.4	0.5
10	3	0.000 11	0.000 86	0.006 21	0.018 84	0.040 08	0.070 19	0.322 20	0.617 22	0.832 71	0.945 31
	2	0.004 27	0.016 18	0.058 15	0.117 59	0.187 88	0.263 90	0.624 19	0.850 69	0.953 64	0.989 26
	1	0.095 62	0.182 93	0.335 17	0.461 38	0.565 61	0.651 32	0.892 63	0.971 75	0.993 95	0.999 02
15	15									0.000 00	0.000 03
	14								0.000 00	0.000 03	0.000 49
	13								0.000 01	0.000 28	0.003 69
	12							0.000 00	0.000 09	0.001 93	0.017 58
	11							0.000 01	0.000 67	0.009 35	0.059 23
	10							0.000 11	0.003 65	0.033 83	0.150 88
	9					0.000 00	0.000 00	0.000 97	0.015 24	0.095 05	0.303 62
	8				0.000 00	0.000 01	0.000 03	0.004 24	0.050 01	0.213 10	0.500 00
	7			0.000 00	0.000 01	0.000 08	0.000 31	0.018 06	0.131 14	0.390 19	0.696 38
	6			0.000 01	0.000 15	0.000 70	0.002 25	0.061 05	0.278 38	0.596 78	0.849 12
	5		0.000 01	0.000 22	0.001 40	0.004 97	0.012 72	0.164 23	0.484 51	0.782 72	0.940 77
	4		0.000 18	0.002 45	0.010 36	0.027 31	0.055 56	0.351 84	0.703 13	0.909 50	0.982 42
	3	0.000 42	0.003 04	0.020 29	0.057 13	0.112 97	0.184 06	0.601 98	0.873 17	0.972 89	0.996 31

n	k	p									
		0.01	0.02	0.04	0.06	0.08	0.1	0.2	0.3	0.4	0.5
15	2	0.009 63	0.035 34	0.119 11	0.226 24	0.340 27	0.450 96	0.832 87	0.964 73	0.994 83	0.999 51
	1	0.139 94	0.261 43	0.457 91	0.604 71	0.713 70	0.794 11	0.964 82	0.995 25	0.999 53	0.999 97
20	20										0.000 00
	19									0.000 00	0.000 02
	18									0.000 01	0.000 20
	17								0.000 00	0.000 05	0.001 29
	16								0.000 01	0.000 32	0.005 91
	15								0.000 04	0.001 61	0.020 69
	14							0.000 00	0.000 26	0.006 47	0.057 66
	13							0.000 02	0.001 28	0.021 03	0.131 59
	12							0.000 10	0.005 14	0.056 53	0.251 72
	11						0.000 00	0.000 56	0.017 14	0.127 52	0.411 90
	10					0.000 00	0.000 01	0.002 59	0.047 06	0.244 66	0.588 10
	9				0.000 00	0.000 01	0.000 06	0.009 98	0.113 33	0.404 40	0.748 28
	8			0.000 00	0.000 01	0.000 09	0.000 42	0.032 14	0.227 73	0.584 11	0.868 41
	7			0.000 01	0.000 11	0.000 64	0.002 39	0.086 69	0.391 99	0.749 99	0.942 31

续表

n	k	p									
		0.01	0.02	0.04	0.06	0.08	0.1	0.2	0.3	0.4	0.5
20	6	0.000 00	0.000 00	0.000 10	0.000 87	0.003 80	0.011 25	0.195 79	0.583 63	0.874 40	0.979 31
	5	0.000 00	0.000 04	0.000 96	0.005 63	0.018 34	0.043 17	0.373 05	0.762 49	0.949 05	0.994 09
	4	0.000 04	0.000 60	0.007 41	0.028 97	0.070 62	0.132 95	0.588 55	0.892 01	0.984 04	0.998 71
	3	0.001 00	0.007 07	0.043 86	0.114 97	0.212 05	0.323 07	0.793 92	0.964 52	0.996 39	0.999 80
	2	0.016 86	0.059 90	0.189 66	0.339 55	0.483 14	0.608 25	0.930 82	0.992 36	0.999 48	0.999 98
	1	0.182 09	0.332 39	0.558 00	0.709 89	0.811 31	0.878 42	0.988 47	0.999 20	0.999 96	1.000 00

附表3 泊松分布表

$$P\{X \leqslant x\} = \sum_{k=0}^{x} \frac{\lambda^k e^{-\lambda}}{k!}$$

x	λ								
	0.1	0.2	0.3	0.4	0.5	0.6	0.7	0.8	0.9
0	0.904 8	0.818 7	0.740 8	0.670 3	0.606 5	0.548 8	0.496 6	0.449 3	0.406 6
1	0.995 3	0.982 5	0.963 1	0.938 4	0.909 8	0.878 1	0.844 2	0.808 8	0.772 5
2	0.999 8	0.998 9	0.996 4	0.992 1	0.985 6	0.976 9	0.965 9	0.952 6	0.937 1
3	1.000 0	0.999 9	0.999 7	0.999 2	0.998 2	0.996 6	0.994 2	0.990 9	0.986 5
4		1.000 0	1.000 0	0.999 9	0.999 8	0.999 6	0.999 2	0.998 6	0.997 7
5				1.000 0	1.000 0	1.000 0	0.999 9	0.999 8	0.999 7
6							1.000 0	1.000 0	1.000 0

x	λ								
	1.0	1.5	2.0	2.5	3.0	3.5	4.0	4.5	5.0
0	0.367 9	0.223 1	0.135 3	0.082 1	0.049 8	0.030 2	0.018 3	0.011 1	0.006 7
1	0.735 8	0.557 8	0.406 0	0.287 3	0.199 1	0.135 9	0.091 6	0.061 1	0.040 4
2	0.919 7	0.808 8	0.676 7	0.543 8	0.423 2	0.320 8	0.238 1	0.173 6	0.124 7
3	0.981 0	0.934 4	0.857 1	0.757 6	0.647 2	0.536 6	0.433 5	0.342 3	0.265 0
4	0.996 3	0.981 4	0.947 3	0.891 2	0.815 3	0.725 4	0.628 8	0.532 1	0.440 5
5	0.999 4	0.995 5	0.983 4	0.958 0	0.916 1	0.857 6	0.785 1	0.702 9	0.616 0
6	0.999 9	0.999 1	0.995 5	0.985 8	0.966 5	0.934 7	0.889 3	0.831 1	0.762 2
7	1.000 0	0.999 8	0.998 9	0.995 8	0.988 1	0.973 3	0.948 9	0.913 4	0.866 6
8		1.000 0	0.999 8	0.998 9	0.996 2	0.990 1	0.978 6	0.959 7	0.931 9
9			1.000 0	0.999 7	0.998 9	0.996 7	0.991 9	0.982 9	0.968 2
10				0.999 9	0.999 7	0.999 0	0.997 2	0.993 3	0.986 3
11				1.000 0	0.999 9	0.999 7	0.999 1	0.997 6	0.994 5
12					1.000 0	0.999 9	0.999 7	0.999 2	0.998 0

x	λ								
	5.5	6.0	6.5	7.0	7.5	8.0	8.5	9.0	9.5
0	0.004 1	0.002 5	0.001 5	0.000 9	0.000 6	0.000 3	0.000 2	0.000 1	0.000 1
1	0.026 6	0.017 4	0.011 3	0.007 3	0.004 7	0.003 0	0.001 9	0.001 2	0.000 8
2	0.088 4	0.062 0	0.043 0	0.029 6	0.020 3	0.013 8	0.009 3	0.006 2	0.004 2
3	0.201 7	0.151 2	0.111 8	0.081 8	0.059 1	0.042 4	0.030 1	0.021 2	0.014 9
4	0.357 5	0.285 1	0.223 7	0.173 0	0.132 1	0.099 6	0.074 4	0.055 0	0.040 3
5	0.528 9	0.445 7	0.369 0	0.300 7	0.241 4	0.191 2	0.149 6	0.115 7	0.088 5
6	0.686 0	0.606 3	0.526 5	0.449 7	0.378 2	0.313 4	0.256 2	0.206 8	0.164 9
7	0.809 5	0.744 0	0.672 8	0.598 7	0.3524 6	0.453 0	0.385 6	0.323 9	0.268 7
8	0.894 4	0.847 2	0.791 6	0.729 1	0.662 0	0.592 5	0.532 1	0.455 7	0.391 8
9	0.946 2	0.916 1	0.877 4	0.830 5	0.776 4	0.716 6	0.653 0	0.587 4	0.521 8
10	0.974 7	0.957 4	0.933 2	0.901 5	0.862 2	0.815 9	0.763 4	0.706 0	0.645 3
11	0.989 0	0.979 9	0.966 1	0.946 6	0.920 8	0.888 1	0.848 7	0.803 0	0.752 0
12	0.995 5	0.991 2	0.984 0	0.973 0	0.957 3	0.936 2	0.909 1	0.875 8	0.836 4
13	0.998 3	0.996 4	0.992 9	0.987 2	0.978 4	0.965 8	0.948 6	0.926 1	0.898 1
14	0.999 4	0.998 6	0.997 0	0.994 3	0.989 7	0.982 7	0.972 6	0.958 5	0.940 0
15	0.999 8	0.999 5	0.998 8	0.997 6	0.995 4	0.991 8	0.986 2	0.978 0	0.966 5
16	0.999 9	0.999 8	0.999 6	0.999 0	0.998 0	0.996 3	0.993 4	0.988 9	0.982 3
17	1.000 0	0.999 9	0.999 8	0.999 6	0.999 2	0.998 4	0.997 0	0.994 7	0.991 1
18		1.000 0	0.999 9	0.999 9	0.999 7	0.999 4	0.998 7	0.997 6	0.995 7
19			1.000 0	1.000 0	0.999 9	0.999 7	0.999 5	0.998 9	0.998 0
20					1.000 0	0.999 9	0.999 8	0.999 6	0.999 1

x	λ								
	10.0	11.0	12.0	13.0	14.0	15.0	16.0	17.0	18.0
0	0.000 0	0.000 0	0.000 0						
1	0.000 5	0.000 2	0.000 1	0.000 0	0.000 0				
2	0.002 8	0.001 2	0.000 5	0.000 2	0.000 1	0.000 0	0.000 0		
3	0.010 3	0.004 9	0.002 3	0.001 0	0.000 5	0.000 2	0.000 1	0.000 0	0.000 0
4	0.029 3	0.015 1	0.007 6	0.003 7	0.001 8	0.000 9	0.000 4	0.000 2	0.000 1
5	0.067 1	0.037 5	0.020 3	0.010 7	0.005 5	0.002 8	0.001 4	0.000 7	0.000 3
6	0.130 1	0.078 6	0.045 8	0.025 9	0.014 2	0.007 6	0.004 0	0.002 1	0.001 0
7	0.220 2	0.143 2	0.089 5	0.054 0	0.031 6	0.018 0	0.010 0	0.005 4	0.002 9

x	λ								
	10.0	11.0	12.0	13.0	14.0	15.0	16.0	17.0	18.0
8	0.332 8	0.232 0	0.155 0	0.099 8	0.062 1	0.037 4	0.022 0	0.012 6	0.007 1
9	0.457 9	0.340 5	0.242 4	0.165 8	0.109 4	0.069 9	0.043 3	0.026 1	0.015 4
10	0.583 0	0.459 9	0.347 2	0.251 7	0.175 7	0.118 5	0.077 4	0.049 1	0.030 4
11	0.696 8	0.579 3	0.461 6	0.353 2	0.260 0	0.184 8	0.127 0	0.084 7	0.054 9
12	0.791 6	0.688 7	0.576 0	0.461 3	0.358 5	0.267 6	0.193 1	0.135 0	0.091 7
13	0.864 5	0.781 3	0.681 5	0.573 0	0.464 4	0.363 2	0.274 5	0.200 9	0.142 6
14	0.916 5	0.854 0	0.772 0	0.675 1	0.570 4	0.465 7	0.367 5	0.280 8	0.208 1
15	0.951 3	0.907 4	0.844 4	0.763 6	0.669 4	0.568 1	0.466 7	0.371 5	0.286 7
16	0.973 0	0.944 1	0.898 7	0.835 5	0.755 9	0.664 1	0.566 0	0.467 7	0.375 0
17	0.985 7	0.967 8	0.937 0	0.890 5	0.827 2	0.748 9	0.659 3	0.564 0	0.468 6
18	0.992 8	0.982 3	0.962 6	0.930 2	0.882 6	0.819 5	0.742 3	0.655 0	0.562 2
19	0.996 5	0.990 7	0.978 7	0.957 3	0.923 5	0.875 2	0.812 2	0.736 3	0.650 9
20	0.998 4	0.995 3	0.988 4	0.975 0	0.952 1	0.917 0	0.868 2	0.805 5	0.730 7
21	0.999 3	0.997 7	0.993 9	0.985 9	0.971 2	0.946 9	0.910 8	0.861 5	0.799 1
22	0.999 7	0.999 0	0.997 0	0.992 4	0.983 3	0.967 3	0.941 8	0.904 7	0.855 1
23	0.999 9	0.999 5	0.998 5	0.996 0	0.990 7	0.980 5	0.963 3	0.936 7	0.898 9
24	1.000 0	0.999 8	0.999 3	0.998 0	0.995 0	0.988 8	0.977 7	0.959 4	0.931 7
25		0.999 9	0.999 7	0.999 0	0.997 4	0.993 8	0.986 9	0.974 8	0.955 4
26		1.000 0	0.999 9	0.999 5	0.998 7	0.996 7	0.992 5	0.984 8	0.971 8
27			0.999 9	0.999 8	0.999 4	0.998 3	0.995 9	0.991 2	0.982 7
28			1.000 0	0.999 9	0.999 7	0.999 1	0.997 8	0.995 0	0.989 7
29				1.000 0	0.999 9	0.999 6	0.998 9	0.997 3	0.994 1
30					0.999 9	0.999 8	0.999 4	0.998 6	0.996 7
31					1.000 0	0.999 9	0.999 7	0.999 3	0.998 2
32						1.000 0	0.999 9	0.999 6	0.999 0
33							0.999 9	0.999 8	0.999 5
34							1.000 0	0.999 9	0.999 8
35								1.000 0	0.999 9
36									0.999 9
37									1.000 0

附表4 标准正态分布表

$$\Phi(x) = \int_{-\infty}^{x} \frac{1}{\sqrt{2\pi}} e^{-\frac{x^2}{2}} dx$$

x	0.00	0.01	0.02	0.03	0.04	0.05	0.06	0.07	0.08	0.09
0.0	0.500 0	0.504 0	0.508 0	0.512 0	0.516 0	0.519 9	0.523 9	0.527 9	0.531 9	0.535 9
0.1	0.539 8	0.543 8	0.547 8	0.551 7	0.555 7	0.559 6	0.563 6	0.567 5	0.571 4	0.575 3
0.2	0.579 3	0.583 2	0.587 1	0.591 0	0.594 8	0.598 7	0.602 6	0.606 4	0.610 3	0.614 1
0.3	0.617 9	0.621 7	0.625 5	0.629 3	0.633 1	0.636 8	0.640 6	0.644 3	0.648 0	0.651 7
0.4	0.655 4	0.659 1	0.662 8	0.666 4	0.670 0	0.673 6	0.677 2	0.680 8	0.684 4	0.687 9
0.5	0.691 5	0.695 0	0.698 5	0.701 9	0.705 4	0.708 8	0.712 3	0.715 7	0.719 0	0.722 4
0.6	0.725 7	0.729 1	0.732 4	0.735 7	0.738 9	0.742 2	0.745 4	0.748 6	0.751 7	0.754 9
0.7	0.758 0	0.761 1	0.764 2	0.767 3	0.770 4	0.773 4	0.776 4	0.779 4	0.782 3	0.785 2
0.8	0.788 1	0.791 0	0.793 9	0.796 7	0.799 5	0.802 3	0.805 1	0.807 8	0.810 6	0.813 3
0.9	0.815 9	0.818 6	0.821 2	0.823 8	0.826 4	0.828 9	0.831 5	0.834 0	0.836 5	0.838 9
1.0	0.841 3	0.843 8	0.846 1	0.848 5	0.850 8	0.853 1	0.855 4	0.857 7	0.859 9	0.862 1
1.1	0.864 3	0.866 5	0.868 6	0.870 8	0.872 9	0.874 9	0.877 0	0.879 0	0.881 0	0.883 0
1.2	0.884 9	0.886 9	0.888 8	0.890 7	0.892 5	0.894 4	0.896 2	0.898 0	0.899 7	0.901 5
1.3	0.903 2	0.904 9	0.906 6	0.908 2	0.909 9	0.911 5	0.913 1	0.914 7	0.916 2	0.917 7
1.4	0.919 2	0.920 7	0.922 2	0.923 6	0.925 1	0.926 5	0.927 8	0.929 2	0.930 6	0.931 9
1.5	0.933 2	0.934 5	0.935 7	0.937 0	0.938 2	0.939 4	0.940 6	0.941 8	0.942 9	0.944 1
1.6	0.945 2	0.946 3	0.947 4	0.948 4	0.949 5	0.950 5	0.951 5	0.952 5	0.953 5	0.954 5
1.7	0.955 4	0.956 4	0.957 3	0.958 2	0.959 1	0.959 9	0.960 8	0.961 6	0.962 5	0.963 3
1.8	0.964 1	0.964 9	0.965 6	0.966 4	0.967 1	0.967 8	0.968 6	0.969 3	0.969 9	0.970 6
1.9	0.971 3	0.971 9	0.972 6	0.973 2	0.973 8	0.974 4	0.975 0	0.975 6	0.976 1	0.976 7
2.0	0.977 2	0.977 8	0.978 3	0.978 8	0.979 3	0.979 8	0.980 3	0.980 8	0.981 2	0.981 7
2.1	0.982 1	0.982 6	0.983 0	0.983 4	0.983 8	0.984 2	0.984 6	0.985 0	0.985 4	0.985 7
2.2	0.986 1	0.986 4	0.986 8	0.987 1	0.987 5	0.987 8	0.988 1	0.988 4	0.988 7	0.989 0
2.3	0.989 3	0.989 6	0.989 8	0.990 1	0.990 4	0.990 6	0.990 9	0.991 1	0.991 3	0.991 6
2.4	0.991 8	0.992 0	0.992 2	0.992 5	0.992 7	0.992 9	0.993 1	0.993 2	0.993 4	0.993 6
2.5	0.993 8	0.994 0	0.994 1	0.994 3	0.994 5	0.994 6	0.994 8	0.994 9	0.995 1	0.995 2

x	0.00	0.01	0.02	0.03	0.04	0.05	0.06	0.07	0.08	0.09
2.6	0.995 3	0.995 5	0.995 6	0.995 7	0.995 9	0.996 0	0.996 1	0.996 2	0.996 3	0.996 4
2.7	0.996 5	0.996 6	0.996 7	0.996 8	0.996 9	0.997 0	0.997 1	0.997 2	0.997 3	0.997 4
2.8	0.997 4	0.997 5	0.997 6	0.997 7	0.997 7	0.997 8	0.997 9	0.997 9	0.998 0	0.998 1
2.9	0.998 1	0.998 2	0.998 2	0.998 3	0.998 4	0.998 4	0.998 5	0.998 5	0.998 6	0.998 6
3.0	0.998 7	0.998 7	0.998 7	0.998 8	0.998 8	0.998 9	0.998 9	0.998 9	0.999 0	0.999 0
3.1	0.999 0	0.999 1	0.999 1	0.999 1	0.999 2	0.999 2	0.999 2	0.999 2	0.999 3	0.999 3
3.2	0.999 3	0.999 3	0.999 4	0.999 4	0.999 4	0.999 4	0.999 4	0.999 5	0.999 5	0.999 5
3.3	0.999 5	0.999 5	0.999 5	0.999 6	0.999 6	0.999 6	0.999 6	0.999 6	0.999 6	0.999 7
3.4	0.999 7	0.999 7	0.999 7	0.999 7	0.999 7	0.999 7	0.999 7	0.999 7	0.999 7	0.999 8

附表 5　标准正态分布双侧临界值表

α	0.00	0.01	0.02	0.03	0.04	0.05	0.06	0.07	0.08	0.09
0.0	∞	2.575 829	2.326 348	2.170 090	2.053 749	1.959 964	1.880 794	1.811 911	1.750 686	1.695 398
0.1	1.644 854	1.598 193	1.554 774	1.514 102	1.475 791	1.439 531	1.405 072	1.371 204	1.340 755	1.310 579
0.2	1.281 552	1.253 565	1.226 528	1.200 359	1.174 987	1.150 349	1.126 391	1.103 063	1.080 319	1.058 122
0.3	1.036 433	1.015 222	0.994 458	0.974 114	0.954 165	0.934 589	0.915 365	0.896 473	0.877 896	0.859 617
0.4	0.841 621	0.823 894	0.806 421	0.789 192	0.772 193	0.755 415	0.738 847	0.722 479	0.706 303	0.690 309
0.5	0.674 490	0.658 838	0.643 345	0.628 006	0.612 813	0.597 760	0.582 841	0.568 051	0.553 385	0.538 836
0.6	0.524 401	0.510 073	0.495 850	0.481 727	0.467 699	0.453 762	0.439 913	0.426 148	0.412 463	0.398 855
0.7	0.385 320	0.371 856	0.358 459	0.345 125	0.331 853	0.318 639	0.305 481	0.292 375	0.279 319	0.266 311
0.8	0.253 347	0.240 426	0.227 545	0.214 702	0.201 893	0.189 118	0.176 374	0.163 658	0.150 969	0.138 304
0.9	0.125 661	0.113 039	0.100 434	0.087 845	0.075 270	0.062 707	0.050 154	0.037 608	0.025 069	0.012 533

α	0.001	0.000 1	0.000 01	0.000 001	0.000 000 1	0.000 000 01
$u_{\frac{\alpha}{2}}$	3.290 53	3.890 59	4.417 17	4.891 64	5.326 72	5.730 73

附表6　t 分布表

$$P\{t > t_\alpha(n)\} = \alpha$$

n \ α	0.20	0.15	0.10	0.05	0.025	0.01	0.005
1	1.376	1.963	3.077 7	6.313 8	12.706 2	31.820 7	63.657 4
2	1.061	1.386	1.885 6	2.920 0	4.302 7	6.964 6	9.924 8
3	0.978	1.250	1.637 7	2.353 4	3.182 4	4.540 7	5.840 9
4	0.941	1.190	1.533 2	2.131 8	2.776 4	3.746 9	4.604 1
5	0.920	1.156	1.475 9	2.015 0	2.570 6	3.364 9	4.032 2
6	0.906	1.134	1.439 8	1.943 2	2.446 9	3.142 7	3.707 4
7	0.896	1.119	1.414 9	1.894 6	2.364 6	2.998 0	3.499 5
8	0.889	1.108	1.396 8	1.859 5	2.306 0	2.896 5	3.355 4
9	0.883	1.100	1.383 0	1.833 1	2.262 2	2.821 4	3.249 8
10	0.879	1.093	1.372 2	1.812 5	2.228 1	2.763 8	3.169 3
11	0.876	1.088	1.363 4	1.795 9	2.201 0	2.718 1	3.105 8
12	0.873	1.083	1.356 2	1.782 3	2.178 8	2.681 0	3.054 5
13	0.870	1.079	1.350 2	1.770 9	2.160 4	2.650 3	3.012 3
14	0.868	1.076	1.345 0	1.761 3	2.144 8	2.624 5	2.976 8
15	0.866	1.074	1.340 6	1.753 1	2.131 5	2.602 5	2.946 7
16	0.865	1.071	1.336 8	1.745 9	2.119 9	2.583 5	2.920 8
17	0.863	1.069	1.333 4	1.739 6	2.109 8	2.566 9	2.898 2
18	0.862	1.067	1.330 4	1.734 1	2.100 9	2.552 4	2.878 4
19	0.861	1.066	1.327 7	1.729 1	2.093 0	2.539 5	2.860 9
20	0.860	1.064	1.325 3	1.724 7	2.086 0	2.528 0	2.845 3
21	0.859	1.063	1.323 2	1.720 7	2.079 6	2.517 7	2.831 4
22	0.858	1.061	1.321 2	1.717 1	2.073 9	2.508 3	2.818 8
23	0.858	1.060	1.319 5	1.713 9	2.068 7	2.499 9	2.807 3
24	0.857	1.059	1.317 8	1.710 9	2.063 9	2.492 2	2.796 9
25	0.856	1.058	1.316 3	1.708 1	2.059 5	2.485 1	2.787 4
26	0.856	1.058	1.315 0	1.705 6	2.055 5	2.478 6	2.778 7

n \ α	0.20	0.15	0.10	0.05	0.025	0.01	0.005
27	0.855	1.057	1.313 7	1.703 3	2.051 8	2.472 7	2.770 7
28	0.855	1.056	1.312 5	1.701 1	2.048 4	2.467 1	2.763 6
29	0.854	1.055	1.311 4	1.699 1	2.045 2	2.462 0	2.756 4
30	0.854	1.055	1.310 4	1.697 3	2.042 3	2.457 3	2.750 0
31	0.853 5	1.054 1	1.309 5	1.695 5	2.039 5	2.452 8	2.744 0
32	0.853 1	1.053 6	1.308 6	1.693 9	2.036 9	2.448 7	2.738 5
33	0.852 7	1.053 1	1.307 7	1.692 4	2.034 5	2.444 8	2.733 3
34	0.852 4	1.052 6	1.307 0	1.690 9	2.032 2	2.441 1	2.728 4
35	0.852 1	1.052 1	1.306 2	1.689 6	2.030 1	2.437 7	2.723 8
36	0.851 8	1.051 6	1.305 5	1.688 3	2.028 1	2.434 5	2.719 5
37	0.851 5	1.051 2	1.304 9	1.687 1	2.026 2	2.431 4	2.715 4
38	0.851 2	1.050 8	1.304 2	1.686 0	2.024 4	2.428 6	2.711 6
39	0.851 0	1.050 4	1.303 6	1.684 9	2.022 7	2.425 8	2.707 9
40	0.850 7	1.050 1	1.303 1	1.683 9	2.021 1	2.423 3	2.704 5
41	0.850 5	1.049 8	1.302 5	1.682 9	2.019 5	2.420 8	2.701 2
42	0.850 3	1.049 4	1.302 0	1.682 0	2.018 1	2.418 5	2.698 1
43	0.850 1	1.049 1	1.301 6	1.681 1	2.016 7	2.416 3	2.695 1
44	0.849 9	1.048 8	1.301 1	1.680 2	2.015 4	2.414 1	2.692 3
45	0.849 7	1.048 5	1.300 6	1.679 4	2.014 1	2.412 1	2.689 6

附表 7 χ^2 分布表

$$P\{\chi^2 > \chi^2_\alpha(n)\} = \alpha$$

n \ α	0.995	0.99	0.975	0.95	0.90	0.10	0.05	0.025	0.01	0.005
1	0.000	0.000	0.001	0.004	0.016	2.706	3.843	5.025	6.637	7.882
2	0.010	0.020	0.051	0.103	0.211	4.605	5.992	7.378	9.210	10.597
3	0.072	0.115	0.216	0.352	0.584	6.251	7.815	9.348	11.344	12.837
4	0.207	0.297	0.484	0.711	1.064	7.779	9.488	11.143	13.277	14.860
5	0.412	0.554	0.831	1.145	1.610	9.236	11.070	12.832	15.085	16.748
6	0.676	0.872	1.237	1.635	2.204	10.645	12.592	14.440	16.812	18.548
7	0.989	1.239	1.690	2.167	2.833	12.017	14.067	16.012	18.474	20.276
8	1.344	1.646	2.180	2.733	3.490	13.362	15.507	17.534	20.090	21.954
9	1.735	2.088	2.700	3.325	4.168	14.684	16.919	19.022	21.665	23.587
10	2.156	2.558	3.247	3.940	4.865	15.987	18.307	20.483	23.209	25.188
11	2.603	3.053	3.816	4.575	5.578	17.275	19.675	21.920	24.724	26.755
12	3.074	3.571	4.404	5.226	6.304	18.549	21.026	23.337	26.217	28.300
13	3.565	4.107	5.009	5.892	7.041	19.812	22.362	24.735	27.687	29.817
14	4.075	4.660	5.629	6.571	7.790	21.064	23.685	26.119	29.141	31.319
15	4.600	5.229	6.262	7.261	8.547	22.307	24.996	27.488	30.577	32.799
16	5.142	5.812	6.908	7.962	9.312	23.542	26.296	28.845	32.000	34.267
17	5.697	6.407	7.564	8.682	10.085	24.769	27.587	30.190	33.408	35.716
18	6.265	7.015	8.231	9.390	10.865	25.989	28.869	31.526	34.805	37.156
19	6.843	7.632	8.906	10.117	11.651	27.203	30.143	32.852	36.190	38.580
20	7.434	8.260	9.591	10.851	12.443	28.412	31.410	34.170	37.566	39.997
21	8.033	8.897	10.283	11.591	13.240	29.615	32.670	35.478	38.930	41.399
22	8.643	9.542	10.982	12.338	14.042	30.813	33.924	36.781	40.289	42.796
23	9.260	10.195	11.688	13.090	14.848	32.007	35.172	38.075	41.637	44.179
24	9.886	10.856	12.401	13.848	15.659	33.196	36.415	39.364	42.980	45.558
25	10.519	11.523	13.120	14.611	16.473	34.381	37.652	40.646	44.313	46.925
26	11.160	12.198	13.844	15.379	17.292	35.563	38.885	41.923	45.642	48.290

n \ α	0.995	0.99	0.975	0.95	0.90	0.10	0.05	0.025	0.01	0.005
27	11.807	12.878	14.573	16.151	18.114	36.741	40.113	43.194	46.962	49.642
28	12.461	13.565	15.308	16.928	18.939	37.916	41.337	44.461	48.278	50.993
29	13.120	14.256	16.147	17.708	19.768	39.087	42.557	45.772	49.586	52.333
30	13.787	14.954	16.791	18.493	20.599	40.256	43.773	46.979	50.892	53.672
31	14.457	15.655	17.538	19.280	21.433	41.422	44.985	48.231	52.190	55.000
32	15.134	16.362	18.291	20.072	22.271	42.585	46.194	49.480	53.486	56.328
33	15.814	17.073	19.046	20.866	23.110	43.745	47.400	50.724	54.774	57.646
34	16.501	17.789	19.806	21.664	23.952	44.903	48.602	51.966	56.061	58.961
35	17.191	18.508	20.569	22.465	24.796	46.059	49.802	53.203	57.340	60.272
36	17.887	19.233	21.336	23.269	25.643	47.212	50.998	54.437	58.619	61.581
37	18.584	19.960	22.105	24.075	26.492	48.363	52.192	55.667	59.891	62.880
38	19.289	20.691	22.878	24.884	27.343	49.513	53.384	56.896	61.162	64.181
39	19.994	21.425	23.654	25.695	28.196	50.660	54.572	58.119	62.426	65.473
40	20.706	22.164	24.433	26.509	29.050	51.805	55.758	59.342	63.691	66.766

注：$n > 40$ 时，$\chi_\alpha^2(n) \approx \dfrac{1}{2}(u_\alpha + \sqrt{2n-1})^2$。

附表 8　F 分布表

$$P\{F > F_\alpha(n_1, n_2)\} = \alpha \quad (\alpha = 0.10)$$

n_2 \ n_1	1	2	3	4	5	6	7	8	9	10	12	15	20	24	30	40	60	120	∞
1	39.86	49.50	53.59	55.83	57.24	58.20	58.91	59.44	59.86	60.19	60.71	61.22	61.74	62.00	62.26	62.53	62.79	63.06	63.33
2	8.53	9.00	9.16	9.24	9.29	9.33	9.35	9.37	9.38	9.39	9.41	9.42	9.44	9.45	9.46	9.47	9.47	9.48	9.49
3	5.54	5.46	5.39	5.34	5.31	5.28	5.27	5.25	5.24	5.23	5.22	5.20	5.18	5.18	5.17	5.16	5.15	5.14	5.13
4	4.54	4.32	4.19	4.11	4.05	4.01	3.98	3.95	3.94	3.92	3.90	3.87	3.84	3.83	3.82	3.80	3.79	3.78	3.76
5	4.06	3.78	3.62	3.52	3.45	3.40	3.37	3.34	3.32	3.30	3.27	3.24	3.21	3.19	3.17	3.16	3.14	3.12	3.10
6	3.78	3.46	3.29	3.18	3.11	3.05	3.01	2.98	2.96	2.94	2.90	2.87	2.84	2.82	2.80	2.78	2.76	2.74	2.72
7	3.59	3.26	3.07	2.96	2.88	2.83	2.78	2.75	2.72	2.70	2.67	2.63	2.59	2.58	2.56	2.54	2.51	2.49	2.47
8	3.46	3.11	2.92	2.81	2.73	2.67	2.62	2.59	2.56	2.54	2.50	2.46	2.42	2.40	2.38	2.36	2.34	2.32	2.29
9	3.36	3.01	2.81	2.69	2.61	2.55	2.51	2.47	2.44	2.42	2.38	2.34	2.30	2.28	2.25	2.23	2.21	2.18	2.16
10	3.29	2.92	2.73	2.61	2.52	2.46	2.41	2.38	2.35	2.32	2.28	2.24	2.20	2.18	2.16	2.13	2.11	2.08	2.06
11	3.23	2.86	2.66	2.54	2.45	2.39	2.34	2.30	2.27	2.25	2.21	2.17	2.12	2.10	2.08	2.05	2.03	2.00	1.97
12	3.18	2.81	2.61	2.48	2.39	2.33	2.28	2.24	2.21	2.19	2.15	2.10	2.06	2.04	2.01	1.99	1.96	1.93	1.90
13	3.14	2.76	2.56	2.43	2.35	2.28	2.23	2.20	2.16	2.14	2.10	2.05	2.01	1.98	1.96	1.93	1.90	1.88	1.85

续表

n_2 \ n_1	1	2	3	4	5	6	7	8	9	10	12	15	20	24	30	40	60	120	∞
14	3.10	2.73	2.52	2.39	2.31	2.24	2.19	2.15	2.12	2.10	2.05	2.01	1.96	1.94	1.91	1.89	1.86	1.83	1.80
15	3.07	2.70	2.49	2.36	2.27	2.21	2.16	2.12	2.09	2.06	2.02	1.97	1.92	1.90	1.87	1.85	1.82	1.79	1.76
16	3.05	2.67	2.46	2.33	2.24	2.18	2.13	2.09	2.06	2.03	1.99	1.94	1.89	1.87	1.84	1.81	1.78	1.75	1.72
17	3.03	2.64	2.44	2.31	2.22	2.15	2.10	2.06	2.03	2.00	1.96	1.91	1.86	1.84	1.81	1.78	1.75	1.72	1.69
18	3.01	2.62	2.42	2.29	2.20	2.13	2.08	2.04	2.00	1.98	1.93	1.89	1.84	1.81	1.78	1.75	1.72	1.69	1.66
19	2.99	2.61	2.40	2.27	2.18	2.11	2.06	2.02	1.98	1.96	1.91	1.86	1.81	1.79	1.76	1.73	1.70	1.67	1.63
20	2.97	2.59	2.38	2.25	2.16	2.09	2.04	2.00	1.96	1.94	1.89	1.84	1.79	1.77	1.74	1.71	1.68	1.64	1.61
21	2.96	2.57	2.36	2.23	2.14	2.08	2.02	1.98	1.95	1.92	1.87	1.83	1.78	1.75	1.72	1.69	1.66	1.62	1.59
22	2.95	2.56	2.35	2.22	2.13	2.06	2.01	1.97	1.93	1.90	1.86	1.81	1.76	1.73	1.70	1.67	1.64	1.60	1.57
23	2.94	2.55	2.34	2.21	2.11	2.05	1.99	1.95	1.92	1.89	1.84	1.80	1.74	1.72	1.69	1.66	1.62	1.59	1.55
24	2.93	2.54	2.33	2.19	2.10	2.04	1.98	1.94	1.91	1.88	1.83	1.78	1.73	1.70	1.67	1.64	1.61	1.57	1.53
25	2.92	2.53	2.32	2.18	2.09	2.02	1.97	1.93	1.89	1.87	1.82	1.77	1.72	1.69	1.66	1.63	1.59	1.56	1.52
26	2.91	2.52	2.31	2.17	2.08	2.01	1.96	1.92	1.88	1.86	1.81	1.76	1.71	1.68	1.65	1.61	1.58	1.54	1.50
27	2.90	2.51	2.30	2.17	2.07	2.00	1.95	1.91	1.87	1.85	1.80	1.75	1.70	1.67	1.64	1.60	1.57	1.53	1.49
28	2.89	2.50	2.29	2.16	2.06	2.00	1.94	1.90	1.87	1.84	1.79	1.74	1.69	1.66	1.63	1.59	1.56	1.52	1.48
29	2.89	2.50	2.28	2.15	2.06	1.99	1.93	1.89	1.86	1.83	1.78	1.73	1.68	1.65	1.62	1.58	1.55	1.51	1.47

续表

n_2 \ n_1	1	2	3	4	5	6	7	8	9	10	12	15	20	24	30	40	60	120	∞
30	2.88	2.49	2.28	2.14	2.03	1.98	1.93	1.88	1.85	1.82	1.77	1.72	1.67	1.64	1.61	1.57	1.54	1.50	1.46
40	2.84	2.44	2.23	2.09	2.00	1.93	1.87	1.83	1.79	1.76	1.71	1.66	1.61	1.57	1.54	1.51	1.47	1.42	1.38
60	2.79	2.39	2.18	2.04	1.95	1.87	1.82	1.77	1.74	1.71	1.66	1.60	1.54	1.51	1.48	1.44	1.40	1.35	1.29
120	2.75	2.35	2.13	1.99	1.90	1.82	1.77	1.72	1.68	1.65	1.60	1.55	1.48	1.45	1.41	1.37	1.32	1.26	1.19
∞	2.71	2.30	2.08	1.94	1.85	1.77	1.72	1.67	1.63	1.60	1.55	1.49	1.42	1.38	1.34	1.30	1.24	1.17	1.00

$(\alpha = 0.05)$

n_1 \ n_2	1	2	3	4	5	6	7	8	9	10	12	15	20	24	30	40	60	120	∞
1	161	200	216	225	230	234	237	239	241	242	244	246	248	249	250	251	252	253	254
2	18.5	19.0	19.2	19.3	19.3	19.3	19.4	19.4	19.4	19.4	19.4	19.4	19.5	19.5	19.5	19.5	19.5	19.5	19.5
3	10.1	9.55	9.28	9.12	9.01	8.94	8.89	8.85	8.81	8.79	8.74	8.70	8.66	8.64	8.62	8.59	8.57	8.55	8.53
4	7.71	6.94	6.59	6.39	6.26	6.16	6.09	6.04	6.00	5.96	5.91	5.86	5.80	5.77	5.75	5.72	5.69	5.66	5.63
5	6.61	5.79	5.41	5.19	5.05	4.95	4.88	4.82	4.77	4.74	4.68	4.62	4.56	4.53	4.50	4.46	4.43	4.40	4.36
6	5.99	5.14	4.76	4.53	4.39	4.28	4.21	4.15	4.10	4.06	4.00	3.94	3.87	3.84	3.81	3.77	3.74	3.70	3.67
7	5.59	4.74	4.35	4.12	3.97	3.87	3.79	3.73	3.68	3.64	3.57	3.51	3.44	3.41	3.38	3.34	3.30	3.27	3.23
8	5.32	4.46	4.07	3.84	3.69	3.58	3.50	3.44	3.39	3.35	3.28	3.22	3.15	3.12	3.08	3.04	3.01	2.97	2.93
9	5.12	4.26	3.86	3.63	3.48	3.37	3.29	3.23	3.18	3.14	3.07	3.01	2.94	2.90	2.86	2.83	2.79	2.75	2.71
10	4.96	4.10	3.71	3.48	3.33	3.22	3.14	3.07	3.02	2.98	2.91	2.85	2.77	2.74	2.70	2.66	2.62	2.58	2.54
11	4.84	3.98	3.59	3.36	3.20	3.09	3.01	2.95	2.90	2.85	2.79	2.72	2.65	2.61	2.57	2.53	2.49	2.45	2.40
12	4.75	3.89	3.49	3.26	3.11	3.00	2.91	2.85	2.80	2.75	2.69	2.62	2.54	2.51	2.47	2.43	2.38	2.34	2.30
13	4.67	3.81	3.41	3.18	3.03	2.92	2.83	2.77	2.71	2.67	2.60	2.53	2.46	2.42	2.38	2.34	2.30	2.25	2.21
14	4.60	3.74	3.34	3.11	2.96	2.85	2.76	2.70	2.65	2.60	2.53	2.46	2.39	2.35	2.31	2.27	2.22	2.18	2.13
15	4.54	3.68	3.29	3.06	2.90	2.79	2.71	2.64	2.59	2.54	2.48	2.40	2.33	2.29	2.25	2.20	2.16	2.11	2.07
16	4.49	3.63	3.24	3.01	2.85	2.74	2.66	2.59	2.54	2.49	2.42	2.35	2.28	2.24	2.19	2.15	2.11	2.06	2.01
17	4.45	3.59	3.20	2.96	2.81	2.70	2.61	2.55	2.49	2.45	2.38	2.31	2.23	2.19	2.15	2.10	2.06	2.01	1.96

续表

n_1 \ n_2	1	2	3	4	5	6	7	8	9	10	12	15	20	24	30	40	60	120	∞
18	4.41	3.55	3.16	2.93	2.77	2.66	2.58	2.51	2.46	2.41	2.34	2.27	2.19	2.15	2.11	2.06	2.02	1.97	1.92
19	4.38	3.52	3.13	2.90	2.74	2.63	2.54	2.48	2.42	2.38	2.31	2.23	2.16	2.11	2.07	2.03	1.98	1.93	1.88
20	4.35	3.49	3.10	2.87	2.71	2.60	2.51	2.45	2.39	2.35	2.28	2.20	2.12	2.08	2.04	1.99	1.95	1.90	1.84
21	4.32	3.47	3.07	2.84	2.68	2.57	2.49	2.42	2.37	2.32	2.25	2.18	2.10	2.05	2.01	1.96	1.92	1.87	1.81
22	4.30	3.44	3.05	2.82	2.66	2.55	2.46	2.40	2.34	2.30	2.23	2.15	2.07	2.03	1.98	1.94	1.89	1.84	1.78
23	4.28	3.42	3.03	2.80	2.64	2.53	2.44	2.37	2.32	2.27	2.20	2.13	2.05	2.01	1.96	1.91	1.86	1.81	1.76
24	4.26	3.40	3.01	2.78	2.62	2.51	2.42	2.36	2.30	2.25	2.18	2.11	2.03	1.98	1.94	1.89	1.84	1.79	1.73
25	4.24	3.39	2.99	2.76	2.60	2.49	2.40	2.34	2.28	2.24	2.16	2.09	2.01	1.96	1.92	1.87	1.82	1.77	1.71
26	4.23	3.37	2.98	2.74	2.59	2.47	2.39	2.32	2.27	2.22	2.15	2.07	1.99	1.95	1.90	1.85	1.80	1.75	1.69
27	4.21	3.35	2.96	2.73	2.57	2.46	2.37	2.31	2.25	2.20	2.13	2.06	1.97	1.93	1.88	1.84	1.79	1.73	1.67
28	4.20	3.34	2.95	2.71	2.56	2.45	2.36	2.29	2.24	2.19	2.12	2.04	1.96	1.91	1.87	1.82	1.77	1.71	1.65
29	4.18	3.33	2.93	2.70	2.55	2.43	2.35	2.28	2.22	2.18	2.10	2.03	1.94	1.90	1.85	1.81	1.75	1.70	1.64
30	4.17	3.32	2.92	2.69	2.53	2.42	2.33	2.27	2.21	2.16	2.09	2.01	1.93	1.89	1.84	1.79	1.74	1.68	1.62
40	4.08	3.23	2.84	2.61	2.45	2.34	2.25	2.18	2.12	2.08	2.00	1.92	1.84	1.79	1.74	1.69	1.64	1.58	1.51
60	4.00	3.15	2.76	2.53	2.37	2.25	2.17	2.10	2.04	1.99	1.92	1.84	1.75	1.70	1.65	1.59	1.53	1.47	1.39
120	3.92	3.07	2.68	2.45	2.29	2.17	2.09	2.02	1.96	1.91	1.83	1.75	1.66	1.61	1.55	1.55	1.43	1.35	1.25
∞	3.84	3.00	2.60	2.37	2.21	2.10	2.01	1.94	1.88	1.83	1.75	1.67	1.57	1.52	1.46	1.39	1.32	1.22	1.00

$(\alpha=0.025)$

n_1 / n_2	1	2	3	4	5	6	7	8	9	10	12	15	20	24	30	40	60	120	∞
1	648	800	864	900	922	937	948	957	963	969	977	985	993	997	1 000	1 010	1 010	1 010	1 020
2	38.5	39.0	39.2	39.2	39.3	39.3	39.4	39.4	39.4	39.4	39.4	39.4	39.4	39.5	39.5	39.5	39.5	39.5	39.5
3	17.4	16.0	15.4	15.1	14.9	14.7	14.6	14.5	14.5	14.4	14.3	14.3	14.2	14.1	14.1	14.0	14.0	13.9	13.9
4	12.2	10.6	9.98	9.60	9.36	9.20	9.07	8.98	8.90	8.84	8.75	8.66	8.56	8.51	8.46	8.41	8.36	8.31	8.26
5	10.0	8.43	7.76	7.39	7.15	6.98	6.85	6.76	6.68	6.62	6.52	6.43	6.33	6.28	6.23	6.18	6.12	6.07	6.02
6	8.81	7.26	6.60	6.23	5.99	5.82	5.70	5.60	5.52	5.46	5.37	5.27	5.17	5.12	5.07	5.01	4.96	4.90	4.85
7	8.07	6.54	5.89	5.52	5.29	5.12	4.99	4.90	4.82	4.76	4.67	4.57	4.47	4.42	4.36	4.31	4.25	4.20	4.14
8	7.57	6.06	5.42	5.05	4.82	4.65	4.53	4.43	4.36	4.30	4.20	4.10	4.00	3.95	3.89	3.84	3.78	3.73	3.67
9	7.21	5.71	5.08	4.72	4.48	4.32	4.20	4.10	4.03	3.96	3.87	3.77	3.67	3.61	3.56	3.51	3.45	3.39	3.33
10	6.94	5.46	4.83	4.47	4.24	4.07	3.95	3.85	3.78	3.72	3.62	3.52	3.42	3.37	3.31	3.26	3.20	3.14	3.08
11	6.72	5.26	4.63	4.28	4.04	3.88	3.76	3.66	3.59	3.53	3.43	3.33	3.23	3.17	3.12	3.06	3.00	2.94	2.88
12	6.55	5.10	4.47	4.12	3.89	3.73	3.61	3.51	3.44	3.37	3.28	3.18	3.07	3.02	2.96	2.91	2.85	2.79	2.72
13	6.41	4.97	4.35	4.00	3.77	3.60	3.48	3.39	3.31	3.25	3.15	3.05	2.95	2.89	2.84	2.78	2.72	2.66	2.60
14	6.30	4.86	4.24	3.89	3.66	3.50	3.38	3.29	3.21	3.15	3.05	2.95	2.84	2.79	2.73	2.67	2.61	2.55	2.49
15	6.20	4.77	4.15	3.80	3.58	3.41	3.29	3.20	3.12	3.06	2.96	2.86	2.76	2.70	2.64	2.59	2.52	2.46	2.40
16	6.12	4.69	4.08	3.73	3.50	3.34	3.22	3.12	3.05	2.99	2.89	2.79	2.68	2.63	2.57	2.51	2.45	2.38	2.32
17	6.04	4.62	4.01	3.66	3.44	3.28	3.16	3.06	2.98	2.92	2.82	2.72	2.62	2.56	2.50	2.44	2.38	2.32	2.25

续表

n_1 / n_2	1	2	3	4	5	6	7	8	9	10	12	15	20	24	30	40	60	120	∞
18	5.98	4.56	3.95	3.61	3.38	3.22	3.10	3.01	2.93	2.87	2.77	2.67	2.56	2.50	2.44	2.38	2.32	2.26	2.19
19	5.92	4.51	3.90	3.56	3.33	3.17	3.05	2.96	2.88	2.82	2.72	2.62	2.51	2.45	2.39	2.33	2.27	2.20	2.13
20	5.87	4.46	3.86	3.51	3.29	3.13	3.01	2.91	2.84	2.77	2.68	2.57	2.46	2.41	2.35	2.29	2.22	2.16	2.09
21	5.83	4.42	3.82	3.48	3.25	3.09	2.97	2.87	2.80	2.73	2.64	2.53	2.42	2.37	2.31	2.25	2.18	2.11	2.04
22	5.79	4.38	3.78	3.44	3.22	3.05	2.93	2.84	2.76	2.70	2.60	2.50	2.39	2.33	2.27	2.21	2.14	2.08	2.00
23	5.75	4.35	3.75	3.41	3.18	3.02	2.90	2.81	2.73	2.67	2.57	2.47	2.36	2.30	2.24	2.18	2.11	2.04	1.97
24	5.72	4.32	3.72	3.38	3.15	2.99	2.87	2.78	2.70	2.64	2.54	2.44	2.33	2.27	2.21	2.15	2.08	2.01	1.94
25	5.69	4.29	3.69	3.35	3.13	2.97	2.85	2.75	2.68	2.61	2.51	2.41	2.30	2.24	2.18	2.12	2.05	1.98	1.91
26	5.66	4.27	3.67	3.33	3.10	2.94	2.82	2.73	2.65	2.59	2.49	2.39	2.28	2.22	2.16	2.09	2.03	1.95	1.88
27	5.63	4.24	3.65	3.31	3.08	2.92	2.80	2.71	2.63	2.57	2.47	2.36	2.25	2.19	2.13	2.07	2.00	1.93	1.85
28	5.61	4.22	3.63	3.29	3.06	2.90	2.78	2.69	2.61	2.55	2.45	2.34	2.23	2.17	2.11	2.05	1.98	1.91	1.83
29	5.59	4.20	3.61	3.27	3.04	2.88	2.76	2.67	2.59	2.53	2.43	2.32	2.21	2.15	2.09	2.03	1.96	1.89	1.81
30	5.57	4.18	3.59	3.25	3.03	2.87	2.75	2.65	2.57	2.51	2.41	2.31	2.20	2.14	2.07	2.01	1.94	1.87	1.79
40	5.42	4.05	3.46	3.13	2.90	2.74	2.62	2.53	2.45	2.39	2.29	2.18	2.07	2.01	1.94	1.88	1.80	1.72	1.64
60	5.29	3.93	3.34	3.01	2.79	2.63	2.51	2.41	2.33	2.27	2.17	2.06	1.94	1.88	1.82	1.74	1.67	1.58	1.48
120	5.15	3.80	3.23	2.89	2.67	2.52	2.39	2.30	2.22	2.16	2.05	1.94	1.82	1.76	1.69	1.61	1.53	1.43	1.31
∞	5.02	3.69	3.12	2.79	2.57	2.41	2.29	2.19	2.11	2.05	1.94	1.83	1.71	1.64	1.57	1.48	1.39	1.27	1.00

$(\alpha = 0.01)$

n_1 \ n_2	1	2	3	4	5	6	7	8	9	10	12	15	20	24	30	40	60	120	∞
1	4 052	4 999	5 403	5 625	5 764	5 859	5 928	5 981	6 022	6 056	6 116	6 157	6 209	6 235	6 261	6 287	6 313	6 339	6 366
2	98.5	99.0	99.2	99.3	99.3	99.3	99.4	99.4	99.4	99.4	99.4	99.4	99.5	99.5	99.5	99.5	99.5	99.5	99.5
3	34.1	30.8	29.5	28.7	28.2	27.9	27.7	27.5	27.4	27.2	27.1	26.9	26.7	26.0	26.5	26.4	26.3	26.2	26.1
4	21.2	18.0	16.7	16.0	15.5	15.2	15.0	14.8	14.7	14.5	14.4	14.2	14.0	13.9	13.8	13.7	13.7	13.6	13.5
5	16.3	13.3	12.1	11.4	11.0	10.7	10.5	10.3	10.2	10.1	9.89	9.72	9.55	9.47	9.38	9.29	9.20	9.11	9.02
6	13.8	10.9	9.78	9.15	8.75	8.47	8.26	8.10	7.98	7.87	7.72	7.56	7.40	7.31	7.23	7.14	7.06	6.97	6.88
7	12.3	9.55	8.45	7.85	7.46	7.19	6.99	6.84	6.72	6.62	6.47	6.31	6.16	6.07	5.99	5.91	5.82	5.74	5.65
8	11.3	8.65	7.59	7.01	6.63	6.37	6.18	6.03	5.91	5.81	5.67	5.52	5.36	5.28	5.20	5.12	5.03	4.95	4.86
9	10.6	8.02	6.99	6.42	6.06	5.80	5.61	5.47	5.35	5.26	5.11	4.96	4.81	4.73	4.65	4.57	4.48	4.40	4.31
10	10.0	7.56	6.55	5.99	5.64	5.39	5.20	5.06	4.94	4.85	4.71	4.56	4.41	4.33	4.25	4.17	4.08	4.00	3.91
11	9.65	7.21	6.22	5.67	5.32	5.07	4.89	4.74	4.63	4.54	4.40	4.25	4.10	4.02	3.94	3.86	3.78	3.69	3.60
12	9.33	6.93	5.95	5.41	5.06	4.82	4.64	4.50	4.39	4.30	4.16	4.01	3.86	3.78	3.70	3.62	3.54	3.45	3.36
13	9.07	6.70	5.74	5.21	4.86	4.62	4.44	4.30	4.19	4.10	3.96	3.82	3.66	3.59	3.51	3.43	3.34	3.25	3.17
14	8.86	6.51	5.56	5.04	4.69	4.46	4.28	4.14	4.03	3.94	3.80	3.66	3.51	3.43	3.35	3.27	3.18	3.09	3.00
15	8.68	6.36	5.42	4.89	4.56	4.32	4.14	4.00	3.89	3.80	3.67	3.52	3.37	3.29	3.21	3.13	3.05	2.96	2.87
16	8.53	6.23	5.29	4.77	4.44	4.20	4.03	3.89	3.78	3.69	3.55	3.41	3.26	3.18	3.10	3.02	2.93	2.84	2.75
17	8.40	6.11	5.18	4.67	4.34	4.10	3.93	3.79	3.68	3.59	3.46	3.31	3.16	3.08	3.00	2.92	2.83	2.75	2.65

续表

n_2 \ n_1	1	2	3	4	5	6	7	8	9	10	12	15	20	24	30	40	60	120	∞
18	8.29	6.01	5.09	4.58	4.25	4.01	3.84	3.71	3.60	3.51	3.37	3.23	3.08	3.00	2.92	2.84	2.75	2.66	2.57
19	8.18	5.93	5.01	4.50	4.17	3.94	3.77	3.63	3.52	3.43	3.30	3.15	3.00	2.92	2.84	2.76	2.67	2.58	2.49
20	8.10	5.85	4.94	4.43	4.10	3.87	3.70	3.56	3.46	3.37	3.23	3.09	2.94	2.86	2.78	2.69	2.61	2.52	2.42
21	8.02	5.78	4.87	4.37	4.04	3.81	3.64	3.51	3.40	3.31	3.17	3.03	2.88	2.80	2.72	2.64	2.55	2.46	2.36
22	7.95	5.72	4.82	4.31	3.99	3.76	3.59	3.45	3.35	3.26	3.12	2.98	2.83	2.75	2.67	2.58	2.50	2.40	2.31
23	7.88	5.66	4.76	4.26	3.94	3.71	3.54	3.41	3.30	3.21	3.07	2.93	2.78	2.70	2.62	2.54	2.45	2.35	2.26
24	7.82	5.61	4.72	4.22	3.90	3.67	3.50	3.36	3.26	3.17	3.03	2.89	2.74	2.66	2.58	2.49	2.40	2.31	2.21
25	7.77	5.57	4.68	4.18	3.85	3.63	3.46	3.32	3.22	3.13	2.99	2.85	2.70	2.62	2.54	2.45	2.36	2.27	2.17
26	7.72	5.53	4.64	4.14	3.82	3.59	3.42	3.29	3.18	3.09	2.96	2.81	2.66	2.58	2.50	2.42	2.33	2.23	2.13
27	7.68	5.49	4.60	4.11	3.78	3.56	3.39	3.26	3.15	3.06	2.93	2.78	2.63	2.55	2.47	2.38	2.29	2.20	2.10
28	7.64	5.45	4.57	4.07	3.75	3.53	3.36	3.23	3.12	3.03	2.90	2.75	2.60	2.52	2.44	2.35	2.26	2.17	2.06
29	7.60	5.42	4.54	4.04	3.73	3.50	3.33	3.20	3.09	3.00	2.87	2.73	2.57	2.49	2.41	2.33	2.23	2.14	2.03
30	7.56	5.39	4.51	4.02	3.70	3.47	3.30	3.17	3.07	2.98	2.84	2.70	2.55	2.47	2.39	2.30	2.21	2.11	2.01
40	7.31	5.18	4.31	3.83	3.51	3.29	3.12	2.99	2.89	2.80	2.66	2.52	2.37	2.29	2.20	2.11	2.02	1.92	1.80
60	7.08	4.98	4.13	3.65	3.34	3.12	2.95	2.82	2.72	2.63	2.50	2.35	2.20	2.12	2.03	1.94	1.84	1.73	1.60
120	6.85	4.79	3.95	3.48	3.17	2.96	2.79	2.66	2.56	2.47	2.34	2.19	2.03	1.95	1.86	1.76	1.66	1.53	1.38
∞	6.63	4.61	3.78	3.32	3.02	2.80	2.64	2.51	2.41	2.32	2.18	2.04	1.88	1.79	1.70	1.59	1.47	1.32	1.00

参 考 文 献

[1] 盛骤,谢式千,潘承毅.概率论与数理统计[M].5 版.北京:高等教育出版社,2019.

[2] 盛骤,谢式千,潘承毅.概率论与数理统计习题全解指南[M].5 版.北京:高等教育出版社,2020.

[3] 张志旭,李晓霞,崔桂芳,等.概率论与数理统计[M].北京:中国电力出版社,2020.

[4] 同济大学数学系.概率论与数理统计[M].北京:中国邮电出版社,2017.

[5] 吴赣昌.概率论与数理统计(经管类)[M].5 版.北京:中国人民大学出版社,2019.

[6] 吴赣昌.概率论与数理统计(医药类)[M].2 版.北京:中国人民大学出版社,2012.

[7] 蔺小林.概率论与数理统计[M].北京:北京大学出版社,2020.

[8] 韩旭里,谢永钦.概率论与数理统计[M].北京:北京大学出版社,2018.

[9] 杨鹏飞.概率论与数理统计[M].北京:北京大学出版社,2016.

[10] 张立卓.概率论与数理统计解题方法与技巧[M].北京:北京大学出版社,2009.

[11] 高祖新.医药数理统计方法[M].7 版.北京:人民卫生出版社,2022.

[12] 姜本源,屠良平,张金海,等.概率论与数理统计[M].2 版.北京:清华大学出版社,2018.

[13] 张良,纪德云.概率论与数理统计(经管类)[M].2 版.北京:清华大学出版社,2017.

[14] 周誓达.概率论与数理统计[M].4 版.北京:中国人民大学出版社,2018.

[15] 万福永,戴浩晖,潘建瑜.数学实验教程(Matlab 版)[M].北京:科学出版社,2018.

[16] 韩明,王家宝,李林.数学实验[M].4 版.上海:同济大学出版社,2018.